AVR 单片机系统开发
实用案例精选

江志红　编著

北京航空航天大学出版社

内 容 简 介

本书以 ATmega32 为蓝本,通过大量的实际应用案例,详细介绍了 AVR 单片机应用系统的开发环境和工具、设计流程及软硬件设计一体化的设计方法。

全书共 10 章。前 5 章为 AVR 单片机系统开发的基础部分,分别介绍了 AVR 单片机的基础知识、开发环境和开发工具、系统开发流程、片内资源的应用和典型的外部电路。这部分的内容主要以生动短小的实例为主线,并穿插了常用模块的设计注意事项。第 6～10 章分别介绍了 5 个大型的应用系统案例,内容包括办公室自动灭火系统、手持式电子血压计、带触摸屏的无线遥控机器人、无线多路报警系统、MP3 播放系统。这些精选的案例涉及了消费电子、医疗电子、工业控制、无线通信和智能仪表等单片机系统主要的应用领域。

本书以实践为主线,紧扣单片机技术发展和应用的热点,具有很强的典型性、实用性和指导性。本书结构清晰、语言简练、重点突出,非常适合高等院校电子、通信、自动控制、计算机等相关专业的学生以及从事 AVR 单片机开发的工程师使用。

图书在版编目(CIP)数据

AVR 单片机系统开发实用案例精选/江志红编著. —
北京:北京航空航天大学出版社,2010.4
 ISBN 978 - 7 - 5124 - 0046 - 7

Ⅰ.①A… Ⅱ.①江… Ⅲ.①单片机微型计算机—系统设计 Ⅳ.TP368.1

中国版本图书馆 CIP 数据核字(2010)第 047840 号

© 2010,北京航空航天大学出版社,版权所有。
未经本书出版者书面许可,任何单位和个人不得以任何形式或手段复制本书内容。
侵权必究。

AVR 单片机系统开发实用案例精选

江志红 编著

责任编辑 刘晓明

*

北京航空航天大学出版社出版发行

北京市海淀区学院路 37 号(100191) 发行部电话:010 - 82317024 传真:010 - 82328026
http://www.buaapress.com.cn E-mail:emsbook@gmail.com

北京时代华都印刷有限公司印装 各地书店经销

*

开本:787×960 1/16 印张:25.5 字数:571 千字
2010 年 4 月第 1 版 2010 年 4 月第 1 次印刷 印数:4 000 册
ISBN 978 - 7 - 5124 - 0046 - 7 定价:48.00 元

前 言

随着信息技术的发展，嵌入式系统已经越来越深入地渗透到人们的日常学习、工作和生活中。从家用电器到通信设备，从智能仪表到工业控制，嵌入式系统极大地提高了工作效率，提升了人们的生活品质。嵌入式系统以其结构紧凑、可靠性高、实时性好、功耗低、价格低等一些显著特点，区别于人们所熟悉的通用计算机系统，成为计算机技术的主流发展方向之一。

在各种不同类型的嵌入式系统中，单片机嵌入式系统占据着非常重要的地位。在我国，应用最广泛的单片机系统当属 8051 单片机系统。但随着技术的不断进步和应用需求的不断提高，传统的 8051 系列单片机由于自身结构的原因，在数据通信和系统扩展等方面，已经不能满足一些新的应用。功能越来越强大、体积越来越小、成本越来越低成为推动单片机技术发展的几大主要动因。

AVR 单片机是 Atmel 公司 1997 年推出的一种新系列的单片机。它采用精简指令集（RISC），以字作为指令长度单位，将内容丰富的操作数与操作码安排在一字之中，取指周期短。它采用哈佛结构，数据线和地址线分开，可预取指令，实现流水作业，因而可高速执行指令。另外，它还采用 32 个通用工作寄存器构成快速存取寄存器组，避免了在传统结构中累加器和存储器之间数据传送造成的瓶颈现象，进一步提高了指令的运行效率和速度。另外，AVR 单片机在内存容量、内部功能模块的集成化、以串口为主的外围扩展等诸多方面具有优势，都比较充分和全面地代表着 8 位单片机技术的发展方向。

与 8051 单片机相比，目前介绍 AVR 单片机方面的图书无论是在种类、内容还是质量上都还有很大的不足。本书立足于实践，面向工程应用，着重强调系统层面的设计和开发，不仅介绍软件开发工具，还介绍硬件开发工具；不仅介绍软硬件的设计方法，还强调完整的开发流程；不仅讲解单个模块的设计和调试，还给出系统级的测试和联调；不仅介绍具体工程项目的开发，还进一步挖掘其可能的改进，给读者以提升的空间。本书试图通过这样的一些编写方式，尽量完整地再现项目开发的整个流程，不仅为读者提供技术，而且还提供方法，使读者能尽快将知识转化为实际的产品。

AVR 系列单片机型号众多，目前应用广泛的是 ATmega16 和 ATmega32，这两款单片机除了片内存储器容量不同之外，几乎没有区别。本书选择 ATmega32 为蓝本，内容可以很容易地扩展到其他型号的 AVR 单片机。软件开发工具则选择了 HP Info Tech 公司的 CodeVision AVR(CVAVR)。全书内容安排如下：

第 1 章介绍了 AVR 单片机的基础知识。内容包括单片机的发展和应用、AVR 单片机的主要特点和选型指南、AVR 单片机的主要硬件结构等。

第 2 章介绍了 AVR 单片机的开发工具。内容包括开发工具的概述、硬件开发工具 Protel99 SE、软件开发工具 CVAVR 和 AVR Studio 等。

第 3 章介绍了 AVR 单片机的系统开发过程。内容包括开发流程、系统定义、总体方案设计、硬件设计、软件设计、系统调试和程序下载等。

第 4 章介绍了 AVR 单片机片内资源的编程。内容包括 I/O 端口子系统、中断子系统、定时子系统、串行通信子系统和模拟接口子系统等。

第 5 章介绍了 AVR 单片机典型的外部电路。内容包括按键开关、矩阵式键盘、LED 数码管、LED 点阵、LCD 显示等。

第 6～10 章结构基本相同，每章安排了一个典型的应用实例，分别为办公室自动灭火系统、手持式电子血压计、带触摸屏的遥控机器人、多路无线报警系统、MP3 播放系统。每章都按照项目背景、系统功能、方案设计、硬件设计、软件设计、系统测试和可能的改进这样的框架组织内容。每个案例都给出了完整的硬件电路原理图和软件代码。

本书前 5 章是 AVR 单片机系统开发的基础部分。这部分的内容是按照初学者入门学习的次序排列的。刚入门的读者按照次序阅读，再将书中的案例自己实际做一遍，可以很快掌握 AVR 单片机系统开发的基本方法。由于篇幅所限，初级读者在阅读过程中可能还要查阅相关的基础书籍。对于有一定基础的读者，阅读这部分内容时可以直接找自己感兴趣的内容。后 5 章内容在结构上是完全独立的。阅读这部分内容时需要读者有一定的 AVR 单片机系统开发基础。

本书可以作为高等院校电子、通信、自动控制、计算机等相关专业的学生学习 AVR 单片机系统开发的教材，也可以作为学生开展 AVR 单片机课程设计及毕业设计的参考用书；本书还非常适合作为 AVR 单片机工程师进行项目开发的参考用书。

本书主要由江志红负责编写，参加编写的人员还有张跃常、杨光、刘军等。全书由江志红统稿并负责审核。本书在编写过程中得到了国防科技大学马伯宁博士的大力帮助，在此一并表示衷心的感谢！

限于作者的水平和经验，若书中存在疏漏或者错误之处，敬请读者批评指正。有兴趣的读者，可以发送邮件到 fighter_jzh@163.com，与作者进一步交流；也可发送邮件到 buaafy@sina.com，与本书策划编辑进行交流。

作　者

2009 年 8 月

目　录

第 1 章　AVR 单片机基础 ……………………………………………………… 1
1.1　单片机概述 ………………………………………………………………… 1
1.1.1　单片机的发展 ……………………………………………………… 1
1.1.2　单片机的应用领域 ………………………………………………… 4
1.2　AVR 系列单片机简介 ……………………………………………………… 4
1.2.1　AVR 单片机的主要特点 …………………………………………… 5
1.2.2　AVR 单片机选型指南 ……………………………………………… 6
1.3　ATmega32 单片机总体结构 ……………………………………………… 7
1.3.1　片内总体结构 ……………………………………………………… 7
1.3.2　外部引脚与封装 …………………………………………………… 9
1.4　ATmega32 中央处理器 …………………………………………………… 11
1.4.1　运算逻辑单元 ……………………………………………………… 12
1.4.2　特殊寄存器 ………………………………………………………… 12
1.4.3　通用寄存器 ………………………………………………………… 14
1.5　ATmega32 存储器结构 …………………………………………………… 16
1.5.1　可编程的 Flash 程序存储器 ……………………………………… 16
1.5.2　SRAM 数据存储器 ………………………………………………… 16
1.5.3　EEPROM 存储器 …………………………………………………… 17
1.6　外围接口特征 ……………………………………………………………… 18
1.6.1　I/O 端口子系统 …………………………………………………… 18
1.6.2　中断子系统 ………………………………………………………… 19
1.6.3　定时子系统 ………………………………………………………… 21
1.6.4　串行通信子系统 …………………………………………………… 22
1.6.5　模拟接口子系统 …………………………………………………… 25
1.7　本章小结 …………………………………………………………………… 26

第2章 AVR 单片机的开发工具

- 2.1 开发工具概述 ················· 27
  - 2.1.1 硬件开发工具 ················· 27
  - 2.1.2 软件开发工具 ················· 29
- 2.2 Protel 使用介绍 ················· 31
  - 2.2.1 环境简介 ················· 31
  - 2.2.2 绘制原理图流程 ················· 32
- 2.3 CVAVR 使用介绍 ················· 37
  - 2.3.1 环境简介 ················· 37
  - 2.3.2 项目开发流程 ················· 38
  - 2.3.3 代码生成器 ················· 52
- 2.4 AVR Studio 使用介绍 ················· 58
  - 2.4.1 环境简介 ················· 59
  - 2.4.2 软件模拟仿真 ················· 60
- 2.5 本章小结 ················· 66

第3章 AVR 单片机系统开发过程

- 3.1 系统开发概述 ················· 67
- 3.2 系统定义 ················· 68
  - 3.2.1 系统功能描述 ················· 68
  - 3.2.2 可行性论证 ················· 69
  - 3.2.3 撰写任务书 ················· 69
- 3.3 总体方案设计 ················· 69
  - 3.3.1 方案描述 ················· 70
  - 3.3.2 系统划分 ················· 70
- 3.4 系统硬件设计 ················· 70
  - 3.4.1 硬件逻辑框图设计 ················· 70
  - 3.4.2 器件选型 ················· 71
  - 3.4.3 单片机最小系统设计 ················· 71
  - 3.4.4 外围电路设计 ················· 75
  - 3.4.5 硬件可靠性设计 ················· 76
- 3.5 系统软件设计 ················· 78
  - 3.5.1 绘制程序流程图 ················· 79

3.5.2 代码优化 ………………………………………………………………… 80
3.5.3 软件可靠性设计 ……………………………………………………… 83
3.6 系统调试 ……………………………………………………………………… 85
3.6.1 硬件调试 ………………………………………………………………… 85
3.6.2 软件调试 ………………………………………………………………… 86
3.6.3 系统联调 ………………………………………………………………… 87
3.7 程序下载 ……………………………………………………………………… 87
3.8 本章小结 ……………………………………………………………………… 89

第4章 AVR单片机片内资源的编程

4.1 I/O端口子系统的编程 ……………………………………………………… 90
4.1.1 资源概述 ………………………………………………………………… 90
4.1.2 I/O端口使用注意事项 ………………………………………………… 91
4.1.3 应用举例:跑马灯 ……………………………………………………… 92
4.2 中断子系统 …………………………………………………………………… 94
4.2.1 资源概述 ………………………………………………………………… 95
4.2.2 中断使用注意事项 ……………………………………………………… 98
4.2.3 应用举例:报警器 ……………………………………………………… 99
4.3 定时子系统的编程 …………………………………………………………… 101
4.3.1 T/C0 ……………………………………………………………………… 101
4.3.2 T/C1 ……………………………………………………………………… 107
4.3.3 T/C2 ……………………………………………………………………… 116
4.4 串行通信子系统的编程 ……………………………………………………… 122
4.4.1 USART …………………………………………………………………… 122
4.4.2 SPI ………………………………………………………………………… 128
4.4.3 TWI ……………………………………………………………………… 135
4.5 模拟接口子系统的编程 ……………………………………………………… 141
4.5.1 ADC ……………………………………………………………………… 141
4.5.2 模拟比较器 ……………………………………………………………… 149
4.6 本章小结 ……………………………………………………………………… 152

第5章 AVR单片机典型外部电路

5.1 按键开关 ……………………………………………………………………… 153
5.1.1 概 述 …………………………………………………………………… 153
5.1.2 应用举例 ………………………………………………………………… 154

5.2 矩阵式键盘 ··· 159
5.2.1 概　述 ··· 159
5.2.2 应用举例 ·· 160
5.3 LED 数码管显示 ·· 163
5.3.1 概　述 ··· 163
5.3.2 应用举例 ·· 166
5.4 LED 点阵显示 ·· 176
5.4.1 概　述 ··· 176
5.4.2 应用举例 ·· 177
5.5 LCD 显示 ·· 179
5.5.1 概　述 ··· 179
5.5.2 应用举例 ·· 180
5.6 本章小结 ·· 190

第 6 章　办公室自动灭火系统

6.1 系统概述 ·· 191
6.1.1 项目背景 ·· 191
6.1.2 系统功能 ·· 192
6.2 系统方案设计 ·· 192
6.2.1 功能组成框图 ·· 192
6.2.2 总体结构 ·· 192
6.3 硬件设计 ·· 193
6.3.1 火焰检测单元 ·· 193
6.3.2 烟雾检测单元 ·· 195
6.3.3 步进电机单元 ·· 195
6.3.4 电子阀门单元 ·· 201
6.3.5 单片机控制单元 ·· 203
6.4 软件设计 ·· 203
6.4.1 总体框图 ·· 203
6.4.2 完整代码 ·· 204
6.5 系统测试 ·· 217
6.6 进一步的分析 ·· 218
6.7 本章小结 ·· 219

第7章 手持式电子血压计

7.1 系统概述 ... 220
7.1.1 项目背景 ... 220
7.1.2 需求分析 ... 221
7.2 系统方案设计 ... 221
7.2.1 系统结构设计 ... 221
7.2.2 设备选型 ... 222
7.3 硬件设计 ... 223
7.3.1 传感器电路 ... 223
7.3.2 人机接口电路 ... 228
7.3.3 单片机电路 ... 232
7.3.4 电源电路 ... 233
7.4 软件设计 ... 234
7.4.1 软件框图 ... 234
7.4.2 代码详解 ... 237
7.5 系统测试 ... 251
7.6 进一步的分析 ... 252
7.7 本章小结 ... 252

第8章 带触摸屏的遥控机器人

8.1 系统概述 ... 253
8.1.1 项目背景 ... 253
8.1.2 需求分析 ... 254
8.2 系统方案设计 ... 255
8.2.1 系统结构设计 ... 255
8.2.2 设备选型 ... 255
8.3 遥控端硬件设计 ... 257
8.3.1 触摸屏电路 ... 257
8.3.2 无线发送电路 ... 258
8.3.3 单片机电路 ... 259
8.4 受控端硬件设计 ... 260
8.4.1 无线接收电路 ... 261
8.4.2 电机驱动电路 ... 261
8.4.3 单片机电路 ... 263

8.5 软件设计 ·· 264
   8.5.1 触摸屏坐标点捕获 ··· 265
   8.5.2 速度和方向计算 ··· 265
   8.5.3 控制信号生成 ··· 266
   8.5.4 遥控端代码详解 ··· 266
   8.5.5 受控端代码详解 ··· 283
8.6 系统测试 ·· 292
8.7 进一步的分析 ·· 293
8.8 本章小结 ·· 293

第 9 章 多路无线报警系统

9.1 项目概述 ·· 294
   9.1.1 项目背景 ··· 294
   9.1.2 需求分析 ··· 295
9.2 系统方案设计 ·· 295
9.3 硬件设计 ·· 297
   9.3.1 发射机电路 ··· 297
   9.3.2 接收机电路 ··· 303
   9.3.3 电源电路 ··· 309
9.4 软件设计 ·· 310
   9.4.1 软件框图 ··· 310
   9.4.2 代码详解 ··· 313
9.5 进一步的分析 ·· 319
9.6 本章小结 ·· 320

第 10 章 MP3 播放系统

10.1 项目概述 ·· 321
   10.1.1 项目背景 ··· 321
   10.1.2 需求分析 ··· 322
10.2 系统方案设计 ·· 324
10.3 硬件设计 ·· 325
   10.3.1 MCU 和红外接收头电路 ··· 326
   10.3.2 MP3 解码电路 ··· 327
   10.3.3 音效处理电路 ··· 327
   10.3.4 耳机放大电路 ··· 328

  10.3.5 收音机模块电路 ……………………………………………………………… 330
  10.3.6 SD 卡接口电路 ………………………………………………………………… 330
  10.3.7 液晶接口电路 …………………………………………………………………… 330
  10.3.8 电源部分电路 …………………………………………………………………… 331
  10.3.9 硬件 PCB 设计 ………………………………………………………………… 333
 10.4 软件设计 ………………………………………………………………………………… 334
  10.4.1 系统软件框图 …………………………………………………………………… 334
  10.4.2 LCD 模块驱动程序设计 ……………………………………………………… 335
  10.4.3 红外遥控解码模块驱动程序设计 …………………………………………… 338
  10.4.4 SD 卡模块驱动程序设计 ……………………………………………………… 341
  10.4.5 VS1003 驱动模块程序设计 …………………………………………………… 342
  10.4.6 CD3314 驱动模块程序设计 …………………………………………………… 345
  10.4.7 TEA5767 驱动模块程序设计 ………………………………………………… 347
  10.4.8 FAT 文件系统管理模块程序设计 …………………………………………… 352
  10.4.9 音乐播放模块程序设计 ……………………………………………………… 363
 10.5 进一步的分析 …………………………………………………………………………… 374
 10.6 本章小结 ………………………………………………………………………………… 375

附录 A ATmega32 I/O 寄存器汇总 …………………………………………………… 376

附录 B ATmega32 熔丝位汇总 ………………………………………………………… 379

 B.1 功能熔丝 ………………………………………………………………………………… 379
 B.2 与 Bootloader 有关的熔丝 …………………………………………………………… 379
 B.3 与系统时钟源选择和上电启动延时时间有关的熔丝 ………………………………… 380
 B.4 保密熔丝 ………………………………………………………………………………… 386

附录 C ATmega32 汇编指令集

 C.1 算术和逻辑指令 ………………………………………………………………………… 387
 C.2 跳转指令 ………………………………………………………………………………… 388
 C.3 数据传送指令 …………………………………………………………………………… 390
 C.4 位操作和位测试指令 …………………………………………………………………… 391
 C.5 MCU 控制指令 ………………………………………………………………………… 392

参考文献 ……………………………………………………………………………………… 393

第 1 章

AVR 单片机基础

单片机就是在一块硅芯片上集成了中央处理单元(CPU),它是具有中央处理器(CPU)、随机访问存储器(RAM)、只读存储器(ROM)、中断系统、定时器和输入/输出端口(I/O)等主要计算机功能部件的一个不带外部设备的微型计算机。AVR 单片机是 Atmel 公司研发的增强型内置 Flash 的 RISC(Reduced Instruction Set Computer,精简指令集计算机)高速 8 位单片机。相比 8051 系列单片机,AVR 单片机在软/硬件开销、速度、性能和成本诸多方面取得了优化平衡,是一种高性价比的单片机。本章将以 ATmega32 为蓝本,介绍 AVR 单片机的总体结构、引脚功能及片内主要的系统资源等。

1.1 单片机概述

单片机作为微型计算机的一个重要分支,应用面很广,发展很快。自 20 世纪 70 年代诞生以来,目前世界上单片机厂商有几十家,单片机的型号有数百种。从各种新型单片机的性能上看,单片机正朝着面向多层次用户的多品种、多规格方向发展。

1.1.1 单片机的发展

单片机自问世以来,性能不断提高和完善,其资源不仅能满足很多应用场合的需要,而且具有集成度高、功能强、速度快、体积小、功耗低、使用方便、性能可靠、价格低廉等特点,因此,它在工业控制、智能仪器仪表、数据采集和处理、通信系统、网络系统、汽车工业、国防工业、高级计算器具、家用电器等领域的应用日益广泛,并且正在逐步取代现有的多片微机应用系统,单片机的潜力越来越被人们所重视。特别是当前用 CMOS 工艺制成的各种单片机,由于功耗低,适用的温度范围大,抗干扰能力强,能满足一些有特殊要求的应用场合,更加扩大了单片机的应用范围,也进一步促进了单片机技术的发展。如果将 8 位单片机的推出作为起点,那么单片机的发展历史大致可分为以下几个阶段。

第一阶段(1976—1978 年):单片机的探索阶段。以 Intel 公司的 MCS-48 为代表。MCS-48 的推出是在工控领域的探索。参与这一探索的公司还有 Motorola、Zilog 等,都取得了满意的效果。这就是 SCM 的诞生年代,"单片机"一词即由此时而来。

第二阶段(1978—1982年)：单片机的完善阶段。Intel公司在MCS-48基础上推出了完善的、典型的单片机系列MCS-51。它在以下几个方面奠定了典型的通用总线型单片机体系结构：

① 完善的外部总线。MCS-51设置了经典的8位单片机的总线结构，包括8位数据总线、16位地址总线、控制总线及具有多机通信功能的串行通信接口。

② CPU外围功能单元的集中管理模式。

③ 体现工控特性的位地址空间及位操作方式。

④ 指令系统趋于丰富和完善，并且增加了许多突出控制功能的指令。

第三阶段(1982—1990年)：8位单片机的巩固发展及16位单片机的推出阶段，也是单片机向微控制器发展的阶段。Intel公司推出的MCS-96系列单片机，将一些用于测控系统的模/数转换器、程序运行监视器、脉宽调制器等纳入片中，体现了单片机的微控制器特征。随着MCS-51系列的广泛应用，许多电气厂商竞相以8051为内核，将许多测控系统中使用的电路技术、接口技术、多通道A/D转换部件和可靠性技术等应用到单片机中，增强了外围电路的功能，强化了智能控制的特征。

第四阶段(1990—今)：微控制器的全面发展阶段。随着单片机在各个领域全面深入的发展和应用，出现了高速、大寻址范围、强运算能力的8位/16位/32位通用型单片机，以及小型廉价的专用型单片机。

纵观单片机的发展过程，可以看出，单片机正朝着多功能、多选择、高速度、低功耗、低价格、大容量及加强I/O功能等方向发展。其进一步的发展趋势是多方面的，主要有：

① 全盘CMOS化。CMOS电路具有许多优点，如极宽的工作电压范围、极佳的低功耗及功耗管理特性等。CMOS化已成为目前单片机及其外围器件流行的半导体工艺。

② 采用RISC体系结构。早期的单片机大多采用CISC(Complex Instruction Set Computer，复杂指令集计算机)结构体系，指令复杂，指令代码、周期数不统一；指令运行很难实现流水线操作，大大阻碍了运行速度的提高。如MCS-51系列单片机，当外部时钟为12 MHz时，其单周期指令运行速度也仅为1 MIPS。采用RISC体系结构和精简指令后，单片机的指令绝大部分成为单周期指令。在这种体系结构中，很容易实现并行流水线操作，大大提高了指令运行速度。目前一些RISC结构的单片机，如美国Atmel公司的AVR系列单片机已实现了一个时钟周期执行一条指令。与MCS-51相比，在相同的12 MHz外部时钟下，单周期指令运行速度可达12 MIPS。这一方面可获得很高的指令运行速度，另一方面，在相同的运行速度下，可大大降低时钟频率，有利于获得良好的电磁兼容效果。

③ 多功能集成化。单片机在内部已集成了越来越多的部件，这些部件不仅包括一般常用的电路，如定时器/计数器、模拟比较器、A/D转换器、D/A转换器、串行通信接口、WDT电路和LCD控制器等，还有的单片机为了构成控制网络或形成局部网，内部含有局部网络控制模块CAN总线，以方便地构成一个控制网络。为了能在变频控制中方便地使用单片机，形成最

具经济效益的嵌入式控制系统,有的单片机内部设置了专门用于变频控制的脉宽调制控制电路 PWM。

④ 片内存储器的改进与发展。目前新型的单片机一般在片内集成两种类型的存储器:随机读/写存储器 SRAM,作为临时数据存储器,存放工作数据用;只读存储器 ROM,作为程序存储器,存放系统控制程序和固定不变的数据。片内存储器的改进与发展的方向是扩大容量、ROM 数据的易写和保密等。

⑤ ISP、IAP 及基于 ISP、IAP 技术的开发和应用。ISP(In System Programmable)技术称为在线系统可编程技术。微控制器在片内集成 EEPROM 以及 FlashROM 的发展,导致了 ISP 技术在单片机中的应用。首先,实现了系统程序的串行编程写入(下载),使得不必将焊接在 PCB(印刷电路板)上的芯片取下,就可直接将程序下载到单片机的程序存储器中,淘汰了专用的程序下载写入设备。其次,基于 ISP 技术的实现,使模拟仿真开发技术重新兴起。在单时钟、单指令运行的 RISC 结构的单片机中,可实现 PC 通过串行电缆对目标系统的在线仿真调试。在 ISP 技术应用的基础上,又发展了 IAP(In Application Programmable)技术,也称在应用可编程技术。利用 IAP 技术,实现了用户可随时根据需要对原有的系统方便地在线更新软件、修改软件,还能实现对系统软件的远程诊断、远程调试和远程更新。

⑥ 以串行总线方式为主的外围扩展。目前,单片机与外围器件接口技术发展的一个重要方面是由并行外围总线接口向串行外围总线接口的发展。采用串行总线方式为主的外围扩展技术具有方便、灵活、电路系统简单和占用 I/O 资源少等特点。采用串行接口虽然比采用并行接口数据传输速度慢,但随着半导体集成电路技术的发展,大批采用标准串行总线通信协议(如 SPI、I^2C、1-Wire 等)的外围芯片器件的出现,串行传输速度也在不断提高(可达到 1~10 Mbps 的速率);在片内集成程序存储器而不必在外部并行扩展程序存储器,加之单片嵌入式系统有限速度的要求,使得以串行总线方式为主的外围扩展方式能够满足大多数系统的需求,成为流行的扩展方式。而采用并行接口的扩展技术则成为辅助方式。

⑦ 单片机向片上系统 SOC 的发展。SOC(System On Chip)是一种高度集成化、固件化的芯片级集成技术,其核心思想是把除了无法集成的某些外部电路和机械部分之外的所有电子系统电路全部集成在一片芯片中。现在一些新型的单片机(如 AVR 系列单片机)已经是 SOC 的雏形,在一片芯片中集成了各种类型和更大容量的存储器,更多性能更加完善和强大的功能电路接口,使得原来需要几片甚至十几片芯片组成的系统,现在只用一片就可以实现。其优点是不仅减小了系统的体积和降低了成本,而且也提高了系统硬件的可靠性和稳定性。

1.1.2 单片机的应用领域

由于单片机芯片的微小体积、极低的成本和面向控制的设计,使得它作为智能控制的核心器件被广泛地用于工业控制、智能仪器仪表、家用电器、电子通信产品等各个领域的电子设备和电子产品中。

主要的应用领域有:

① 智能仪表。单片机广泛地用于各种仪器仪表中,使仪器仪表智能化,并可以提高测量的自动化程度和精度,简化仪器仪表的硬件结构,提高其性能价格比。

② 机电一体化。机电一体化是机械工业发展的方向。机电一体化产品是指集机械技术、微电子技术、计算机技术于一体,具有智能化特征的机电产品,例如微机控制的车床、钻床等。单片机作为产品中的控制器,能充分发挥它的体积小、可靠性高和功能强等优点,可大大提高机械的自动化、智能化程度。

③ 实时控制。单片机广泛地用于各种实时控制系统中。例如,在工业测控、航空航天、尖端武器、机器人等各种实时控制系统中,都可以用单片机作为控制器。单片机的实时数据处理能力和控制功能,可使系统保持在最佳工作状态,提高系统的工作效率和产品质量。

④ 分布式多机系统。在比较复杂的系统中,常采用分布式多机系统。多机系统一般由若干台功能各异的单片机组成,各自完成特定的任务,它们通过串行通信相互联系、协调工作。单片机在这种系统中往往作为一个终端机,安装在系统的某些节点上,对现场信息进行实时的测量和控制。单片机的高可靠性和强抗干扰能力,使它可以在恶劣环境中工作。

⑤ 家居生活。自从单片机诞生以后,它就进入了人类生活,如洗衣机、电冰箱、电子玩具、收录机等家用电器配上单片机后,提高了智能化程度,增加了功能,备受人们喜爱。单片机将使人类生活更加方便、舒适和丰富多彩。

1.2 AVR 系列单片机简介

AVR 是 Atmel 公司在 1997 年研发的采用哈佛结构的 RISC 单片机。

早期由于工艺及设计水平不高、功耗高和抗干扰性能差等原因,通常采取稳妥的方案,即采用较高的分频系数对时钟分频,使得指令周期长,执行速度慢。以后的 CMOS 单片机虽然采用提高时钟频率和缩小分频系数等措施来提高单片机运行速度,但这种状态并未得到根本改变。

AVR 单片机的推出,彻底打破了这种旧的设计格局,废除了机器周期,抛弃了复杂指令集追求指令完备的做法;采用精简指令集,以字作为指令长度单位,将内容丰富的操作数与操作码安排在一字之中,取指周期短,又可预取指令,实现流水作业,故可高速执行指令。另外,传统的基于累加器结构的单片机,如 8051,需要大量的程序代码来完成和实现在累加器和存器之间的数据传送。而在 AVR 单片机中,由于采用 32 个通用工作寄存器构成快速存取寄存器组,用 32 个通用工作寄存器代替了累加器,从而避免了在传统结构中累加器和存储器之间数据传送造成的瓶颈现象,可进一步提高指令的运行效率和速度。

1.2.1　AVR 单片机的主要特点

AVR 单片机吸取了 PIC 及 8051 等系列单片机的优点,同时在内部结构上还作了一些重大改进。

其主要的优点如下:

① 内嵌高质量的 Flash 程序存储器,可反复擦写,支持 ISP 和 IAP,便于产品的调试、开发、生产、更新。内嵌长寿命的 EEPROM,可长期保存关键数据,避免断电丢失。片内大容量的 RAM 不仅能满足一般场合的使用,同时也能更有效地支持使用高级语言开发系统程序。

② 高速度、低功耗,具有 SLEEP(休眠)功能。AVR 的一条指令执行周期可达 50 ns(20 MHz),而耗电则在 1 μA~2.5 mA 之间。AVR 采用 Harvard 结构,以及一级流水线的预取指令功能,即对程序的读取和数据的操作使用不同的数据总线,因此,当执行某一指令时,下一指令被预先从程序存储器中取出,这使得指令可以在每一个时钟周期内被执行。

③ 外设丰富。AVR 单片机包含的外设有 I^2C、SPI、EEPROM、RTC、看门狗定时器、ADC、PWM 和片内振荡器等,可以真正做到单片。

④ 抗干扰性好。有看门狗定时器(WDT)安全保护,可防止程序走飞,提高产品的抗干扰能力。此外,电源抗干扰能力也很强。

⑤ 高度保密。可多次烧写的 Flash 具有多重密码保护锁定(LOCK)功能,因此可低价快速完成产品商品化,且可多次更改程序(产品升级),方便了系统调试,而且不必浪费 IC 或电路板,大大提高了产品质量及竞争力。

⑥ 驱动能力强。具有大电流:10~20 mA(输出电流)或 40 mA(吸电流),可直接驱动 LED、SSR 或继电器。

⑦ 低功耗。具有 6 种休眠功能,能够从低功耗模式迅速唤醒。

⑧ 超功能精简指令。具有 32 个通用工作寄存器(相当于 8051 中的 32 个累加器),克服了单一累加器数据处理造成的瓶颈现象。片内含有 128 字节~4 KB 的 SRAM,可灵活使用指令运算,适合使用功能很强的 C 语言编程,易学、易写、易移植。

⑨ 中断向量丰富。有 34 个中断源,不同中断向量入口地址不一样,可快速响应中断。

⑩ 可靠性高。AVR 单片机内部有电源上电启动计数器,当系统 RESET 复位上电后,利用内部的 RC 看门狗定时器,可延迟 MCU 正式开始读取指令执行程序的时间。这种延时启动的特性,可使 MCU 在系统电源、外部电路达到稳定后再正式开始执行程序,提高了系统工作的可靠性,同时也可节省外加的复位延时电路。此外,内置的电源上电复位(POR)和电源掉电检测(BOD),也有效提高了单片机的可靠性。

1.2.2 AVR 单片机选型指南

Atmel 公司的 AVR 单片机有三个系列的产品。为满足不同的需求和应用,Atmel 公司对 AVR 单片机的内部资源进行了相应的扩展和删减,推出了低档的 Tiny 系列、中档的 AT90 系列和高档的 ATmega 系列产品。

① 低档的 Tiny 系列。该系列是专门为需要小型微控制器的简单应用而优化设计的,有很高的性价比,主要有 8 个引脚的 Tiny11/12/15、20 个引脚的 Tiny26 和 28 个引脚的 Tiny28。其中 Tiny15 和 Tiny26 有 10 位的 A/D 转换器,Tiny26 还有 128 字节的 RAM,Tiny11 和 Tiny28 具有流水线特征。该系列的产品适用于家用电器和简单的控制,如空调、冰箱、微波炉、烟雾报警器等。

② 中档的 AT90 系列。自 2002 年以来,Atmel 公司对 AVR 单片机产品线进行了调整,逐步停止了该系列产品的生产,而用性能更加优越的 ATmega 系列产品代替,因此在实际开发中建议不要再使用该系列。

③ 高档的 ATmega 系列。该系列是目前 Atmel 公司的主流产品,它不仅性能优越,同时也有非常好的性能价格比。该系列的部分产品如表 1.1 所列。引脚数最少(28 个引脚)的是 ATmega8,引脚数最多(100 个引脚)的是 ATmega256。

表 1.1 ATmega 系列部分产品性能列表

类 别	ATmega8	ATmega16	ATmega32	ATmega64	ATmega128	ATmega256
Flash 容量/KB	8	16	32	64	128	256
VCC 供电/V	2.7~5.5	2.7~5.5	2.7~5.5	2.7~5.5	2.7~5.5	2.7~5.5
EEPROM 容量/字节	512	512	1 024	2 048	2 048	4 096
SRAM 容量/KB	1	1	2	4	4	8
快速寄存器数	32	32	32	32	32	32
系统时钟频率/MHz	0~16	0~16	0~16	0~16	0~16	0~16
最大 I/O 数	23	32	32	53	53	86
中断数	18	20	19	34	34	57
外部中断数	2	2	3	8	8	32
TWI	Yes	Yes	Yes	Yes	Yes	Yes
16 位定时器	1	1	1	2	2	4
SPI 数	1	1	1	1	1	1+USART
10 位 ADC 数	8	8	8	8	8	16
在线编程 ISP	Yes	Yes	Yes	Yes	Yes	Yes
USART	1	1	1	2	2	4

续表 1.1

类别	ATmega8	ATmega16	ATmega32	ATmega64	ATmega128	ATmega256
8位定时器数	2	2	2	2	2	2
看门狗	Yes	Yes	Yes	Yes	Yes	Yes
PWM 数	3	3	4	8	8	16
RTC	Yes	Yes	Yes	Yes	Yes	Yes
模拟比较器	Yes	Yes	Yes	Yes	Yes	Yes
掉电检测 BOD	Yes	Yes	Yes	Yes	Yes	Yes
硬件乘法	Yes	Yes	Yes	Yes	Yes	Yes
片内振荡器	Yes	Yes	Yes	Yes	Yes	Yes
自编程 SPM	Yes	Yes	Yes	Yes	Yes	Yes
封装形式	PDIP-28 MLF-32 TQFP-32	PDIP-40 MLF-44 TQFP-44	PDIP-40 MLF-44 TQFP-44	MLF-64 TQFP-64	MLF-64 TQFP-64	TQFP-100

近年来,随着电子产业的发展和市场需求的变化,Atmel 公司不断调整生产线,在上述三个系列之外又相继推出了 LCD AVR、USB AVR、CAN AVR 等系列产品。所有型号的 AVR 单片机,其内核都是相同的,指令系统兼容,只是在内部资源的配备(如存储器容量的大小等)以及片内集成的外围接口的数量和功能上有所不同。这些不同型号 AVR 单片机的封装形式也不一样,引脚数从 8~100 脚,价格从几元~几十元,可以满足不同场合、不同应用的需求,用户可以根据需要选择。更多的选型信息请登录 Atmel 公司的官方网站 www.atmel.com 查询。

在 AVR 系列单片机中,ATmega32 是一款中高档功能的 AVR 芯片,片内资源丰富,功能强大,较全面地体现了 AVR 的特点,不仅适合对 AVR 了解和使用的入门学习,同时也满足一般的普通应用,在产品中得到了大量的使用。本书将以 ATmega32 为例,介绍 AVR 单片机的内部结构,以及各功能部件的使用方法,特别是其在工程中的综合应用。

1.3 ATmega32 单片机总体结构

1.3.1 片内总体结构

ATmega32 是基于增强的 AVR RISC 结构的低功耗 8 位 CMOS 微控制器。由于其先进的指令集以及单时钟周期指令执行时间,ATmega32 的数据吞吐率高达 1 MIPS/MHz,从而可以缓解系统在功耗和处理速度之间的矛盾。ATmega32 内部结构框图如图 1.1 所示。

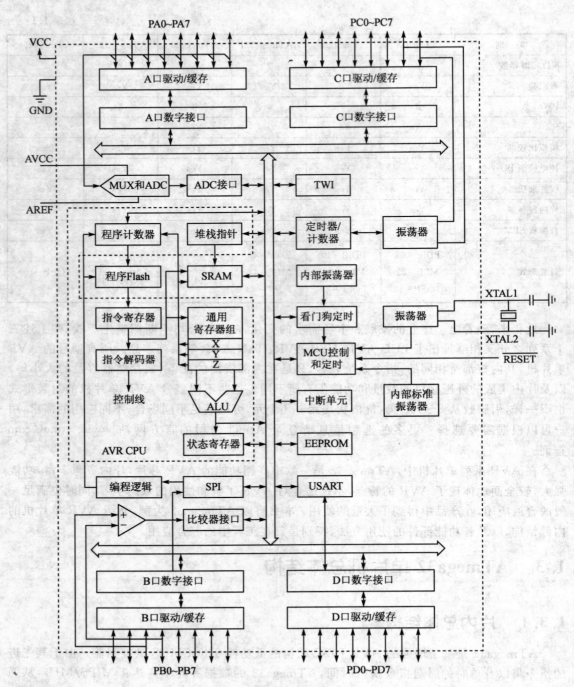

图 1.1　ATmega32 的结构框图

AVR 内核具有丰富的指令集和 32 个通用工作寄存器。所有的寄存器都直接与运算逻辑单元(ALU)相连接,使得一条指令可以在一个时钟周期内同时访问两个独立的寄存器。这种结构大大提高了代码效率,并且具有比普通的 CISC 微控制器最高至 10 倍的数据吞吐率。

ATmega32 的片内集成了 32 KB 的系统内可编程 Flash(具有同时读/写的能力,即 RWW)、1 KB EEPROM、2 KB SRAM、32 个通用 I/O 口线、32 个通用工作寄存器,具有用于边界扫描的 JTAG 接口,支持片内调试与编程,3 个具有比较模式的灵活的定时器/计数器(T/C),片内/外中断,可编程串行 USART,面向字节的两线串行接口,8 路 10 位具有可选差分输入级可编程增益(TQFP 封装)的 ADC,具有片内振荡器的可编程看门狗定时器以及 1 个 SPI 串行端口。

ATmega32 有 6 个可以通过软件进行选择的省电模式。工作于空闲模式时,CPU 停止工作,而 USART、两线接口、A/D 转换器、SRAM、T/C、SPI 端口以及中断系统继续工作;掉电模式时晶体振荡器停止振荡,所有功能除了中断和硬件复位之外都停止工作;在省电模式下,异步定时器继续运行,允许用户保持一个时间基准,而其余功能模块处于休眠状态;ADC 噪声抑制模式时,终止 CPU 和除了异步定时器与 ADC 以外所有 I/O 模块的工作,以降低 ADC 转换时的开关噪声;Standby 模式下只有晶体或谐振振荡器运行,其余功能模块处于休眠状态,使得器件只消耗极少的电流,同时具有快速启动能力;扩展 Standby 模式下则允许振荡器和异步定时器继续工作。

ATmega32 是以 Atmel 高密度非易失性存储器技术生产的。片内 ISP Flash 允许程序存储器通过 ISP 串行接口或者通用编程器进行编程,也可以通过运行于 AVR 内核之中的引导程序进行编程。引导程序可以使用任意接口将应用程序下载到应用 Flash 存储区。在更新应用 Flash 存储区时,引导 Flash 区的程序继续运行,实现了 RWW 操作。

1.3.2 外部引脚与封装

ATmega32 单片机有三种形式的封装:PDIP-40(双列直插)、MLF-44(贴片形式)和 TQFP-44(方形)。其外部引脚封装如图 1.2 所示。各引脚的功能如下。

1. 电源、系统晶振、芯片复位引脚

VCC:芯片供电(片内数字电路电源)输入引脚,使用时连接到电源正极。

AVCC:为端口 A 和片内 ADC 模拟电路电源输入引脚。不使用 ADC 时,直接连接到电源正极;使用 ADC 时,应通过一个低通电源滤波器与 VCC 连接。

AREF:使用 ADC 时,可作为外部 ADC 参考源的输入引脚。

GND:芯片接地引脚,使用时接地。

XTAL2:片内反相振荡放大器的输出端。

XTAL1:片内反相振荡放大器和内部时钟操作电路的输入端。

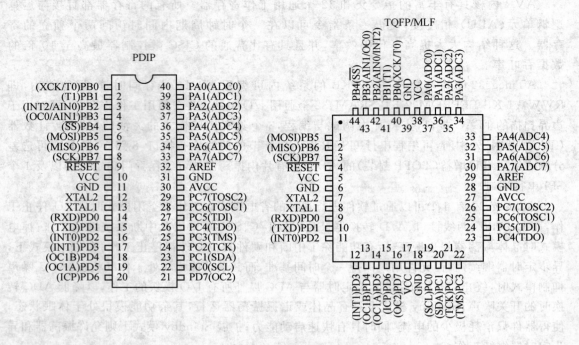

图 1.2 ATmega32 的引脚与封装示意图

RESET：芯片复位输入引脚。在该引脚上施加（拉低）一个最小脉冲宽度为 $1.5\,\mu s$ 的低电平，将引起芯片的硬件复位（外部复位）。

2. I/O 引脚

I/O 引脚共 32 个，分成 PA、PB、PC 和 PD 这 4 个 8 位端口，全部是可编程控制的双（多）功能复用的 I/O 引脚（口）。

4 个端口的第一功能是通用的双向数字输入/输出（I/O）口，其中每一位都可以由指令设置为独立的输入口或输出口。当 I/O 设置为输入时，引脚内部还配置了上拉电阻，这个内部的上拉电阻可通过编程设置为上拉有效或上拉无效。

如果 AVR 的 I/O 口设置为输出方式工作，当其输出高电平时，能够输出 20 mA 的电流，而当其输出低电平时，可以吸收 40 mA 的电流。因此 AVR 的 I/O 口驱动能力非常强，能够直接驱动 LED（发光二极管）、数码管等。而早期单片机 I/O 口的驱动能力只有 5 mA，驱动 LED 时，还需要增加外部的驱动电路和器件。

芯片复位后，所有 I/O 口的缺省状态为输入方式，上拉电阻无效，即 I/O 为输入高阻的三态状态。

1.4 ATmega32 中央处理器

ATmega32 的 CPU 结构如图 1.3 所示，这也是 AVR 单片机的典型内核结构。

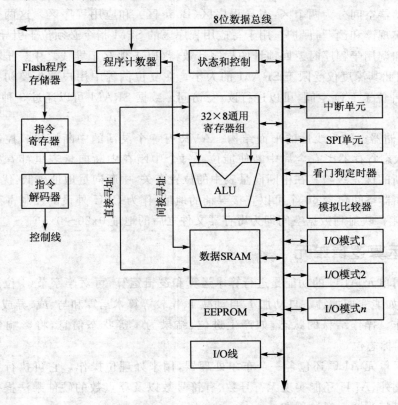

图 1.3 ATmega32 的 CPU 结构

为了获得最高的性能以及并行性，ATmega32 采用了 Harvard 结构，即具有独立的数据和程序总线。程序存储器中的指令通过一级流水线运行。CPU 在执行一条指令的同时读取下一条指令。这种结构实现了指令的单时钟周期运行。

快速访问寄存器文件包括 32 个 8 位通用工作寄存器，访问时间为一个时钟周期，从而实现了单时钟周期的 ALU 操作。在典型的 ALU 操作中，两个位于寄存器文件中的操作数同时被访问，然后执行运算，结果再被送回到寄存器文件。整个过程仅需一个时钟周期。寄存器文件中有 6 个寄存器可以用做 3 个 16 位的间接寻址寄存器指针，以寻址数据空间，实现高效的地址运算。其中一个指针还可以作为程序存储器查询表的地址指针。这些附加的功能寄存器即为 16 位的 X、Y、Z 寄存器。

ALU 支持寄存器之间以及寄存器和常数之间的算术和逻辑运算。ALU 也可以执行单寄存器操作。运算完成之后，状态寄存器的内容得到更新，以反映操作结果。

程序流程通过有/无条件的跳转指令和调用指令来控制，从而直接寻址整个地址空间。大多数指令长度为 16 位，即每个程序存储器地址都包含一条 16 位或 32 位的指令。

程序存储器空间分为两个区：引导程序区（Boot 区）和应用程序区。这两个区都有专门的锁定位以实现读和读/写保护。用于写应用程序区的 SPM 指令必须位于引导程序区。

在中断和调用子程序时返回地址的程序计数器（PC）保存于堆栈之中。堆栈位于通用数据 SRAM，因此其深度仅受限于 SRAM 的大小。在复位例程中用户首先要初始化堆栈指针 SP。这个指针位于 I/O 空间，可以进行读/写访问。数据 SRAM 可以通过 5 种不同的寻址模式进行访问。

AVR 存储器空间为线性的平面结构。AVR 有一个灵活的中断模块。控制寄存器位于 I/O 空间。状态寄存器中有全局中断使能位。每个中断在中断向量表里都有独立的中断向量。各个中断的优先级与其在中断向量表中的位置有关，中断向量地址越低，优先级越高。

I/O 存储器空间包含 64 个可以直接寻址的地址，作为 CPU 外设的控制寄存器、SPI 以及其他 I/O 功能。映射到数据空间即为寄存器文件之后的地址 0x20～0x5F。

1.4.1 运算逻辑单元

运算逻辑单元 ALU 的功能是进行算术运算和逻辑运算，可对半字节（4 位）、单字节等数据进行操作，如能完成加、减、自动加 1、自动减 1、比较等算术运算和与、或、异或、求补、循环移位等逻辑操作。操作结果的状态，如产生进位、结果为零等状态信息，将影响到状态寄存器 SREG 相应的标志位。

运算逻辑单元 ALU 还包含一个布尔处理器，用来处理位操作。它可执行置位、清零、取反等操作。此外，ALU 还能实现无符号数、有符号数以及浮点数的硬件乘法操作。一次硬件乘法操作的时间为 2 个时钟周期。

1.4.2 特殊寄存器

ATmega32 内核结构中的特殊寄存器主要有状态寄存器 SREG、堆栈指针寄存器 SP。

1. 状态寄存器 SREG

状态寄存器包含了最近执行的算术指令的结果信息。这些信息可以用来改变程序流程以实现条件操作。所有 ALU 运算都将影响状态寄存器的内容。这样，在许多情况下就不需要专门的比较指令了，从而使系统运行更快速，代码效率更高。在进入中断服务程序时状态寄存器不会自动保存，中断返回时也不会自动恢复。这些工作需要软件来处理。状态寄存器 SREG 定义如下：

位	7	6	5	4	3	2	1	0	
$3F($005F)	I	T	H	S	V	N	Z	C	SREG
读/写	R/W	R/W	R/W	R/W	R/W	R/W	R/W	R/W	
初始化值	0	0	0	0	0	0	0	0	

(1) 位 7——I：全局中断使能位

该标志位为 AVR 中断总控制开关，当 I 位被置位("1")时，表示 CPU 可以响应中断请求；而当 I 位被清零("0")时，则所有的中断被禁止，CPU 不响应任何的中断请求。除了该标志位用于 AVR 中断的总控制，各个单独的中断触发控制还由其所在的中断屏蔽寄存器(GIMSK、TIMSK)控制。如果全局中断触发寄存器被清零("0")，则全局(所有的)中断被禁止，但单独的中断触发控制在 GIMSK 和 TIMSK 中的值保持不变。在中断发生后，I 位由硬件清除，并由 RETI(中断返回)指令置位，从而允许子序列的中断响应。

(2) 位 6——T：位复制存储

位复制指令 BLD 和 BST 使用 T 标志位作为源和目标。通用寄存器组的任何一个寄存器中的一位可以通过 BST 指令被复制到 T 中，而用 BLD 指令则可将 T 中的位值复制到通用寄存器组中的任何一个寄存器的一位中。

(3) 位 5——H：半进位标志位

半进位标志位 H 表示在一些运算操作过程中有无半进位(低四位向高四位进、借位)的产生，该标志对于 BCD 码的运算和处理非常有用。

(4) 位 4——S：符号标志位，S = N ⊕ V

S 位是负数标志位 N 和 2 的补码溢出标志位 V 两者的异或值。在正常运算条件下(V=0,不溢出)S=N，即运算结果最高位作为符号是正确的。而当产生溢出时 V=1，此时 N 已不能正确指示运算结果的正负，但 S=N ⊕ V 还是正确的。对于单(或多)字节有符号数据来说，执行减法或比较操作后，S 标志能正确指示参与相减或比较的两个数的大小。

(5) 位 3——V：2 的补码溢出标志位

2 的补码溢出标志位 V 支持 2 的补码运算，为模 2 补码加、减运算溢出标志。溢出表示运算结果超过了正数(或负数)所能表示的范围。加法溢出表现为正＋正＝负，或负＋负＝正；减法溢出表现为正－负＝负，或负－正＝正。溢出时，运算结果最高位(N)取反才是真正的结果符号。

(6) 位 2——N：负数标志位

负数标志位直接取自运算结果的最高位，N=1 时表示运算结果为负，否则为正。但发生溢出时不能表示真实的结果(见上面对溢出标志位的说明)。

(7) 位 1——Z：零值标志位

零值标志位表明在 CPU 运算和逻辑操作之后，其结果是否为零。当 Z=1 时，表示结果为零。

(8) 位0——C:进/借位标志

进位标志位表明在CPU的运算和逻辑操作过程中有无发生进/借位。

以上这些标志位非常重要,对运算结果的判断处理,要以相应的标志位为依据。标志位也是分支、循环控制的依据。采用汇编编写程序时,要注意指令对标志位的影响,以及正确地使用判断指令。

2. 堆栈指针寄存器SP

堆栈指针主要用来保存临时数据、局部变量和中断/子程序的返回地址。堆栈指针总是指向堆栈的顶部。要注意AVR的堆栈是向下生长的,即新数据推入堆栈时,堆栈指针的数值将减小。堆栈指针指向数据SRAM堆栈区。在此聚集了子程序堆栈和中断堆栈。调用子程序和使能中断之前必须定义堆栈空间,且堆栈指针必须指向高于0x60的地址空间。使用PUSH指令将数据推入堆栈时指针减1;而子程序或中断返回地址推入堆栈时指针将减2。使用POP指令将数据弹出堆栈时,堆栈指针加1;而用RET或RETI指令从子程序或中断返回时,堆栈指针加2。

AVR的堆栈指针由I/O空间中的两个8位寄存器实现。实际使用的位数与具体器件有关。堆栈指针寄存器SP定义如下:

位	15	14	13	12	11	10	9	8	
$3E($005E)	SP15	SP14	SP13	SP12	SP11	SP10	SP9	SP8	SPH
$3D($005D)	SP7	SP6	SP5	SP4	SP3	SP2	SP1	SP0	SPL
位	7	6	5	4	3	2	1	0	
读/写	R/W	R/W	R/W	R/W	R/W	R/W	R/W	R/W	
读/写	R/W	R/W	R/W	R/W	R/W	R/W	R/W	R/W	
初始化值	0	0	0	0	0	0	0	0	
初始化值	0	0	0	0	0	0	0	0	

1.4.3 通用寄存器

在AVR中,由命名为R0~R31的32个8位通用工作寄存器构成一个"通用快速工作寄存器组"。图1.4为通用快速工作寄存器组的结构图。

CPU中的ALU与这32个通用工作寄存器组直接相连。为了使ALU能够高效和灵活地对寄存器组进行访问操作,通用寄存器组提供和支持ALU使用4种不同的数据输入/输出的操作方式:

- 提供一个8位源操作数,并保存一个8位结果;

- 提供两个 8 位源操作数,并保存一个 8 位结果;
- 提供两个 8 位源操作数,并保存一个 16 位结果;
- 提供一个 16 位源操作数,并保存一个 16 位结果。

因此,AVR 大多数操作工作寄存器组的指令都可以直接访问所有的寄存器,而且多数这样的指令的执行时间是一个时钟周期。例如,从寄存器组中取出两个操作数,对操作数实施处理,处理结果回写到目的寄存器中。这三个过程是在一个时钟周期内完成的,构成一个完整的 ALU 指令操作。

寄存器名	RAM空间地址	
R0	$0000	
R1	$0001	
R2	$0002	
...	...	
R14	$000E	
R15	$000F	
R16	$0010	
...		
R26	$001A	X寄存器,低位字节
R27	$001B	X寄存器,高位字节
R28	$001C	Y寄存器,低位字节
R29	$001B	Y寄存器,高位字节
R30	$001D	Z寄存器,低位字节
R31	$001F	Z寄存器,高位字节

图 1.4 通用快速工作寄存器组结构图

如图 1.4 所示,每个通用寄存器还被分配在数据存储器空间中,直接映射到数据空间的前 32 个地址,因此也可以使用访问 SRAM 的指令对这些寄存器进行访问,但此时在指令中应使用该寄存器在 SRAM 空间的映射地址。通常情况下,最好是使用专用的寄存器访问指令对通用寄存器组进行操作,因为这类寄存器专用操作指令不仅功能强大,而且执行周期也短。

AVR 寄存器组最后的 6 个寄存器 R26～R31 具有特殊的功能,这些寄存器每两个合并成一个 16 位的寄存器,作为对数据存储器空间(使用 X、Y、Z)以及程序存储器空间(仅使用 Z 寄存器)间接寻址的地址指针寄存器。这三个间接寄存器 X、Y、Z 由图 1.5 定义。在不同指令的寻址模式下,利用地址寄存器可实现地址指针的偏移、自动增量和减量(参考不同的指令)等不同形式的间址寻址操作。

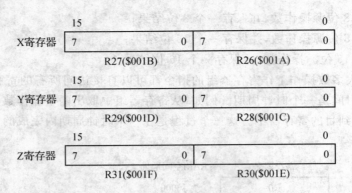

图 1.5　X、Y、Z 寄存器结构图

1.5　ATmega32 存储器结构

　　AVR 结构具有两个主要的存储器空间：数据存储器空间和程序存储器空间。此外，ATmega32 还有 EEPROM 存储器以保存数据。这三个存储器空间都为线性的平面结构。

1.5.1　可编程的 Flash 程序存储器

　　ATmega32 具有 32 KB 的在线编程 Flash，用于存放程序指令代码。因为所有的 AVR 指令为 16 位或 32 位，故 Flash 组织成 16K×16 bit 的形式。用户程序的安全性要根据 Flash 程序存储器的两个区即引导（Boot）程序区和应用程序区分开来考虑。

　　Flash 存储器至少可以擦写 10 000 次。ATmega32 的程序计数器（PC）为 14 位，因此可以寻址 16K 字的程序存储器空间。程序存储器结构如图 1.6 所示。

1.5.2　SRAM 数据存储器

　　ATmega32 的数据存储器组织如图 1.7 所示。前 2 144 个数据存储器包括了寄存器文件、I/O 存储器及内部数据 SRAM。起始的 96 个地址为寄存器文件与 I/O 存储器，接着是 2 048 字节的内部数据 SRAM。

　　数据存储器的寻址方式分为 5 种：直接寻址、带偏移量的间接寻址、间接寻址、带预减量的间接寻址和带后增量的间接寻址。寄存器文件中的寄存器 R26～R31 为间接寻址的指针寄存

图 1.6　程序存储器结构

器。直接寻址范围可达整个数据区。带偏移量的间接寻址模式能够寻址到由寄存器 Y 和 Z 给定的基址附近的 63 个地址。在自动预减和后加的间接寻址模式中,寄存器 X、Y 和 Z 自动增加或减少。

　　ATmega32 的全部 32 个通用寄存器、64 个 I/O 寄存器及 2 048 个字节的内部数据 SRAM 可以通过所有上述的寻址模式进行访问。

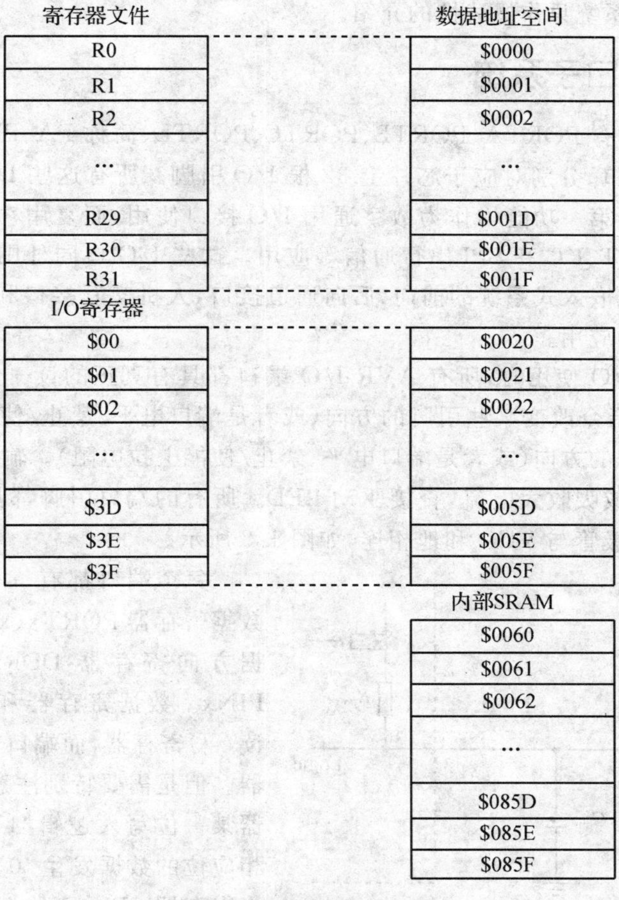

寄存器文件		数据地址空间
R0		$0000
R1		$0001
R2		$0002
…		…
R29		$001D
R30		$001E
R31		$001F
I/O寄存器		
$00		$0020
$01		$0021
$02		$0022
…		…
$3D		$005D
$3E		$005E
$3F		$005F
		内部SRAM
		$0060
		$0061
		$0062
		…
		$085D
		$085E
		$085F

图 1.7　数据存储器结构

1.5.3　EEPROM 存储器

　　AVR 系列单片机还包括 64 B～4 KB 的 EEPROM 数据存储器。它们被组织在一个独立的数据空间中。这个数据空间采用单字节读/写方式。EEPROM 的使用寿命至少为 10 万次写/擦循环。EEPROM 的访问由地址寄存器、数据寄存器和控制寄存器决定。EEPROM 数据存储器可用于存放一些需要掉电保护而且比较固定的系统参数、表格等。

1.6 外围接口特征

除了前面介绍的 CPU 内核和存储器外,ATmega32 片内还集成了丰富的外围接口,主要包括 I/O 端口子系统、中断子系统、定时子系统、串行通信子系统、模拟接口子系统等。限于篇幅,这里对这些子系统只作概述性的介绍。

1.6.1 I/O 端口子系统

ATmega32 芯片有 PORTA、PORTB、PORTC、PORTD(简称 PA、PB、PC、PD)4 组 8 位,共 32 路通用 I/O 接口,分别对应于芯片上 32 根 I/O 引脚。所有这些 I/O 口都是双(有的为3)功能复用的。其中第一功能均作为数字通用 I/O 接口使用,而复用功能则分别用于中断、时钟/计数器、USRAT、I^2C 和 SPI 串行通信等应用。这些 I/O 口同外围电路的有机组合,构成各式各样的单片机嵌入式系统的前向、后向通道接口,人机交互接口和数据通信接口,形成和实现了千变万化的应用。

作为通用数字 I/O 使用时,所有 AVR I/O 端口都具有真正的读—修改—写功能。这意味着用 SBI 或 CBI 指令改变某些引脚的方向(或者是端口电平、禁止/使能上拉电阻)时不会无意地改变其他引脚的方向(或者是端口电平、禁止/使能上拉电阻)。输出缓冲器具有对称的驱动能力,可以输出或吸收大电流,直接驱动 LED。所有的端口引脚都具有与电压无关的上拉电阻,并有保护二极管与 VCC 和地相连,如图 1.8 所示。

每个端口都有三个 I/O 存储器地址:数据寄存器 PORTx(x 代表 A、B、C、D)、数据方向寄存器 DDRx 和端口输入引脚 PINx。数据寄存器和数据方向寄存器为读/写寄存器,而端口输入引脚为只读寄存器。但是需要特别注意的是,对 PINx 寄存器某一位写入逻辑"1"将造成数据寄存器相应位的数据发生"0"与"1"的交替变化。当寄存器 SFIOR 的上拉禁止位 PUD 置位时,所有端口引脚的上拉电阻都被禁止。

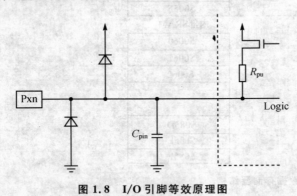

图 1.8 I/O 引脚等效原理图

使用某些引脚的第二功能时,不会影响其他属于同一端口的引脚用于通用数字 I/O 的目的。

端口为具有可选上拉电阻的双向 I/O 端口。每个端口引脚都具有三个寄存器位:DDxn、PORTxn 和 PINxn。DDxn 位于 DDRx 寄存器,PORTxn 位于 PORTx 寄存器,PINxn 位于 PINx 寄存器。DDxn 用来选择引脚的方向。DDxn 为"1"时,Pxn 配置为输出,否则配置为输入。

引脚配置为输入时,若PORTxn为"1",则上拉电阻将使能。如果需要关闭这个上拉电阻,则可以将PORTxn清零,或者将这个引脚配置为输出。复位时各引脚为高阻态,即使此时并没有时钟在运行。

当引脚配置为输出时,若PORTxn为"1",引脚输出高电平("1"),否则输出低电平("0")。在(高阻态)三态({DDxn, PORTxn} = 0b00)和输出高电平({DDxn, PORTxn} = 0b11)两种状态之间进行切换时,上拉电阻使能({DDxn, PORTxn} = 0b01)或输出低电平({DDxn, PORTxn} = 0b10)这两种模式必然会有一个发生。通常,上拉电阻使能是完全可以接受的,因为高阻环境不在意是强高电平输出还是上拉输出。如果使用情况不是这样,则可以通过置位 SFIOR 寄存器的 PUD 来禁止所有端口的上拉电阻。在上拉输入和输出低电平之间切换也有同样的问题。用户必须选择高阻态({DDxn, PORTxn} = 0b00)或输出高电平({DDxn, PORTxn} = 0b11)作为中间步骤。

1.6.2 中断子系统

中断是指单片机(MCU)自动响应一个"中断请求"信号,暂时停止(中断)了当前程序的执行,转而执行为外部设备服务的程序(中断服务程序),并在执行完服务程序后自动返回原程序执行的过程。

AVR 一般拥有数十个中断源,每个中断源都有独立的中断向量。缺省情况下,AVR 的程序存储区的最低端,即从 Flash 地址的 0x0000 开始用于放置中断向量,称做中断向量表。

ATmega32 共有 21 个中断源,包含 1 个非屏蔽中断(RESET)、3 个外部中断(INT0、INT1、INT2)和 17 个内部中断。缺省状态下,其中断向量表如表 1.2 所列。

表 1.2　ATmega32 的中断向量表

向量号	程序地址	中断源	中断定义
1	$000	RESET	外部引脚电平引发的复位、上电复位、掉电检测复位、看门狗复位以及 JTAG AVR 复位
2	$002	INT0	外部中断请求 0
3	$004	INT1	外部中断请求 1
4	$006	INT2	外部中断请求 2
5	$008	TIMER2 COMP	定时器/计数器 2 比较匹配
6	00A	TIMER2 OVF	定时器/计数器 2 溢出
7	00C	TIMER1 CAPT	定时器/计数器 1 事件捕捉
8	00E	TIMER1 COMPA	定时器/计数器 1 比较匹配 A
9	010	TIMER1 COMPB	定时器/计数器 1 比较匹配 B

续表 1.2

向量号	程序地址	中断源	中断定义
10	012	TIMER1 OVF	定时器/计数器 1 溢出
11	014	TIMER0 COMP	定时器/计数器 0 比较匹配
12	016	TIMER0 OVF	定时器/计数器 0 溢出
13	018	SPI,STC	SPI 串行传输结束
14	01A	USART、RXC	USART,Rx 结束
15	01C	USART、UDRE	USART,数据寄存器空
16	01E	USART、TXC	USART,Tx 结束
17	020	ADC	ADC 转换结束
18	022	EE_RDY	EEPROM 就绪
19	024	ANA_COMP	模拟比较器
20	026	TWI	两线串行接口
21	028	SPM_RDY	保存程序存储器内容就绪

系统复位 RESET 中断,也被称做系统复位源。RESET 是一个特殊的中断源,是 AVR 中唯一不可屏蔽的中断。当 ATmega32 由于各种原因被复位后,程序将跳到复位向量(缺省为 0x0000)处,在该地址处通常放置一条跳转指令,跳转到主程序继续执行。

INT0、INT1 和 INT2 是 3 个外部中断源,它们分别是由芯片外部引脚 PD2、PD3、PB2 上电平的变化或状态触发的。通过对控制寄存器 MCUCR 和控制与状态寄存器 MCUCSR 的配置,外部中断可以定义为由 PD2、PD3、PB2 引脚上的电平的下降沿、上升沿、逻辑电平变化,或者低电平(INT2 仅支持电平变化的边沿触发)触发,这为外部硬件电路和设备向 AVR 申请中断服务提供了很大方便。

TIMER2 COMP、TIMER2 OVF、TIMER1 CAPT、TIMER1 COMPA、TIMER1 COMPB、TIMER1 OVF、TIMER0 COMP、TIMER0 OVF 这 8 个中断是来自于 ATmega32 内部的 3 个定时器/计数器触发的内部中断。定时器/计数器处在不同的工作模式下时,这些中断的发生条件和具体意义是不同的。

USART RXC、USART TXC、USART UDRE 是来自于 ATmega32 内部的通用同步/异步串行接收和转发器 USART 的 3 个内部中断。当 USART 串口完整接收一个字节、成功发送一个字节以及发送数据寄存器为空时,这 3 个中断会分别被触发。

还有其他 6 个中断也是来自 ATmega32 内部,它们分别由芯片内部集成的各个功能模块产生。其中,SPI STC 为内部 SPI 串行接口传送结束中断,ADC 为 ADC 单元完成一次 A/D 转换的中断,EE_RDY 为片内的 EEPROM 就绪(对 EEPROM 的操作完成)中断,ANA_COMP 为由内置的模拟比较器输出引发的中断,TWI 为内部两线串行接口的中断,SPM_

RDY 为对片内的 Flash 写操作完成中断。

1.6.3 定时子系统

ATmega32 定时子系统包括 2 个 8 位和 1 个 16 位共 3 个定时器/计数器，一个是具有 PWM 功能的 8 位定时器/计数器 0(T/C0)，一个是 16 位的通用定时器/计数器 1(T/C1)，再一个是具有 PWM 和异步操作的定时器/计数器 2（T/C2)。

1. T/C0

T/C0 是一个具有 PWM 功能的通用单通道 8 位定时器/计数器模块。T/C(TCNT0) 和输出比较寄存器(OCR0)为 8 位寄存器。中断请求信号在定时器中断标志寄存器 TIFR 中都有反映。所有中断都可以通过定时器中断屏蔽寄存器 TIMSK 单独进行屏蔽。

T/C 可以通过预分频器由内部时钟源驱动，或者是通过 T0 引脚的外部时钟源来驱动。时钟选择逻辑模块控制使用哪一个时钟源和什么边沿来增加(或降低)T/C 的数值。如果没有选择时钟源，T/C 就不工作。时钟选择模块的输出定义为定时器时钟 clkT0。

双缓冲的输出比较寄存器 OCR0 一直与 T/C 的数值进行比较。比较的结果可用来产生 PWM 波，或在输出比较引脚 OC0 上产生变化频率的输出。比较匹配事件还将置位比较标志 OCF0。此标志可以用来产生输出比较中断请求。

与 T/C0 相关的寄存器包括 T/C0 控制寄存器 TCCR0、T/C0 寄存器 TCNT0 和输出比较寄存器 OCR0，以及与 T/C1、T/C2 共用的 T/C 中断屏蔽寄存器 TIMSK 和 T/C 中断标志寄存器 TIFR。T/C0 有 4 种工作模式，即普通模式、CTC（比较匹配时清零定时器）模式、快速 PWM 模式和相位修正 PWM 模式。

2. T/C1

T/C1 是一个可以实现精确的程序定时(事件管理)、波形产生和信号测量的 16 位定时器/计数器模块。

定时器/计数器 TCNT1、输出比较寄存器 OCR1A/B 与输入捕捉寄存器 ICR1 均为 16 位寄存器。T/C 控制寄存器 TCCR1A/B 为 8 位寄存器，没有 CPU 访问的限制。中断请求信号在中断标志寄存器 TIFR1 中都有反映。所有中断都可以由中断屏蔽寄存器 TIMSK1 单独控制。

T/C 可由内部时钟通过预分频器或通过由 T1 引脚输入的外部时钟驱动。引发 T/C 数值增加(或减少)的时钟源及其有效沿由时钟选择逻辑模块控制。没有选择时钟源时，T/C 处于停止状态。时钟选择逻辑模块的输出称为 clkT1。

双缓冲输出比较寄存器 OCR1A/B 一直与 T/C 的值作比较。波形发生器用比较结果产生 PWM，或在输出比较引脚 OC1A/B 输出可变频率的信号。比较匹配结果还可置位比较匹配标志 OCF1A/B，用来产生输出比较中断请求。

当输入捕捉引脚 ICP1 或模拟比较器输入引脚有输入捕捉事件产生(边沿触发)时，T/C

值被传输到输入捕捉寄存器中保存起来。输入捕捉单元包括一个数字滤波单元(噪声消除器)以降低噪声干扰。

在某些操作模式下,TOP 值或 T/C 的最大值可由 OCR1A 寄存器、ICR1 寄存器或一些固定数据来定义。在 PWM 模式下用 OCR1A 作为 TOP 值时,OCR1A 寄存器不能用做 PWM 输出。但此时 OCR1A 是双向缓冲的,TOP 值可在运行过程中得到改变。当需要一个固定的 TOP 值时可以使用 ICR1 寄存器,从而释放 OCR1A 来做 PWM 的输出。

与 T/C1 相关的寄存器包括 T/C1 控制寄存器 A TCCR1A,T/C1 控制寄存器 B TCCR1B,T/C1 寄存器 TCNT1H、TCNT1L 和输出比较寄存器 A OCR1AH、OCR1AL,输出比较寄存器 B OCR1BH、OCR1BL,输入捕捉寄存器 ICR1H、ICR1L,以及与 T/C0、T/C2 共用的 T/C 中断屏蔽寄存器 TIMSK 和 T/C 中断标志寄存器 TIFR。T/C1 有 5 种工作模式,即普通模式、CTC(比较匹配时清零定时器)模式、快速 PWM 模式、相位修正 PWM 模式和相位与频率修正 PWM 模式。

3. T/C2

T/C2 是一个具有 PWM 与异步操作功能的通用单通道 8 位定时器/计数器模块。

定时器/计数器 TCNT2、输出比较寄存器 OCR2 为 8 位寄存器。中断请求信号在定时器中断标志寄存器 TIFR 中都有反映。所有中断都可以通过定时器中断屏蔽寄存器 TIMSK 单独进行屏蔽。

T/C 的时钟可以是通过预分频器的内部时钟或通过由 TOSC1/2 引脚接入的异步时钟。异步操作由异步状态寄存器 ASSR 控制。时钟选择逻辑模块控制引起 T/C 计数值增加(或减少)的时钟源。没有选择时钟源时,T/C 处于停止状态。时钟选择逻辑模块的输出称为 clkT2。

双缓冲的输出比较寄存器 OCR2 一直与 TCNT2 的数值进行比较。波形发生器利用比较结果产生 PWM 波形或在比较输出引脚 OC2 输出可变频率的信号。比较匹配结果还会置位比较匹配标志 OCF2,用来产生输出比较中断请求。

与 T/C2 相关的寄存器包括 T/C2 控制寄存器 TCCR2、T/C2 寄存器 TCNT2、输出比较寄存器 OCR2、异步状态寄存器 ASSR,以及与 T/C0、T/C1 共用的 T/C 中断屏蔽寄存器 TIMSK 和 T/C 中断标志寄存器 TIFR。T/C2 有 4 种工作模式,即普通模式、CTC(比较匹配时清零定时器)模式、快速 PWM 模式和相位修正 PWM 模式。

1.6.4 串行通信子系统

串行通信是指构成字符的二进制代码系列在一条信道上以位为单位,按时间顺序且按位传输的一种通信方式。与并行通信相比,这种通信方式能够极大地简化系统设计,同时也可以非常有效地提高系统的抗干扰能力。ATmega32 串行通信子系统包括 3 种类型的串行通信接口,即通用同步和异步串行接收器和转发器 USART、串行外设接口 SPI 以及两线串行接口 TWI。

1. USART

USART 是一个高度灵活的全双工串行通信设备。它主要由时钟发生器、发送器和接收器 3 个单元组成。控制寄存器由 3 个单元共享。

时钟发生器包含同步逻辑,通过它将波特率发生器及为从机同步操作所使用的外部输入时钟同步起来。XCK(发送器时钟)引脚只用于同步传输模式。发送器包括一个写缓冲器、串行移位寄存器、奇偶发生器以及处理不同的帧格式所需的控制逻辑。写缓冲器可以保持连续发送数据而不会在数据帧之间引入延迟。由于接收器具有时钟和数据恢复单元,故它是 USART 模块中最复杂的。恢复单元用于异步数据的接收。除了恢复单元,接收器还包括奇偶校验、控制逻辑、移位寄存器和一个两级接收缓冲器 UDR。接收器支持与发送器相同的帧格式,而且可以检测帧错误,以及数据过速和奇偶校验错误。

USART 支持 4 种模式的时钟:正常的异步模式、倍速的异步模式、主机同步模式以及从机同步模式。USART 控制位 UMSEL 和状态寄存器 C(UCSRC)用于选择异步模式和同步模式。倍速模式(只适用于异步模式)受控于 UCSRA 寄存器的 U2X。而在使用同步模式(UMSEL = 1)时,XCK 的数据方向寄存器(DDR_XCK)决定时钟源是由内部产生(主机模式)还是由外部生产(从机模式)。仅在同步模式下 XCK 有效。

与 USART 相关的寄存器有:USART 数据寄存器 UDR,USART 控制和状态寄存器 A UCSRA,USART 控制和状态寄存器 B UCSRB,USART 控制和状态寄存器 C UCSRC,以及 USART 波特率寄存器 UBRRH 和 UBRRL。

2. SPI

ATmega32 的同步串行 SPI 是采用硬件方式实现面向字节的全双工同步通信接口。它允许 ATmega32 和外设或其他 AVR 器件进行高速的同步数据传输。SPI 主要由数据寄存器、时钟逻辑、引脚逻辑和控制逻辑几部分组成。

主机和从机之间的 SPI 连接如图 1.9 所示。系统包括两个移位寄存器和一个主机时钟发生器。通过将需要的从机的 $\overline{SS}$ 引脚拉低,主机启动一次通信过程。主机和从机将需要发送的数据放入相应的移位寄存器。主机在 SCK 引脚上产生时钟脉冲以交换数据。主机的数据从主机的 MOSI 移出,从从机的 MOSI 移入;从机的数据从从机的 MISO 移出,从主机的 MISO 移入。主机通过将从机的 $\overline{SS}$ 拉高实现与从机的同步。

配置为 SPI 主机时,SPI 接口不自动控制 $\overline{SS}$ 引脚,必须由用户软件来处理。对 SPI 数据寄存器写入数据即启动 SPI 时钟,将 8 bit 的数据移入从机。传输结束后 SPI 时钟停止,传输结束标志 SPIF 置位。如果此时 SPCR 寄存器的 SPI 中断使能位 SPIE 置位,则中断就会发生。主机可以继续往 SPDR 写入数据以移位到从机中去,或者是将从机的 $\overline{SS}$ 拉高以说明数据包发送完成。最后进来的数据将一直保存在缓冲寄存器中。

配置为从机时,只要 $\overline{SS}$ 为高,SPI 接口将一直保持睡眠状态,并保持 MISO 为三态。在这

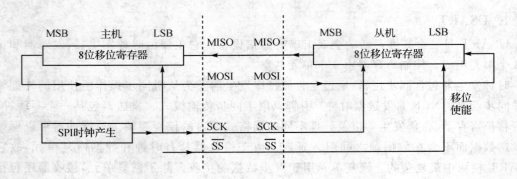

图 1.9 SPI 主机-从机互连

个状态下,软件可以更新 SPI 数据寄存器 SPDR 的内容。即使此时 SCK 引脚有输入时钟,SPDR 的数据也不会移出,直至 $\overline{SS}$ 被拉低。一个字节完全移出之后,传输结束标志 SPIF 置位。如果此时 SPCR 寄存器的 SPI 中断使能位 SPIE 置位,就会产生中断请求。在读取移入的数据之前,从机可以继续往 SPDR 写入数据。最后进来的数据将一直保存在缓冲寄存器中。

SPI 系统的发送方向只有一个缓冲器,而在接收方向有两个缓冲器。也就是说,在发送时一定要等到移位过程全部结束后,才能对 SPI 数据寄存器执行写操作。而在接收数据时,需要在下一个字符移位过程结束之前,通过访问 SPI 数据寄存器读取当前接收到的字符,否则第一个字节将丢失。

工作于 SPI 从机模式时,控制逻辑对 SCK 引脚的输入信号进行采样。为了保证对时钟信号的正确采样,SPI 时钟频率不能超过 $f_{osc}/4$。

与 SPI 相关的寄存器有 SPI 控制寄存器 SPCR、SPI 状态寄存器 SPSR 和 SPI 数据寄存器 SPDR。

3. TWI

ATmega32 还提供了实现标准两线串行总线通信的 TWI 硬件接口。它主要由总线接口单元、比特率发生器、地址匹配单元和控制单元等几个子模块构成。

两线接口 TWI 很适合于典型的处理器应用。TWI 协议允许系统设计者只用两根双向传输线就可以将 128 个不同的设备互连到一起。这两根线一根是时钟 SCL,一根是数据 SDA。外部硬件只需要两个上拉电阻,每根线上一个。所有连接到总线上的设备都有自己的地址。TWI 协议解决了总线仲裁的问题。

TWI 总线的连接如图 1.10 所示。可以看出,两根线都通过上拉电阻与正电源连接。所有 TWI 兼容的器件的总线驱动都是漏极开路或集电极开路的。这样就实现了对接口操作非常关键的线与功能。TWI 器件输出为"0"时,TWI 总线会产生低电平。当所有的 TWI 器件输出为三态时,总线会输出高电平,允许上拉电阻将电压拉高。注意,为保证所有的总线操作,凡是与 TWI 总线连接的 AVR 器件必须上电。与总线连接的器件数目受如下条件限制:总线电容要低于 400 pF,而且可以用 7 位从机地址进行寻址。

与 TWI 总线有关的寄存器有 TWI 比特率寄存器 TWBR、TWI 控制寄存器 TWCR、TWI 状态寄存器 TWSR、TWI 数据寄存器 TWDR 和 TWI(从机)地址寄存器 TWAR。

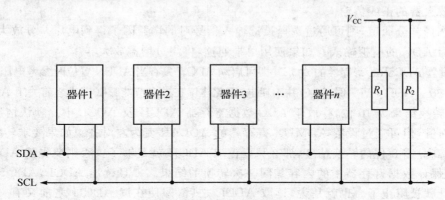

图 1.10　TWI 总线的连接

1.6.5　模拟接口子系统

外部世界的物理量通常是连续的,而单片机只能处理离散的数值。因此,实际系统中通常都需要用模拟接口将单片机与外部世界联系起来。ATmega32 在内部还集成了两个非常有用的模拟接口,一个是模/数转换器(ADC),另一个是模拟比较器。

1. ADC

ATmega32 内部集成有一个 10 位逐次比较 ADC 电路,因此可以非常方便地处理输入的模拟信号量。ATmega32 的 ADC 与一个 8 通道的模拟多路选择器连接,能够对以 PORTA 作为 ADC 输入引脚的 8 路单端模拟输入电压进行采样,单端电压输入以 0 V(GND)为参考。

ADC 还支持 16 路差分电压输入组合。两路差分输入(ADC1、ADC0 与 ADC3、ADC2)有可编程增益级,在 A/D 转换前给差分输入电压提供 0 dB (1×)、20 dB (10×) 或 46 dB (200×) 的放大级。7 路差分模拟输入通道共享一个通用负端(ADC1),而其他 ADC 输入可作为正输入端;如果使用 1× 或 10× 增益,可得到 8 位分辨率;如果使用 200× 增益,可得到 7 位分辨率。

ADC 包括一个采样保持电路,以确保在转换过程中输入到 ADC 的电压保持恒定。ADC 由 AVCC 引脚单独提供电源。AVCC 与 VCC 之间的偏差不能超过 ±0.3 V。标称值为 2.56 V 的基准电压以及 AVCC,都位于器件之内。基准电压可以通过在 AREF 引脚上加一个电容进行解耦,以更好地抑制噪声。

ADC 通过逐次逼近的方法将输入的模拟电压转换成一个 10 位的数字量。最小值代表 GND,最大值代表 AREF 引脚上的电压再减去 1 LSB。通过写 ADMUX 寄存器的 REFSn 位可以把 AVCC 或内部 2.56 V 的参考电压连接到 AREF 引脚。在 AREF 上外加电容可以对片内参考电压进行解耦,以提高噪声抑制性能。

模拟输入通道与差分增益可以通过写 ADMUX 寄存器的 MUX 位来选择。任何 ADC 输入引脚,像 GND 及固定能隙参考电压,都可以作为 ADC 的单端输入。ADC 输入引脚可选做差分增益放大器的正或负输入。

如果选择差分通道,则可通过选择被选输入信号对的增益因子得到电压差分放大级,然后放大值成为 ADC 的模拟输入。如果使用单端通道,将绕过增益放大器。

通过设置 ADCSRA 寄存器的 ADEN 即可启动 ADC。只有当 ADEN 置位时参考电压及输入通道选择才生效。ADEN 清零时 ADC 并不耗电,因此建议在进入节能睡眠模式之前关闭 ADC。

ADC 转换结果为 10 位,存放于 ADC 数据寄存器 ADCH 及 ADCL 中。默认情况下转换结果为右对齐,但可通过设置 ADMUX 寄存器的 ADLAR 变为左对齐。如果要求转换结果左对齐,且最高只需 8 位的转换精度,那么只要读取 ADCH 就足够了。否则要先读 ADCL,再读 ADCH,以保证数据寄存器中的内容是同一次转换的结果。一旦读出 ADCL,ADC 对数据寄存器的寻址就被阻止了。也就是说,读取 ADCL 之后,即使在读 ADCH 之前又有一次 ADC 转换结束,数据寄存器的数据也不会更新,从而保证了转换结果不丢失。ADCH 被读出后,ADC 即可再次访问 ADCH 及 ADCL 寄存器。

ADC 转换结束可以触发中断。即使由于转换发生在读取 ADCH 与 ADCL 之间而造成 ADC 无法访问数据寄存器,并因此丢失了转换数据,中断仍将触发。

与 ADC 有关的寄存器有 ADC 多工选择寄存器 ADMUX、ADC 控制和状态寄存器 ADCSRA、ADC 数据寄存器 ADCH 和 ADCL。

2. 模拟比较器

模拟比较器对正极 AIN0 的值与负极 AIN1 的值进行比较。当 AIN0 上的电压比负极 AIN1 上的电压要高时,模拟比较器的输出 ACO 即置位。比较器的输出可用来触发定时器/计数器 1 的输入捕捉功能。此外,比较器还可触发自己专有的、独立的中断。用户可以选择比较器是以上升沿、下降沿还是交替变化的边沿来触发中断。与模拟比较器相关的寄存器是模拟比较器控制和状态寄存器 ACSR。

1.7 本章小结

AVR 单片机是 Atmel 公司推出的一款基于 RISC 结构的高性能、低功耗的 8 位单片机。本章以 Atmel 公司主推的 ATmega32 单片机为例,介绍了 AVR 单片机的性能特点、引脚配置、内部结构、中央处理器和存储器结构等内容,同时也简要介绍了 I/O 端口子系统、中断子系统、定时子系统、串行通信子系统和模拟接口子系统等 ATmega32 单片机的主要片内资源的基本构成。更详细的介绍可参考芯片的硬件手册,以获取更多信息。

第 2 章

AVR 单片机的开发工具

"工欲善其事,必先利其器"。在应用 ATmega32 来设计和开发实际系统之前,还需要了解系统开发相应的工具。ATmega32 的开发工具分为硬件开发工具和软件开发工具两大类。硬件开发工具包括仿真器、编程器、评估板和硬件电路辅助设计软件等。软件开发工具包括程序编辑器、软件编译器和软件仿真器等。本章先简单介绍 ATmega32 系统开发所需的各种工具,然后重点介绍电路设计软件 Protel 和软件开发平台 AVR Studio 和 CodeVison AVR。

2.1 开发工具概述

2.1.1 硬件开发工具

在应用单片机来开发实际系统的过程中,一般应配备 4 种硬件设备:仿真器、编程器、下载线和评估板。仿真器主要用于对所设计系统的硬软件进行调试。编程器的作用是将执行代码写入到单片机中。下载线主要完成执行代码从 PC 到目标板的下载。评估板则主要用于在暂未完成实际目标板的情况下进行软件的验证和调试。另外,在硬件电路开发的过程中,还需要相应的辅助设计软件完成原理图和 PCB 图的设计。

1. 仿真器

调试是系统开发过程中必不可少的环节。目前在嵌入式系统开发过程中,经常采用的调试方法有 3 种:软件模拟仿真调试(Simulator)、实时在线仿真调试(In Circuit Emulate)和实时在片仿真调试(On Chip Debug)。

软件模拟仿真将在后续的章节中介绍。

实时在线仿真器,也叫 ICE 仿真器,实际上是一种模拟单片机运行过程的设备,虽然能够实时跟踪单片机的运行状态,但价格昂贵,而且与目标板的对接比较困难,使用相对较少。

实时在片仿真,最常见的就是符合 IEEE 1149.1 标准的 JTAG 接口仿真。JTAG 硬件调试接口的基本原理,是采用了一种原应用于对集成电路芯片内部进行检测的"边界扫描"技术实现的。使用该技术,当芯片工作时,可以将集成电路内部各个部分的状态以及数据,组成一个串行的移位寄存器链,并通过引脚送到芯片的外部。所以通过 JTAG 硬件调试接口,用户就能了解芯片在实际工作过程中,各个单元的实际情况和变化,进而实现跟踪和调试。

在 AVR 中,大部分 ATmega 系列芯片都支持 JTAG 硬件调试口。基于此,Atmel 公司推出了自己的 JTAG 仿真器 JTAG ICE 和 JTAG ICE mkII,用于 ATmega 系列单片机的硬件仿真调试。JTAG ICE mkII 除了支持 JTAG 仿真外,还可以完成 ISP 的功能。

2. 编程器

当单片机程序调试好以后,要将可执行的二进制代码写入到单片机的程序存储器中。这部分的工作通常由编程器完成。在写入的过程中,要先将被编程芯片插入编程器的插槽,然后编程器会将程序写入单片机的内部存储器中,之后再将芯片取出并插入目标板,系统方可运行。这是单片机最传统的编程方式。这种方式不仅效率较低,而且多次的拔插过程还容易造成单片机芯片的损伤。在新型的单片机中,一般不再需要用编程器进行程序下载。

3. 下载线

AVR 系列的所有单片机都支持 ISP。在这种编程方式下,用户只需要用一根特制的下载线将 PC 与目标板连接起来,无需将芯片取下,即可完成单片机程序的下载,不仅提高了效率,还极大地方便了系统的开发和升级。AVR 系列单片机的下载线原理较为简单,用户可以选择 Atmel 公司推出的下载线,也可以自行制作简易的下载线。

4. 评估板

评估板一方面能够使用户快速入门和了解相应的芯片,另一方面也能帮助用户在目标板没有完成之前评估所设计的软件。特别是在大一些的项目中,为节约时间,硬件开发与软件开发往往同步进行,此时更能体现评估板的价值。另外,评估板选用的一些外围器件一般都是非常适合的器件,这对硬件设计前期的器件选型很有帮助,而且在电路原理图设计中也可以参照评估板的一些典型电路。

STK500 是 Atmel 公司推出的主要针对 40 脚及 40 脚以下的 DIP 封装的 90 系列以及 ATmega 系列单片机的评估开发板。其具有高压并行和 ISP 编程功能以及 JTAG 仿真接口,同时还配备了一些 LED 和按键,它们可以通过扁平线和单片机的端口连接,用于观察端口的电平变化或者手动触发端口电平的变化。在板上除了一个用于下载程序的 RS232 接口外,还有一个 RS232 接口,通过跳线可以和单片机的 UART 连接,完成与 PC 进行通信的任务。另外,板上还有一个振荡电路,用户可以根据自己的需求选择不同的时钟源驱动单片机。

5. 电路辅助设计软件

随着计算机技术的飞速发展,在世界范围内,已经有多种电路图绘图软件,如 Cadence、Mentor、Power PCB、Protel 等。Protel 是众多电路绘图软件中使用得较多的软件,国内几乎所有的生产印刷电路板的专业厂家都使用到。下面的章节还会以一个简单单片机应用系统为例,介绍 Protel 的基本使用方法。

2.1.2 软件开发工具

Atmel 公司为开发使用 AVR 单片机提供了一套免费的集成开发平台 AVR Studio。该软件平台包含了项目管理器、源代码编辑器、AVR 汇编语言编译器、软件模拟和实时仿真功能。但是，AVR Studio 不能进行 C 语言的编译。目前高级语言在单片机软件设计中的应用越来越普遍，对 AVR 单片机来说更为普遍。因此，还有大量的第三方厂商为 AVR 单片机提供高级语言编译器。AVR 的软件开发，通常采取"AVR Studio＋高级语言开发平台"的策略。

1. 汇编语言开发软件

AVR Studio 是 Atmel 公司提供的免费 AVR 汇编语言开发软件。在 AVR Studio 中可以完成 AVR 汇编代码的编辑、编译和链接，生成可下载的运行代码。

除了作为汇编语言开发平台外，AVR Studio 的另外一个重要功能是作为 AVR 单片机的软件仿真器。所谓的软件仿真器也称为指令集模拟器，其原理是用软件来模拟 CPU 处理器硬件的执行过程，包括指令系统、中断、定时器/计数器和外部接口等。用户开发的嵌入式系统软件，就像已经下装到目标系统硬件一样，载入到软件模拟器中运行，这样用户可以方便地对程序运行进行控制，对运行过程进行监视，进而达到实现调试的目的。使用软件模拟器，可以使软件和硬件开发同步进行，有效提高系统开发效率。AVR Studio 是一个功能非常强大的软件仿真器，不仅能够实现汇编语言的软件仿真功能，还能实现高级语言的软件仿真功能。

2. C 语言开发软件

汇编语言能够直接对硬件进行操作，代码效率高。但其缺点在于可读性差，不便于移植，开发时间长。为此，单片机软件也常常使用高级语言编程。在高级语言中，C 语言是一种通用的编译型结构化语言，不仅具有一般高级语言的特点，还能对计算机的硬件进行操作，因此 C 语言目前正成为单片机开发的主流语言。特别是对 AVR 单片机而言，由于片上 SRAM 和 Flash 空间都很大，运行速度也很快，故有效克服了高级语言编译代码过长及运算效率稍低的缺点。因此，除非在效率要求特别苛刻的场合，推荐使用 C 语言进行 AVR 单片机的软件开发。由于 AVR 单片机自身的优势，吸引了大量的第三方厂商为 AVR 单片机开发出各种各样的 C 语言编译器。下面对它们各自的优缺点进行简单的介绍和比较。

(1) IAR 编译器

IAR 编译器即 IAR Embedded Workbench 编译器，是 IAR Systems 公司开发的 AVR 单片机集成开发环境。IAR Systems 是非常著名的嵌入式系统编译工具的提供商，其开发的 IAR 集成开发环境实际上包含了 C 语言编译器、汇编器、连接定位器、库管理器、项目管理及调试器等。用户可以在其中完全无缝地完成新建项目、编辑源文件、编译、链接和调试等工作；可以同时打开多个项目，很容易扩展集成诸如代码分析等外部工具。IAR 的特点是编译效率高、功能齐全，缺点在于价格昂贵。

(2) ICC 编译器

ICC 编译器是 IMAGE CRAFT 公司开发的使用标准 C 语言的 AVR 单片机集成开发环境。它能够自动生成对 I/O 寄存器操作的 I/O 指令,支持 32 位的长整数和 32 位的单精度浮点数运算,支持在线汇编,同时也能和单独的汇编模块进行接口;拥有 printf、存储器分配、字符串和数学函数的 ANSI C 库函数的子集库函数、针对特定目标访问片上 EEPROM 和各种片上外设的库函数;可以生成用于 AVR Studio 源码级调试的目标文件。在其 IDE 中包含了对项目的管理、源文件的编辑、编译和链接源选的设置,还有内嵌的 ISP 编程界面。其缺点在于几乎完全不支持位寻址。

(3) GCC AVR

GCC AVR 是著名的自由软件编译器 GNU GCC 的 AVR 平台的移植。其包括两部分,编译和链接的命令行程序包和针对 AVR Libc 的函数库。被移植到 Windows 平台上,整合了各个组件后的 Windows 版 GCC AVR 就是通常所说的 WinAVR。其优点在于源码公开,可自由使用,编译效率高。缺点在于没有集成开发环境,使用比较麻烦。

(4) CVAVR

CVAVR,即 CodeVision AVR,是 HP Info Tech 专门为 AVR 设计的一款低成本的 C 语言编译器。CVAVR 实际上也是一个 AVR 单片机的集成开发环境,其界面友好,容易上手。它自带一个代码生成器,可生成外围器件的相应初始化代码。另外,它还提供了很多常用的器件库代码。

表 2.1 给出了上述 4 种 C 语言开发平台的对比。4 种开发平台各有优缺点,在使用时用户可根据自己的具体情况选择合适的开发软件。本书选择 CVAVR 作为 C 语言的开发工具,主要是考虑到 CVAVR 是专门为 AVR 单片机设计的,充分利用了 AVR 的很多特性而没有浪费。另外一个考虑是,CVAVR 自带一个很有用的工具,即代码生成器,可以有效提高系统软件开发效率。

表 2.1 AVR 4 种 C 语言开发平台的比较

类 别	IAR	ICC AVR	GCC AVR	CVAVR
代码效率	高	较高	较高	较高
价格	贵	适中	免费	适中
易用性	较易	易	较复杂	易
与 AVR Studio 集成度	较好	好	较好	好
技术支持	一般	好	无	好

除了 C 语言编译器,AVR 单片机还有 BASIC、PASCAL 等多种其他高级语言的开发平台,限于篇幅,不再一一介绍。

2.2 Protel 使用介绍

Protel 是一款应用非常广泛的电路设计软件。目前常用的版本有 Protel 99SE,Protel DXP 和 Protel 2004 等。Protel 99SE 对系统要求不是很高,而且操作还相对容易,是 Protel 应用最广泛的版本。因此,这里以 Protel 99SE 版本为例,介绍 Protel 绘制原理图的基本流程。

2.2.1 环境简介

在安装好 Protel 99SE 后,双击桌面快捷方式图标或者从"开始\程序\Protel 99SE\Protel 99SE"启动 Protel 99SE,会进入如图 2.1 所示的工作初始界面。初始界面主要由4大部分组成:最上面一排的菜单栏、第二排的工具栏、第三排的 Explorer 栏和右下方的灰色区域。

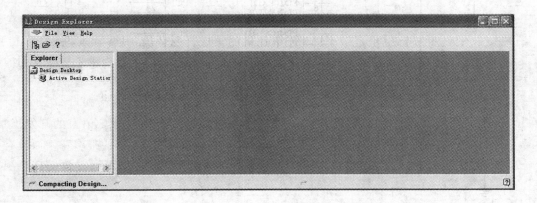

图 2.1 Protel 99SE 初始工作界面

Protel 99SE 菜单栏的功能是进行各种命令操作、设置各种参数和进行各种开关的切换等。它主要包括 File、View 和 Help 三个菜单。File 菜单主要用于文件的管理,包括文件的打开、新建和退出等。View 菜单用于切换设计管理器、状态栏、命令状态行的打开与关闭。Help 菜单用于打开帮助文件,用户可随时打开以获取各方面的帮助。

工具栏的功能与菜单的功能类似,自左向右三个工具栏的功能分别为打开或关闭项目管理器;打开一个文件;打开帮助文件。

Explorer 栏和灰色区域用于显示 Protel 99SE 设计平台中的对象。图 2.1 中由于没有打开任何文件,因而设计平台中没有东西。

2.2.2 绘制原理图流程

下面以一个如图 2.2 所示的简单的单片机应用系统为例，介绍利用 Protel 绘制原理图的基本流程。

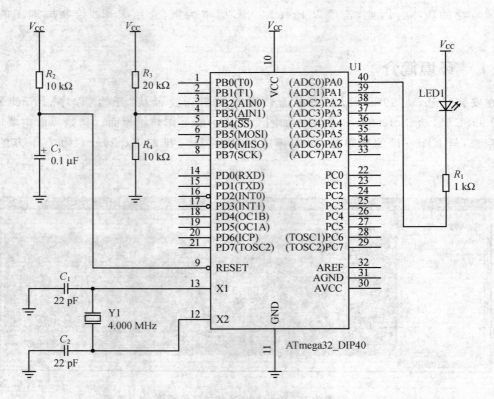

图 2.2 一个简单的单片机应用系统

1. 打开原理图设计界面

启动 Protel 99SE，执行 File/New 菜单命令，新建一个数据库文件，这个数据库名称为 MyDesign.ddb，完成之后的界面如图 2.3 所示。

2. 新建原理图文件

在图 2.3 所示界面中执行 File/New 菜单命令，在 Documents 文件夹下新建一个原理图文件，文件名为 Sheet1.Sch。完成之后的界面如图 2.4 所示。

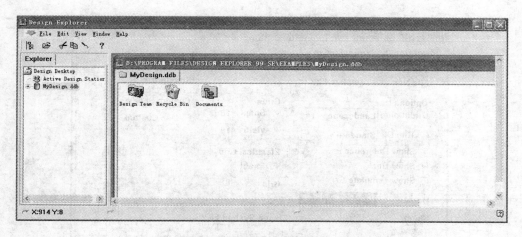

图 2.3 新建数据库完成之后的工作界面

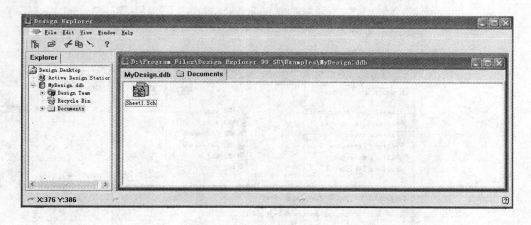

图 2.4 新建原理图文件后的工作界面

3. 设置图纸

双击图 2.4 中的 Sheet1.Sch,打开工程图纸,在工程图纸中右击,然后单击快捷菜单栏中 Document Options 选项,出现 Document Options 对话框。本例中采用默认大小的图纸,去掉参考区域,取消标题栏,保留边框。设置完成之后的对话框如图 2.5 所示。

4. 导入库文件

将包含用户所需元件的元件库装入设计系统中。本例中的单片机在 AVR.lib 中。这个库文件不是 Protel 自带的,读者可以从网上下载该文件。在设计管理器中选择 Browse Sch 选项,然后单击 Add/Remove 按钮,将弹出如图 2.6 所示的对话框。

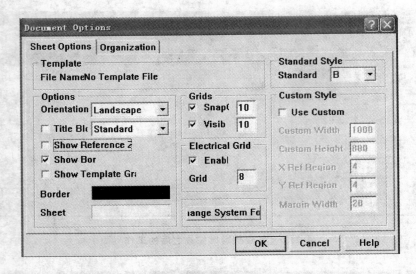

图 2.5　图纸设置完成之后的对话框

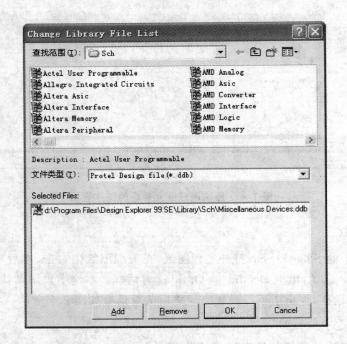

图 2.6　导入元件库对话框

在图 2.6 所示的对话框中选择 AVR.lib 文件，再单击 Add 按钮，此时该元件库出现在

Selected Files 一栏中。然后单击 OK 按钮,完成元件库的导入。其余的元件都包含在 Miscellaneous Devices.lib 文件库中,这个库文件在新建原理图之后自动被导入设计管理器中。添加元件库之后的库文件栏如图 2.7 所示。

5. 放置并编辑元件

从 AVR.lib 文件库中选择单片机,从 Miscellaneous Devices.lib 文件库中选择电阻、电容、发光二极管、晶体等元器件,并将它们摆放在合适的位置。对器件的属性进行相应的修改,并将器件排列好。经此处理后的器件在图纸上的情况如图 2.8 所示。

图 2.7　导入元件库之后的库文件栏

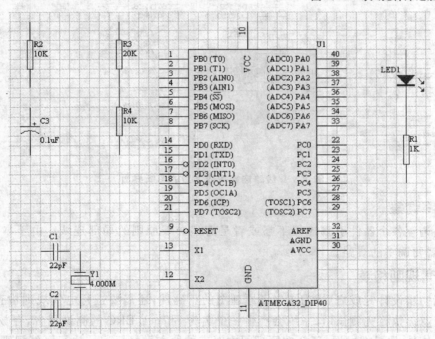

图 2.8　元件操作完成之后的图纸界面

6. 线路连接

在图 2.8 的相应位置添加上电源和接地符号,然后利用 Protel 99SE 所提供的各种工具和命令,将已经放置并编辑好的元器件用具有电气意义的导线和网络标号等连接起来,使各元件之间具有用户所设计的电气连接关系。线路连接完成之后的原理图如图 2.9 所示。

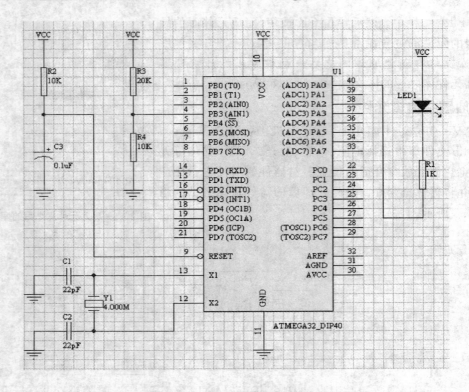

图 2.9　线路连接完成之后的图纸界面

7. 线路调整

主要是调整各个器件引脚连接不畅或者是有违布线原则的局部连线。由于本例较为简单，故没有需要调整的线路。

8. 电气规则检查

原理图初步设计完成之后，为了保证原理图的正确性，还需要进行电气规则检查，以便找出人为的疏忽。执行完测试后，系统会产生一个名为 Sheet1.ERC 的测试报告，存放在 Documents 文件夹中；如果有错误，还会在原理图中对应的地方做好标记。执行电气规则检查的命令为 Tools/ERC。原理图要一直修改到电气规则检查没有错误为止。本例比较简单，图 2.9 所示的原理图电气规则检查没有错误。

9. 网表生成

所设计原理图通过电气规则检查之后，还需要生成一个重要的报表，即电路原理图的网表。该表中包含了各个器件引脚的定义和相互连接。网表有两个重要的作用：一是通过学习该网表，可以便于设计者对原理图修改和查错；二是可以利用该网表进一步生成印刷电路板电路图,即 PCB 图。Protel 99SE 可以自动生成对应原理图的网表,并保存在指定的路径文件中。网表生成的命令为 Design/Create Netlist。

至此,这个简单电路的原理图绘制完成。限于篇幅,此处不再给出 Protel 绘制 PCB 图的流程。有关 Protel 绘制电路图的更多介绍请参阅相关的专门书籍。

2.3 CVAVR 使用介绍

CVAVR 是一款专为 AVR 系列单片机而设计的交互式编译器,同时也是一个 AVR 单片机的集成开发环境。该软件可以在 Windows 98/Me/NT4/2000/XP 及 Vista 操作系统下运行。该软件几乎完全贯彻了 ANSI C 语言标准,同时又根据 AVR 单片机的结构特点增加了一些新的特性,因此,CVAVR 产生的代码非常严格,效率很高。

除了标准的 C 语言函数库外,CVAVR 还提供了许多的标准外部器件的库函数,如标准字符 LCD 显示器、I^2C 接口和 SPI 接口等。同时,CVAVR 还包含一个自动程序生成器,用户可以很方便地完成对片内资源及片外标准接口设备的初始化,大大节省了开发时间,提高了开发效率。本书使用的 CVAVR 版本为 V2.04。下面先对集成开发环境进行简单的介绍,然后主要以一个实例为线索,重点介绍 CVAVR 的使用。

2.3.1 环境简介

在安装好 CVAVR 后,双击桌面快捷方式图标或者从"开始\程序\CodeVisionAVR\CodeVisionAVR C Compiler"启动 CVAVR,会进入如图 2.10 所示的工作初始界面。初始界面主要由 4 大部分组成:菜单栏、工具栏、工作区和状态栏。

CVAVR 为用户提供了丰富的菜单,在一级菜单栏下又分别设置有一级或多级的子菜单。另外,在 IDE 中右击也会根据实际情况弹出相应的工具菜单。菜单栏的功能主要是进行各种命令操作、设置各种参数和进行各种开关的切换等。它包括 File、Edit、Search、View、Project、Tools、Settings 和 Help 这 8 个菜单。File 菜单主要用于文件的管理,包括文件的打开、新建和退出等。Edit 菜单主要用于文件的编辑,包括复制、剪切、粘贴、删除等。Search 菜单主要用于文件内容的查找、替换等。View 菜单主要用于设置工作界面。Project 菜单主要用于工程项目的管理,包括工程的编译、配置等。Tools 菜单主要用于各种工具的管理,包括程序生成器的应用,仿真调试器的调用,系统配置等。Settings 菜单主要用于各编辑器的参数设置,包括文件编辑器、汇编器、编程器和终端仿真器等。Help 菜单主要用于打开帮助文件,用户可随时打开以获取各方面的帮助。限于篇幅,对各菜单栏不再进行更详尽的介绍,更多信息请参阅 CVAVR 的用户手册。

工具栏放置的是菜单栏中各菜单命令的快捷方式。工具栏的主要功能是方便操作。工具栏中显示的内容由 View 菜单中 Toolbars 下面的子菜单确定。

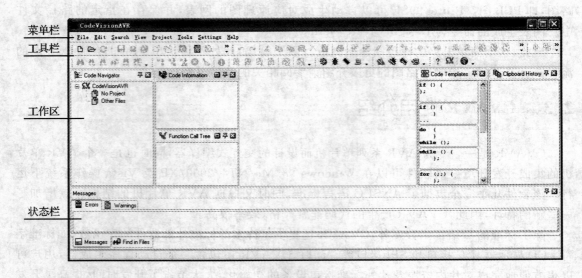

图 2.10　CVAVR 初始工作界面

工作区是用户与 IDE 交流信息的主要区域。此区域中不仅包含文件编辑区，还包括代码导航器、代码信息区、函数调用树、代码模板及剪贴板历史等。工作区中显示的内容由 View 菜单控制。工作区中的这些组成部分，其位置及大小都可以根据用户的需要调整。

状态栏主要显示编译后的状态，如编译有错误，则在状态栏可以看到相关的提示信息的话。在文件中查找字或词时，相应的结果信息也在状态栏显示。

2.3.2　项目开发流程

CVAVR 集成开发环境是使用项目的方式而不是单一文件的方式来管理文件的。所有的文件，包括源程序、头文件以及说明性的文档等，都可以放在工程项目文件中统一管理。概括地说，CVAVR 环境下的软件开发主要步骤如下：

① 创建一个新的工程项目；
② 工程项目的配置；
③ 新建源文件；
④ 编辑源文件；
⑤ 向工程项目中添加源文件；
⑥ 编译工程项目；
⑦ 仿真调试。

下面以一个简单的跑马灯项目为例，详细讲解 CVAVR 的项目开发流程。程序代码如下：

```
 1 /****************************************************
 2 File name              :example_2_1.c
 3 Chip type              :ATmega32
 4 Program type           :Application
 5 Clock frequency        :8.000000 MHz
 6 Memory model           :Small
 7 External SRAM size     :0
 8 Data Stack size        :512
 9 ****************************************************/
10
11 #include <mega32.h>
12 #include <delay.h>
13 void main(void)
14 {
15   unsigned char position = 0;      // position 为控制位的位置
16   PORTA = 0xFF;                    // PA 口输出全 1,LED 全灭
17   DDRA = 0xFF;                     // PA 口工作为输出方式
18
19   while (1)
20   {
21     PORTA = ~(1<<position);
22     if (++position >= 8) position = 0;
23     delay_ms(1000);
24   }
25 }
```

1. 工程项目的创建

在图 2.10 所示的初始界面中,执行 File|New 菜单命令,会弹出如图 2.11 所示的对话框。

选择 Project 选项,然后单击 OK 按钮,会出现如图 2.12 所示的对话框。此对话框用于确认正在新建一个项目文件,并询问是否使用代码生成器。如果选择,则单击 Yes 按钮。关于代码生成器的使用,将在后续的章节介绍。如果此处不选择,则单击 No 按钮。

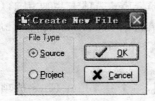

图 2.11 新建工程项目对话框

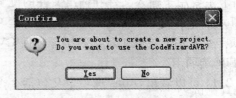

图 2.12 是否选择代码生成器对话框

单击 No 按钮后，会出现如图 2.13 所示的对话框，用于选择新建工程项目的保存路径。选定路径后，在"文件名"中输入新建工程项目的名称，单击"保存"按钮后完成工程项目的新建。需要说明的是，为便于管理，最好给每个项目文件单独建一个文件夹。本例中，先在"D:\cvavreval\example"目录下建立了一个名为 example_2_1 的文件夹，然后将新建的工程项目命名为 example_2_1.prj，并保存在 example_2_1 文件夹中。

图 2.13　选择保存目录对话框

2. 工程项目的配置

完成图 2.13 所示的对话框设置后，单击"保存"按钮，会弹出如图 2.14 所示的工程项目配置对话框。如果要对一个已经创建的工程项目进行配置，可先执行 File|Open 菜单命令，打开需要配置的工程项目，再执行 Project|Configure 菜单命令。这样，也可打开如图 2.14 所示的配置界面。

图 2.14 所示的配置对话框有 4 个选项卡：Files、C Complier、Before Build 和 After Build。Files 选项卡主要用于输入文件和输出文件的配置。C Complier 选项卡主要用于 C 编译器的配置。Before Build 选项卡主要用于设置工程项目编译之前 CVAVR 执行的动作。After Build 选项卡主要用于设置工程项目编译之后 CVAVR 执行的动作。

(1) File 选项卡

由图 2.14 可以看出，Files 选项卡又包括 2 个子选项，一个是 Input Files 选项，另一个是 Output Directories 选项。Input Files 标签页主要用来往项目中添加或删除文件。单击 Add 按钮，可以往工程项目中添加源文件。单击 Remove 按钮可以从工程项目中删除文件。单击

Edit File Name 按钮可以修改工程项目中源文件的名称。单击 Move Up 按钮可以使选中的文件往上排列。单击 Move Down 按钮可以使选中的文件往下排列。由于本例中暂时还没有加入源文件,因此只有 Add 按钮是可用的。

在图 2.14 中单击 Output Directories 标签页,会出现如图 2.15 所示的工作界面。该标签页主要用于配置编译完成之后的输出文件的保存路径。单击 按钮选择路径。编译后的.rom 和.hex 文件放置在 Executable Files 对话框指定路径对应的文件夹中。编译后的目标文件放置在 Object Files 对话框指定路径对应的文件夹中。编译后的.asm,.lst 和.map 文件放置在 List Files 对话框指定路径对应的文件夹中。编译过程中由链接器产生的链接文件放置在 Linker Files 对话框指定路径对应的文件夹中。

图 2.14　工程项目配置对话框

图 2.15　输出路径配置界面

(2) C Complier 选项卡

在图 2.14 所示的界面中单击 C Complier,会出现如图 2.16 所示的工作界面。C Complier 选项卡又包括 4 个子选项:Code Generation,Messages,Globally #define 和 Paths。

Code Generation 标签页主要用于设置 AVR 单片机的型号、工作时钟、存储器大小、优化选项及代码产生选项等。在 Chip 对应的下拉框中选择单片机的型号。由于不同的单片机资源不同,相应的 Code Generation 标签页界面也会有所差别。

本例中的单片机选择为 ATmega32,完成之后图 2.16 所示的 Code Generation 标签页界面变为图 2.17 所示的界面。

Clock 用于配置 CPU 的时钟频率,时钟频率的单位为 MHz。Memory Model 用于配置存储模式。Optimize for 用于选择对哪个方面进行最优化,有两个选项:Size 和 Speed,分别表示

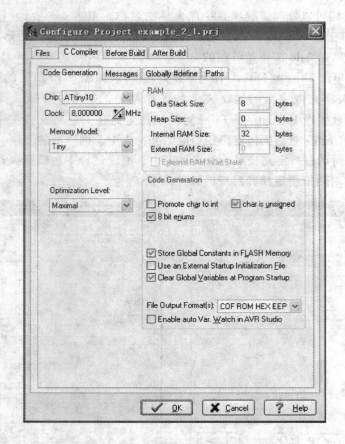

图 2.16 代码产生配置界面

编译程序可对最小容量和最快执行速度进行优化。Optimization Level 用于配置代码优化的程度,有 3 个选项:Low、Medium 和 Maximal。其中 Maximal 级别的优化可能会使得在 AVR Studio 中进行代码调试时有些困难。Program Type 用于配置程序类型,有 2 个选项:Application 和 Boot Loader。如果选择 Boot Loader 程序类型,则附加的 Boot Loader Debugging in AVR Studio 选项也会生效。如果选择这个选项,编译器就会生成附加代码,以支持 Boot Loader 作为源水平级在 AVR Studio simulator/emulator 中调试。在使用最终的 Boot Loader 代码编程芯片时,Boot Loader Debugging in AVR Studio 选项必须禁止。(s)printf Features 用于选择标准 C 语言输入/输出函数中的 printf 和 sprintf 的形式。(s)scanf Features 用于选择标准 C 语言输入/输出函数中的 scanf 和 s scanf 的形式。

　　Data Stack Size 用于配置堆栈区的大小。如果使用了标准库中的动态存储分配函数,则 Heap Size 也必须指定;如果不使用存储分配函数,则 Heap Size 必须为 0。Internal RAM Size

用于配置内部存储器的大小。External RAM Size 用于配置外部存储器的大小。Bit Variables Size 用于配置全局位变量的最大容量。Promote char to int 复选框允许 char 操作数按 ANSI 标准强制转化为 int,这个选项还可以使用♯pragma promotechar 编译器指令来指定。对于像 AVR 这样的 8 位单片机,强制将 char 类型转换到 int 类型,会增加代码容量并降低运行速度。char is unsigned 复选框用于选择 char 类型是否当做无符号数处理。如果选中该复选框,则编译器将 char 类型当做无符号 8 位数(0~255);如果没有选中该复选框,则编译器将 char 类型当做有符号 8 位数(-128~+127)。这个选项还可以使用♯pragma uchar 编译器指令来指定。将 char 作为无符号数处理可以减小代码容量,提高运行速度。8 bit enums 复选框用于配置 enumerations 类型是否当做 8 位 char 类型处理。如果选中该复选框,则 enumerations 类型当做 8 位 char 类型处理;如果没有选中该复选框,则

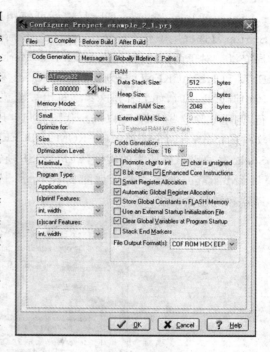

图 2.17　ATmega32 代码产生配置界面

enumerations 类型当做 ANSI 标准的 16 位 int 类型处理。将 enumerations 类型当做 8 位 char 类型处理有助于优化代码容量和提高运行速度。Enhanced Core Instructions 复选框用于允许或禁止使用新的 ATmega 和 AT94K FPSLIC 器件的增强型内核核指令。Smart Register Allocation 复选框允许 R2~R14(不用于位变量)和 R16~R21 的分配,按这种方法,16 位变量将更适合放在偶寄存器对中,这样增强型内核指令 MOVW 对它们的访问将更有效。该选项只有在选中了 Enhanced Core Instructions 复选框时才有效。如果 Smart Register Allocation 复选框没有被选中,则寄存器将按变量声明的顺序分配。特别要注意的是,如果程序是使用 CVAVR V1.25.3 版本开发的,则 Smart Register Allocation 复选框必须被禁止,因为它包含了访问位于寄存器 R2~R14 和 R16~R21 中的汇编代码。在选中了 Automatic Global Register Allocation 复选框后,寄存器 R2~R14(不用于位变量)可自动分配为 char 和 int 全局变量和全局指针变量。如果 Store Global Constants in FLASH Memory 复选框被选中,则编译器会将标记为 const 类型的常数与标记为 Flash 存储器属性的常数同等对待,并都存储在 Flash 存储器中。如果该复选框没有被选中,则标记为 const 类型的常数将存储在 RAM 中,而标记为 Flash 存储器属性的常数则存储在 Flash 存储器中。为了与在 V1.xx 下开发的工程项目兼容,Store Global Constants in FLASH Memory 必须被选中。选中 Use an External Startup Initialization File 复选框可使用外部启动文件。Clear Global Variables at Program Startup 复选框用于允许或禁止在芯片复位后用 0 去初始化位于 RAM 和寄存器 R2～R14 的全局变量。对于调试目的，还有 Stack End Markers 选项。如果选择，则编译器将字符串 DSTACKEND 和 HSTACKEND 分别放到 Data Stack 和 Hardware Stack 区的最后。在 AVR Studio 调试器中调试程序时，如果看到这些字符串被覆盖，则要修改 Data Stack Size 的值；如果程序正确运行，则可删除这些字符串，以减小代码容量。File Output Format(s) 列表框用于选择编译器生成文件的格式，有两个选项：COF ROM HEX EEP 和 OBJ ROM HEX EEP。其中 COF 文件是 AVR Studio 仿真调试器所需的文件，EEP 是 ISP 所需的文件。

Messages 标签页界面如图 2.18 所示，选择前面的复选框，可以单独地允许或禁止各种编译器和链接器警告。

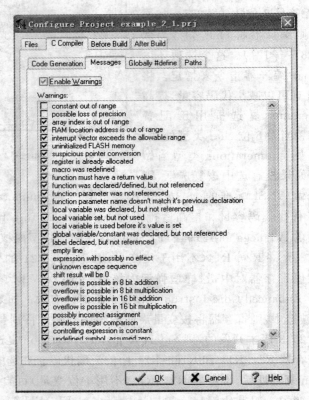

图 2.18　编译信息配置界面

Globally #define 标签页用于配置在所有的工程项目文件中都能用到的宏定义。如图 2.19 所示的宏定义，与在工程项目的每个文件中做 #define ABC 1234 是等价的。

Paths 标签页用于指定 #include 和 library 文件的附加路径。这些路径必须在相应的编辑控制区每行输入一个,如图 2.20 所示。

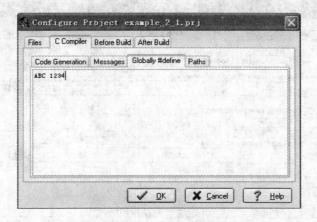

图 2.19　Globally #define 标签页配置界面

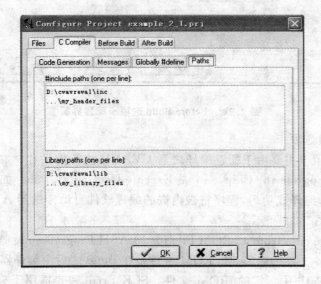

图 2.20　Paths 标签页配置界面

(3) Before Build 选项卡

Before Build 选项卡主要用于配置编译之前 CVAVR 执行的动作。在该选项卡下面有一个 Execute User's Program 复选框,如果选中该复选框,则配置界面如图 2.21 所示。

在图 2.21 所示的界面中,可为要执行的程序指定以下参数。Program Directory and File Name 用于指定程序目录和文件名;Command Line Parameters 用于指定程序命令行参数;Working Directory 用于指定程序工程目录。

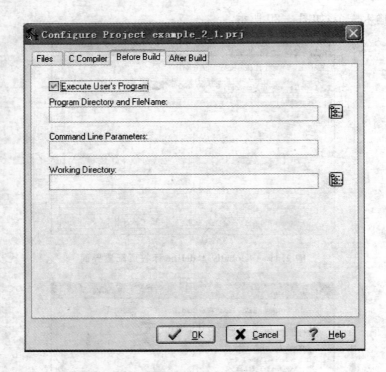

图 2.21　Before Build 选项卡配置界面

(4) After Build 选项卡

After Build 选项卡主要用于配置编译之后 CVAVR 执行的动作。在该选项卡下面有两个复选框：一个是 Program the Chip，一个是 Execute User's Program。如果选中 Program the Chip 复选框，则表示编译成功后，程序将被内嵌的编程软件自动传送到 AVR 芯片。选中该复选框的配置界面如图 2.22 所示。

如果复选 Merge data from a .ROM File for FLASH Programming 选项，将在 Flash 编程缓冲区中合并 .ROM 文件的内容，该 .ROM 文件是在 Build 之后由编译器创建的，而其数据来自于在 .ROM File Path 中指定的 .ROM 文件。SCK Freq. 列表框用于确定 ISP 下载的时钟频率，该选项必须超过 1/4 倍的芯片时钟频率。FLASH Lock Bits 用于配置 Flash 是否需要密码保护。

如果所选的芯片有可编程的熔丝位，则会出现一个附加的 Program Fuse Bit(s) 复选框。如果该复选框被复选，则芯片的熔丝位将在 Make 后被编程。如果一个熔丝位复选框被复选，则相应的熔丝位将被设置为 0，该熔丝位将被编程。如果一个熔丝位复选框未被复选，则相应的熔丝位将被设置为 1，该熔丝位将不编程。如果要在编程前检查芯片的序列号，则必须使用 Check Signature 选项。如果要加速编程进程，可以取消复选 Check Erasure 复选框。这样，

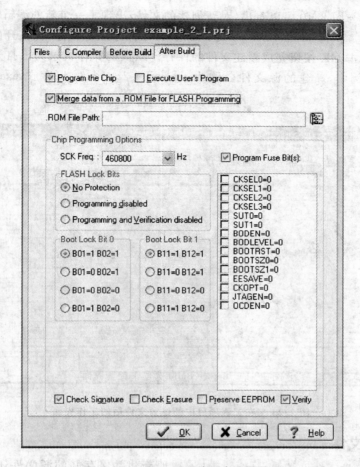

图 2.22 After Build 选项卡配置界面

Flash 擦除的正确性将不被校验。Preserve EEPROM 复选框允许在芯片擦除时保留 EEPROM 的内容。要加速编程进程,可取消复选 Verify 复选框。这样,Flash 和 EEPROM 编程将不被校验。

如果选中 Execute User's Program 复选框,一个在先前指定的程序将在编译进程之后被执行。具体配置与图 2.21 类似。

工程项目配置完成之后,单击图 2.14 所示的配置界面中的 OK 按钮,所修改的配置才会生效。

3. 新建源文件

在图 2.10 所示的初始界面中,执行 File|New 菜单命令,会弹出如图 2.11 所示的对话框。选择 Source 选项,然后单击 OK 按钮,图 2.10 所示的初始工作界面变为如图 2.23 所示的界

面。对比图 2.23 与图 2.10 可以看出，对新创建的文件，出现了一个新的编辑窗口。新文件自动名为 untitled.c。执行 Files|Save as 菜单命令，可以保存该源文件，在打开的对话框中输入新的文件名称，单击 OK 按钮完成新建文件的保存。默认的保存目录为已打开的工程项目所在的目录。在本例中，新建的源文件名称为 example_2_1.c，并保存在 example_2_1 文件夹中。

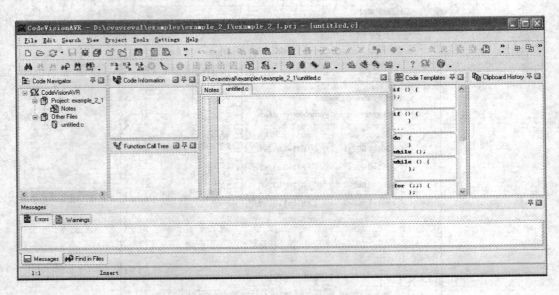

图 2.23　在工程项目中新建源文件后的工作界面

4. 编辑源文件

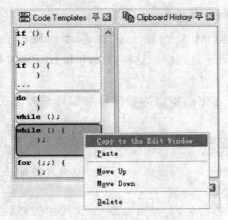

图 2.24　将代码模板复制到文件编辑区的过程

刚新建并保存好的源文件还没有任何内容，此时可以在编辑窗口中对该文件进行代码输入并进行编辑。通常的软件代码主要在该编辑窗口完成。在输入软件代码过程中，CVAVR 提供了一个很好用的工具：Code Templates。该工具主要是提供了一些软件编程中常用的模板。在需要时，只需在 Code Templates 选中相应的模板，然后在 Code Templates 区右击，选择 Copy to the Edit Window 命令，即可将该模板复制到文件编辑区中。例如本例中要用到 While()模板，可先在 Code Templates 选中该模板，然后执行复制命令，如图 2.24 所示，即可将 While()模板复制到编辑区中。用户可以将常用的代码段做成模板,用图 2.14 中的 Paste 命令放入 Code Templates 区;也可以用 Delete 命令删除不再常用的模板;还可以用 Move Up 和 Move Down 命令对模板在 Code Templates 区的次序进行排列。Code Templates 的这些特点可以使用户在编写软件代码时极大地提高工作效率。

将前面给出的简单的跑马灯代码输入到文件编辑区,并保存后,如图 2.23 所示的工作界面变为如图 2.25 所示的工作界面。在编辑区中,不同部分的字体及颜色等都可能有所不同。这主要是 CVAVR 为方便用户阅读代码而设置的。若想对默认的属性进行修改,可执行 Settings|Editor 菜单命令,在弹出的配置界面中重新进行设置。

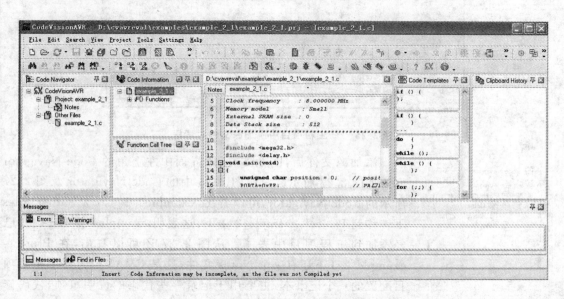

图 2.25　完成源文件编辑后的工作界面

5. 向工程项目中添加源文件

在前面已经提到,执行 Project|Configure 命令,会弹出如图 2.14 所示的界面,单击 Add 按钮即可实现向工程项目中添加源文件的功能。在本例中,单击 Add 按钮后,弹出如图 2.26 所示的对话框,在"查找范围"对应的下拉框中选择文件的路径,在"文件名"对应的下拉框中选择源文件,然后单击打开,这样所选中的源文件被添加到工程项目中。如果有多个源文件需要添加,则不断执行上述动作。然后,单击图 2.14 中的 OK 按钮,最终完成向工程项目添加源文件的功能。本例中,仅一个源文件需要添加,且源文件为 example_2_1 目录下的 example_2_1.c 文件。

图 2.26 向工程项目中添加源文件对话框

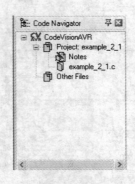

图 2.27 添加源文件后的代码导航栏

添加源文件后,图 2.25 所示界面中左上角的 Code Navigator 变为如图 2.27 所示。对照图 2.25 中的 Code Navigator 及图 2.27 所示的 Code Navigator,可以看出,examples_2_1.c 从 Other Files 下转移到 Project:example_2_1 下,这表明 examples_2_1.c 确实已经添加到工程项目中去了。从图 2.27 还可以看出,在 Project:example_2_1 下还有一个 Notes 文件,这是 CVAVR 为每个工程项目配置的一个记事本,主要用于记录一些代码的说明事项、代码修改信息等内容。本例中因为工程项目简单,故记事本为空。在项目比较大,而且源文件代码比较复杂的情况下,使用记事本可以记录很多与软件设计有关的信息,可有效提高代码的可读性和可维护性,有效促进项目开发。

6. 编译工程项目

执行 Project|Build 菜单命令,可以对工程项目进行编译。CVAVR C 编译器被执行,生成一个扩展名为 .asm 的汇编源程序文件。这个文件可在编辑器中打开进行检查和修改。在编译完成后,一个 Information 将打开以显示编译结果,如图 2.28 所示。

本例中源文件比较简单,没有语法错误,所以一次就通过编译了。在一般的程序设计中,由于各种原因,开始时不可避免地会出现语法错误而导致编译不通过。此时的错误信息会在状态栏显示。根据提示信息,不断修改,把所有错误修改完成后才能通过编译。在本例中,将最后一个分号去掉再进行编译,状态栏出现如图 2.29 所示的出错信息。

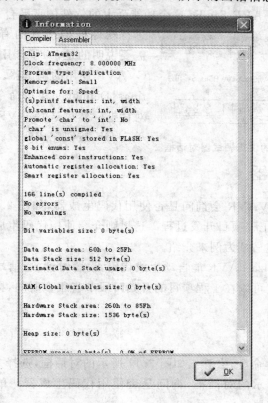

图 2.28 编译信息

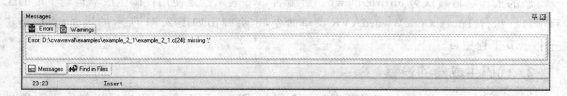

图 2.29 编译出错提示信息

当编译后出现错误提示信息时,双击对应的提示信息,可以在编辑器中直接找到出错对应的位置,根据提示信息即可修改相应错误。在本例中,可以看到,错误提示信息中已经给出了出错的代码行号为第 24 行,错误类别为遗漏了分号。

7. 仿真调试

通过编译之后的工程项目只能说语法上没有问题,但还不能确定所设计的软件是否能完成给定的任务,因此通常还需要进行软件模拟仿真,以进一步修改和完善所设计的软件。由于

CVAVR 本身不带有调试功能,它可以生成 .coff 文件,通过该文件实现与 AVR Studio 的连接,即是通过该文件调用 AVR Studio 这个功能强大的软件仿真平台。关于使用 AVR Studio 进行软件模拟仿真的有关内容将在后面讨论。需要说明的是,为了调用 AVR Studio,必须配置 CVAVR 使用的调试器。具体步骤为先执行 Settings|Debugger 菜单命令,弹出如图 2.30 所示的对话框。然后选择 AVR Studio 为仿真调试器,单击 OK 按钮完成配置。

图 2.30　设置 CVAVR 的仿真调试器对话框

2.3.3　代码生成器

新建工程项目时,CVAVR 会询问是否使用代码生成器,如图 2.12 所示。前面已经介绍了不使用代码生成器的工程项目开发过程。这里则介绍使用代码生成器的情况。为了便于比较,这里仍然以前面的跑马灯为例来介绍。

代码生成器 CodeWizardAVR 能自动生成代码,设置时钟、通信端口、I/O 端口、中断源以及很多其他特性,这样就可以在工程项目的开始阶段节省很多时间,提高开发效率。代码生成器是一个很有用的工具。

1. 新建工程项目

执行 File|New 菜单命令,会弹出如图 2.11 所示的对话框,选择 Project,然后单击 OK 按钮,会弹出如图 2.12 所示的对话框,询问是否使用代码生成器。单击 Yes 按钮,会弹出如图 2.31 所示的代码生成器工作界面。

新的工程项目默认为 untitled.cwp。后缀名 cwp 表示这是使用代码生成器自动生成的工程项目。执行 Tools|CodeWizardAVR 菜单命令,也会弹出如图 2.31 所示的界面,直接新建一个 cwp 工程项目。

2. 代码生成器的设置

在图 2.31 左上角,有许多的标签页,如 Chip、Ports、LCD 等。用户可以根据工程项目的需要对这些标签页中有关的内容进行设置。代码生成器根据用户的设置再生成相应的代码框架。由于标签页比较多,限于篇幅,这里不对它们的内容作详细的介绍,许多标签页的内容在后续相关章节中再介绍。这里仅以跑马灯程序为例,介绍代码生成器的设置。

本例比较简单,需要设置的有两个标签页。一是 Chip 标签页,设置界面如图 2.31 所示。Chip 下拉框用于选择芯片型号,本例中选择 ATmega32。Clock 用于设置芯片时钟频率,本例设置为 8 MHz。二是 Ports 标签页,其设置界面如图 2.32 所示。

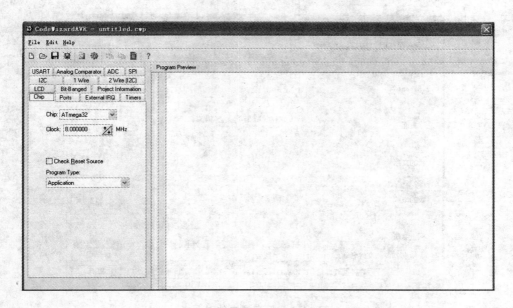

图 2.31　代码生成器工作界面

图 2.32 中的 PortA 全部为输入工作方式,单击 Direction 下面的这排按钮,可以将方向在 In 和 Out 之间切换。输出的数值也用同样的方式进行设置。本例中使用了 PortA 口的全部 8 位,为输出方式工作,用于控制 LED。因此,要将 Bit0~Bit7 的方向都修改为 Out,Bit0~Bit7 的数值都修改为 1。

3. 生成代码并保存

设置完成之后,在图 2.31 所示的工作界面中执行 File | Generate,Save and Exit 菜单命令,会弹出如图 2.33 所示的保存源文件对话框。

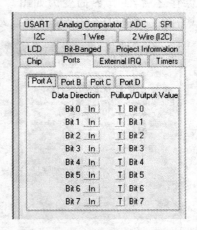

图 2.32　Ports 标签页设置界面

前面已经提到,为便于文件管理,需要对每个工程项目新建一个文件夹,该项目相关的所有文件都放入这个文件夹。本例中,新建的文件夹名为 example_2_2。在"保存在"对应的下拉框中选择文件存储的路径,在"文件名"对应的下拉框中输入源文件名称。单击"保存"按钮即完成了源文件的保存。本例中,源文件的名称为 example_2_2.c。在保存源文件后,又会弹出工程项目保存对话框及代码生成器项目保存对话框。保存方式完全一样。本例中,工程项目名称为 example_2_2.prj,代码生成器项目名称为 example_2_2.cwp。所有文件

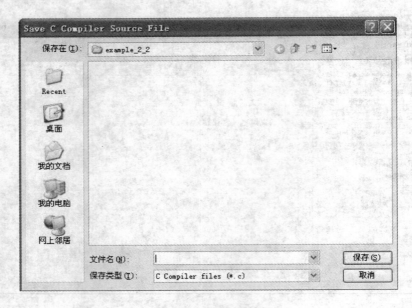

图 2.33　保存源文件对话框

保存之后,工作界面变为如图 2.34 所示界面。从图中可以看出,此时,工程项目已经创建完毕,源文件也已经自动生成并自动加入到工程项目中去了。

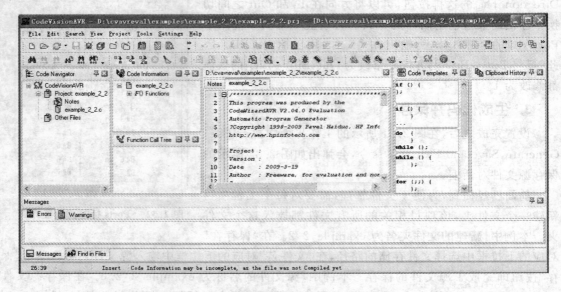

图 2.34　用代码生成器创建的工程项目

4. 源文件的编辑

与前面介绍的方法不同的是,此时的源文件只是一个完成了初始化的壳文件,为便于与前面的例子进行比较,给出 example_2_2 的程序代码如下:

```
1 /*****************************************
2 This program was produced by the
3 CodeWizardAVR V2.04.0 Evaluation
4 Automatic Program Generator
5 ? Copyright 1998 - 2009 Pavel Haiduc, HP InfoTech s.r.l.
6 http:// www.hpinfotech.com
7
8 Project          :
9 Version          :
10 Date            :2009 - 3 - 19
11 Author          :Freeware, for evaluation and non - commercial use only
12 Company         :
13 Comments        :
14
15
16 Chip type                  : ATmega32
17 Program type               :Application
18 AVR Core Clock frequency   :8.000000 MHz
19 Memory model               :Small
20 External RAM size          :0
21 Data Stack size            :512
22 *****************************************/
23
24 # include <mega32.h>
25
26 // Declare your global variables here
27
28 void main(void)
29 {
30 // Declare your local variables here
31
32 // Input/Output Ports initialization
33 // Port A initialization
34 // Func7 = Out Func6 = Out Func5 = Out Func4 = Out Func3 = Out Func2 = Out Func1 = Out Func0 = Out
35 // State7 = 0 State6 = 0 State5 = 0 State4 = 0 State3 = 0 State2 = 0 State1 = 0 State0 = 0
```

```
36 PORTA = 0xFF;
37 DDRA = 0xFF;
38
39 // Port B initialization
40 // Func7 = In Func6 = In Func5 = In Func4 = In Func3 = In Func2 = In Func1 = In Func0 = In
41 // State7 = T State6 = T State5 = T State4 = T State3 = T State2 = T State1 = T State0 = T
42 PORTB = 0x00;
43 DDRB = 0x00;
44
45 // Port C initialization
46 // Func7 = In Func6 = In Func5 = In Func4 = In Func3 = In Func2 = In Func1 = In Func0 = In
47 // State7 = T State6 = T State5 = T State4 = T State3 = T State2 = T State1 = T State0 = T
48 PORTC = 0x00;
49 DDRC = 0x00;
50
51 // Port D initialization
52 // Func7 = In Func6 = In Func5 = In Func4 = In Func3 = In Func2 = In Func1 = In Func0 = In
53 // State7 = T State6 = T State5 = T State4 = T State3 = T State2 = T State1 = T State0 = T
54 PORTD = 0x00;
55 DDRD = 0x00;
56
57 // Timer/Counter 0 initialization
58 // Clock source: System Clock
59 // Clock value: Timer 0 Stopped
60 // Mode: Normal top = FFh
61 // OC0 output: Disconnected
62 TCCR0 = 0x00;
63 TCNT0 = 0x00;
64 OCR0 = 0x00;
65
66 // Timer/Counter 1 initialization
67 // Clock source: System Clock
68 // Clock value: Timer 1 Stopped
69 // Mode: Normal top = FFFFh
70 // OC1A output: Discon.
71 // OC1B output: Discon.
72 // Noise Canceler: Off
73 // Input Capture on Falling Edge
74 // Timer 1 Overflow Interrupt: Off
```

```c
75  // Input Capture Interrupt: Off
76  // Compare A Match Interrupt: Off
77  // Compare B Match Interrupt: Off
78  TCCR1A = 0x00;
79  TCCR1B = 0x00;
80  TCNT1H = 0x00;
81  TCNT1L = 0x00;
82  ICR1H = 0x00;
83  ICR1L = 0x00;
84  OCR1AH = 0x00;
85  OCR1AL = 0x00;
86  OCR1BH = 0x00;
87  OCR1BL = 0x00;
88
89  // Timer/Counter 2 initialization
90  // Clock source: System Clock
91  // Clock value: Timer 2 Stopped
92  // Mode: Normal top = FFh
93  // OC2 output: Disconnected
94  ASSR = 0x00;
95  TCCR2 = 0x00;
96  TCNT2 = 0x00;
97  OCR2 = 0x00;
98
99  // External Interrupt(s) initialization
100 // INT0: Off
101 // INT1: Off
102 // INT2: Off
103 MCUCR = 0x00;
104 MCUCSR = 0x00;
105
106 // Timer(s)/Counter(s) Interrupt(s) initialization
107 TIMSK = 0x00;
108
109 // Analog Comparator initialization
110 // Analog Comparator: Off
111 // Analog Comparator Input Capture by Timer/Counter 1: Off
112 ACSR = 0x80;
113 SFIOR = 0x00;
```

```
114
115    while (1)
116        {
117            // Place your code here
118
119        };
120    }
```

这是完全由代码生成器自动生成的代码,连空行都完整地保留了。从这段自动生成的代码可以看出,虽然在设置时仅设置了 PortA,但代码生成器对其他的片内资源,包括其他 I/O 口、定时器/计数器、中断、模拟比较器等都进行了初始化。不同的是,PortA 是按设置之后的值进行初始化的,而其他资源是按照默认的初始值进行初始化的。上面的代码虽然看起来很多,但还不能实现跑马灯的功能。为了要完成指定的功能,还必须对该代码进行编辑。

代码的第 30 行提示了可以在此处声明变量。将 example_2_1.c 中的第 15 行代码放于此处完成变量声明。代码的第 117 行提示可以在此处添加用户自己的代码。将 example_2_1.c 中的第 21~23 行代码放于此处即可完成跑马灯程序。因为在跑马灯程序中调用了延时函数 delay_ms,因此要在程序开始处的第 25 行增加预编译命令♯include ＜delay.h＞,也即是 example_2_1.c 中的第 12 行。进行了这些编辑之后并保存,example_2_2 工程项目才可以完成和 example_2_1 项目完全一样的功能。由于本例仅用到了 PortA 资源,为保证代码的简洁,其余资源的初始化代码完全可以删除。

此时如果需要对工程项目进行配置,可以执行 Project|Configure 菜单命令。如果需要对文件进行编译,可以执行 Project|Build 菜单命令。这些操作,包括后面的仿真调试等环节,都与不采用代码生成器创建项目时的操作完全一致。

2.4 AVR Studio 使用介绍

AVR Studio 集成开发环境是 Atmel 公司推出的,是专门用于开发该公司 AVR 单片机的软件开发平台,是一个完全免费的、基于 AVR 汇编语言的集成开发环境。AVR Studio 包括:AVR Assembler 编译器;AVR Studio 软件模拟调试功能;AVR Prog 串行下载和 JTGA 下载功能;JTGA ICE 在线仿真调试等功能。

从 AVR 单片机自身的特点出发,往往推荐使用 C 语言对 AVR 单片机进行软件开发。本书不讨论汇编语言程序设计的问题,因此,对 AVR Studio 在开发汇编程序方面的应用,本书也不讨论,有兴趣的读者可以阅读其他参考书籍。这里先简要介绍 AVR Studio 的开发环境,然后主要介绍其软件模拟调试功能,采用的版本为 AVR Studio V4.16。

2.4.1 环境简介

在安装好 AVR Studio 后,单击桌面快捷方式图标或者从"开始\程序\Atmel AVR Tools\AVR Studio 4"启动 AVR Studio,会进入如图 2.35 所示的工作初始界面。与 CVAVR 的初始界面类似,AVR Studio 的初始界面同样由菜单栏、工具栏、工作区和状态栏等 4 大部分组成。

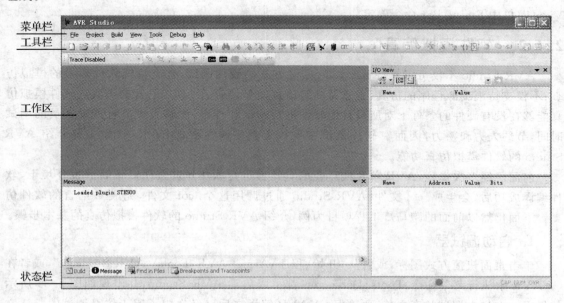

图 2.35 AVR Studio 初始工作界面

与 CVAVR 类似,AVR Studio 同样为用户提供了丰富的菜单,在一级菜单栏下又分别设置有一级或多级的子菜单。另外,在 IDE 中右击也会根据实际情况弹出相应的工具菜单。菜单栏的功能主要是进行各种命令操作、设置各种参数和进行各种开关的切换等。它包括 File、Project、Build、View、Tools、Debug 和 Help 这 7 个菜单。File 菜单主要用于文件的管理,包括文件的打开、新建和退出等。Project 菜单主要用于工程项目的管理,包括工程的新建、打开、关闭和保存等。Build 菜单主要用于工程项目的编译。View 菜单主要用于设置工作界面,包括工具栏、状态栏的设置和调试时的通用寄存器、存储器的显示与否等。Tools 菜单主要用于 Atmel 公司各种开发工具的管理,如 ICE50、JTAG ICE mkII 等。Debug 菜单主要用于软件模拟仿真的控制,也是 AVR Studio 使用最多的菜单。Help 菜单主要用于打开帮助文件,用户可随时打开以获取各方面的帮助。

工具栏放置的是菜单栏中各菜单命令的快捷方式。工具栏的主要功能是方便操作。工具栏中也有一些是菜单栏中没有的命令,如复制、粘贴和剪切等编辑命令。工具栏中显示的内容由View菜单中Toolbars下面的子菜单确定。

工作区是用户与IDE交流信息的主要区域。此区域中包含文件编辑区、I/O端口寄存器观察区、处理器状态观察区、通用寄存器组观察区、存储器观察区及信息显示区等。工作区中显示的内容也同样由View菜单中的有关命令控制。工作区中的这些组成部分,其位置及大小都可以根据用户的需要调整。

状态栏主要显示单片机的型号、仿真器类型和调试的状态等信息。状态栏是否显示可由View菜单中Status Bar命令确定。

2.4.2 软件模拟仿真

AVR Studio不仅可以支持ICE、JATG等方式的硬件调试,也支持纯软件环境的模拟仿真;不仅支持汇编源程序的仿真,也支持高级语言如C语言、BASIC语言的仿真。软件模拟仿真能够在没有硬件的条件下对所设计的软件进行调试和排错,能够大大节省开发人员的调试时间,节约人力和物力,因而在软件调试中发挥着越来越重要的作用。这里主要介绍AVR Studio的软件模拟仿真功能。

前面已经多次提到,AVR单片机适合用C语言进行软件开发。在C语言开发环境下,软件编译成功后,会生成.cof文件,AVR Studio通过调用这个.cof文件,完成C语言的软件仿真。下面仍然以前面的跑马灯工程项目为例,介绍AVR Studio的软件模拟仿真的基本步骤。

1. 启动调试器

单击桌面快捷方式图标,或者从"开始\程序\Atmel AVR Tools\ AVR Studio 4",或者在CVAVR中执行菜单命令Tools|Debugger,都可以启动AVR Studio,并出现如图2.35所示的界面。在进入调试状态之前,要确保CVAVR编译之后已经生成了用于仿真调试的.cof文件。要想从CVAVR直接启动AVR Studio,就要先将调试器设置为AVR Studio。具体的设置方法在前面都已经有所介绍,不再复述。生成的.cof存放在工程项目的obj文件夹中。

2. 建立调试工程项目

在图2.35所示的AVR Studio初始界面中执行File|Open菜单命令,在弹出的打开文件对话框中从CVAVR工程项目的obj文件夹中选中所生成的.cof文件,本例中为example_2_1.cof,会弹出如图2.36所示的对话框。

如果需要修改文件名,则在"文件名"对应的下拉框中进行修改;如果不需要修改,则直接单击"保存"按钮,会弹出如图2.37所示的对话框。

在图2.37的右边Device栏中选择单片机的型号,在左边的Debug Platform中选择调试平台。软件仿真平台选择AVR Simulator。本例中器件选择ATmega32。

3. 进入调试状态

在图2.37中选择完调试平台和芯片后,单击Finish按钮,界面变为如图2.38所示的调试

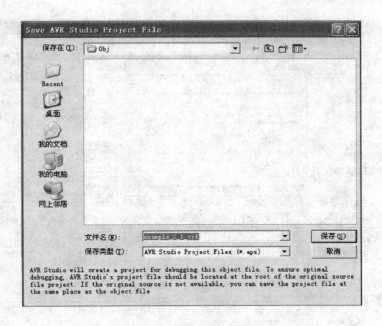

图 2.36　创建 AVR Studio 调试工程项目对话框

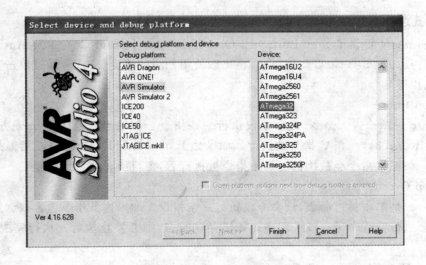

图 2.37　器件与仿真平台选择对话框

工作界面。在工作区中有 C 语言源程序，并且在源程序的左侧还有一个黄色的光标，用于指示当前程序执行的位置。工作区左边的 Processor 状态栏，显示了处理器主要寄存器的值；工作区右边的 I/O View 状态栏，显示了所有 I/O 寄存器的值。

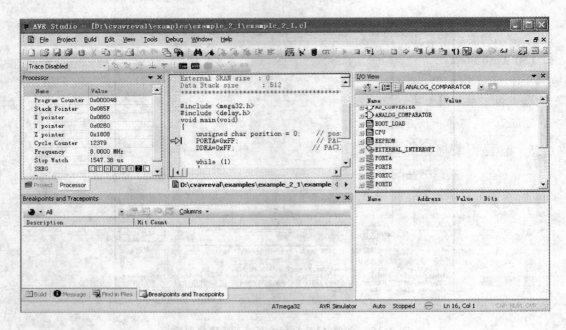

图 2.38 仿真调试时的工作界面

4. 调试运行

AVR Studio 4 提供了 Step Into、Step Over、Step Out、Run to Cursor 及 Auto Step 等常用的调试运行方式。用户可以使用菜单,也可以使用相应的快捷键,或者通过单击工具条上相应的图标来执行命令。

(1) Step Into

Step Into 是单步进入命令,该命令仅执行一条指令。如果当前处于 source 方式,即以 C 语言窗口显示方式时,一条 C 指令被执行。如果处于 disassembly 方式,即以汇编指令窗口显示方式时,一条汇编指令会被执行。每条指令被执行后,窗口所有信息会更新。

(2) Step Over

Step Over 是单步越过命令,该命令仅执行一条指令。如果这条指令包含或调用了函数或子程序,也会执行完这个函数或子程序。如果存在断点,则会停止执行。执行完成后,信息会在窗口显示。

(3) Step Out

Step Out 是单步跳出命令,该命令一直会执行到当前的 C 指令结束为止。如果存在断点,则会停止执行。运行结束后,所有信息会在窗口显示。

(4) Run to Cursor

Run to Cursor 是执行到光标位置命令,该命令一直会执行到光标放置在 C 语言窗口的位置,就算有断点,也不会中断。如果光标所在的位置一直都无法执行到,则程序会一直执行,直到用户手工将它中断为止。执行完成后,所有信息会在窗口显示。

(5) Auto Step

Auto Step 是自动执行命令。它能重复地执行命令。每条指令被执行后,窗口的所有信息会被更新。每条指令执行后,在延时设定的时间后自动执行下一条指令。当用户按下停止或遇到断点时,将停止该命令。

5. 设置和清除断点

所谓断点就是在程序中用户希望程序暂停执行的地方。一旦暂停,就可以查看变量或寄存器的值,或者再使用单步执行,以确定程序正在做什么。软件模拟仿真最主要的调试方式就是在程序出错的地方设置断点,然后通过仔细观察各种状态参数,发现和解决问题。因此,断点的设置和清除在软件调试中起着非常重要的作用。断点的设置可以通过执行 Debug|Toggle Breakpoint 菜单命令来实现,也可以通过快捷菜单中的 Toggle Breakpoint 命令来实现,还可以用快捷键 F9 来实现。方法是将鼠标放置在希望设置断点的 C 代码指令行,执行相关的命令即可完成断点设置。如要清除断点,可将鼠标放置在希望被清除的断点所在的 C 代码指令行,执行与设置断点相同的命令即可清除断点。执行 Debug|Remove all Breakpoints 菜单命令可清除所有断点。

6. 观察状态

软件的仿真调试主要是通过执行前面介绍过的 Step Into 等调试运行命令及设置断点的方式来实现,但这些都离不开对芯片状态的观察。在调试过程中,只有通过合理地设置断点和执行适当的调试运行命令,仔细观察处理器、寄存器、存储器及重要变量的状态,才能帮助用户迅速地找出程序中存在的问题。

(1) 观察处理器状态

处理器状态观察窗口如图 2.39 所示。在该窗口中,用户可以查看 MCU 的主要部分情况,如 PC、Stack、32 个工作寄存器组等。在该窗口中,用户还可以查看和统计指令执行的周期数,以及执行时间等。

在本例中,可以通过观察处理器状态验证通用延时子程序 delay 的延时效果。首先在代码"if (++position >= 8) position = 0;"处设置一个断点,然后执行 Debug|Run 命令,或直接按快捷键 F5。此时程序在断点处会暂停。将图 2.39 中的 Stop Watch 对应的值清零。具体做法是在图 2.39 所示的窗口右击,会弹出如图 2.40 所示的菜单,单击 Reset Stopwatch 命令。然后再在代码"PORTA = ~(1<<position);"处设置另外一个断点,继续按快捷键 F5。经过一小会儿之后,程序在新设的断点处暂停,此时再观察 Stop Watch 对应的值,发现已经变为 1 000 753.25 μs,也就是说确实如所设计的那样,延迟函数延迟了 1 s。

AVR 单片机系统开发实用案例精选

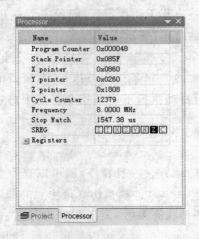

图 2.39　处理器状态观察窗口　　图 2.40　处理器状态观察窗口右键菜单

(2) 观察寄存器状态

寄存器包括两类：一是 I/O 寄存器，二是 32 个通用寄存器。I/O 寄存器状态观察窗口如

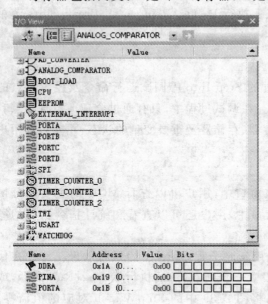

图 2.41 所示。图中上半部分是片内资源的名称，下半部分是选中的资源对应的寄存器的值。这个窗口是最主要的调试窗口，在该窗口中，用户可以查看 MCU 内部集成的功能部件，如 PA～PD 口、定时器/计数器、ADC、USART 等的 I/O 寄存器变化情况和状态。用户不但可以进行观察，同时也可以单击相应的标志位，模拟触发信号的产生，如模拟触发某个中断标志位，从而使 MCU 响应中断，执行中断服务程序，实现对中断程序的调试。

在本例中，可以通过观察 I/O 寄存器观察程序头两条语句运行是否正确。将光标放置在代码"PORTA ＝ ～(1＜＜position);"所在的行，执行 Debug|Run to Cursor 命令，待程序执行到光标所在的行暂停之后，再在图 2.41 所示的窗口中观察 PORTA 对应的寄存器值。可以发现，DDRA 及 PORTA 这两个寄存器的值均

图 2.41　I/O 寄存器状态观察窗口

已变为 0xFF，而 PINA 的值仍然为 0x00。这表明，程序前两条代码的结果与预期的完全一致，程序此时的运行是正常的。

32个通用寄存器的值可以通过单击图 2.39 中 Registers 前面的"＋"号进行观察,也可以通过执行 View|Register 命令进行观察。通用寄存器的观察窗口如图 2.42 所示。如果最后执行的指令改变了寄存器的数值,则将以红色显示。在调试过程中,用户也可以根据调试的需要,人为设置和改变寄存器的数值。

(3) 观察存储器状态

存储器状态观察窗口如图 2.43 所示。该窗口在初始界面是没有的,用户可以执行菜单命令 View|Memory 来打开该窗口。为了调试方便,AVR Studio 可以同时打开 3 个存储器观察窗口。在每个观察窗口中都可以选择需要观察的存储器类型,如程序存储器、数据存储器和 EEPROM 等。在调试过程中,用户也可以根据调试的需要,人为设置和改变这些存储单元的数值。

图 2.42　通用寄存器状态观察窗口　　　图 2.43　存储器状态观察窗口

(4) 观察变量状态

执行菜单命令 View|Watch 可以打开变量观察窗口,如图 2.44 所示。用户可以在该窗口中添加变量名称等信息。AVR Studio 可以同时观察多个变量的数值。

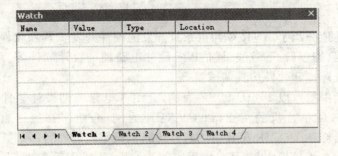

图 2.44　变量状态观察窗口

在调试中,为了方便,通常用另一种方法观察变量的状态。在本例中,想要观察变量 position 的值,只需要在 C 语言源文件区将鼠标放置在 position 的位置,然后右击,会弹出如

图 2.45 所示的快捷菜单。

在菜单中单击 Add Watch "position"命令,会弹出如图 2.46 所示的变量状态观察窗口。对照图 2.44 与图 2.46 可以发现,经过前面介绍的右键操作,变量 position 已经成功地被加入到变量状态观察窗口了。这种方式相比手工向图 2.44 中添加变量的方式,不仅快捷方便,而且不会出错。选中需要观察的变量,然后执行 Debug|Quickwatch 菜单命令或按下相应的快捷键,也可以很方便地得到如图 2.46 所示的结果。

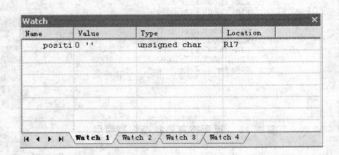

图 2.45 调试状态时的源文件编辑区快捷菜单　　图 2.46 添加变量后的变量状态观察窗口

2.5 本章小结

本章先概述性地介绍了 AVR 单片机系统开发的硬件开发工具和软件开发工具。硬件开发工具包括仿真器、编程器、下载线、评估板及硬件电路辅助设计软件等。软件开发工具包括软件开发集成开发环境和软件仿真调试器等。

硬件开发工具中重点以 Protel 99SE 为例,介绍了电路辅助设计软件的使用。软件开发工具中,则根据 AVR 单片机的特点,以 CVAVR 为例,介绍了高级语言集成开发环境,以 AVR Studio 为例,介绍了 AVR 单片机的软件仿真调试平台。

在这些软件的介绍过程中,都是以应用实例为线索,不求面面俱到,而是希望读者阅读完本章之后能够实实在在地了解相关软件的使用过程,并能开始进行简单的应用。每一款应用软件都包含了非常丰富的内容,要想了解更为详尽的内容,可以进一步参考软件的用户手册或者专门的书籍。

第 3 章
AVR 单片机系统开发过程

单片机应用系统是指以单片机为核心的应用系统。单片机应用系统广泛应用于仪器仪表、家用电器、数据采集和计算机通信等各个领域。由于单片机应用系统都是以实际应用为导向的,因此不同单片机应用系统的软硬件设计可谓是千差万别。但在纷繁复杂的表象背后,其系统设计开发的基本内容和主要步骤是相似的。本章将介绍单片机应用系统开发的完整流程,并对应用系统的软硬件设计和调试等各个方面的基本原则和方法作进一步的讨论和分析。这些基本流程与设计原则,不仅适用于 AVR 单片机系统的开发,对其他型号的单片机系统开发也是一个很好的参考。

3.1 系统开发概述

单片机应用系统是指以单片机为核心,同时配以外围电路和软件,实现某种或某几种功能的应用系统。单片机应用系统包括硬件和软件两大部分,硬件是系统的基础,软件则是在硬件的基础上完成特殊的任务。因此对于单片机应用系统这种特殊的系统,其开发过程往往是硬件与软件协同开发的过程。单片机应用系统开发的基本流程如图 3.1 所示。由图可以看出,应用系统研制主要可以分为如下几个主要阶段:

① 系统定义阶段。主要包括定义系统功能、确定技术指标及进行可行性论证等。

② 总体方案设计阶段。主要包括确定输入/输出、划分子系统及确定电气接口和通信协议等。

③ 系统设计阶段。包括硬件设计和软件设计。其中硬件设计主要包括器件选型、原理图设计和 PCB 图设计等。软件设计则主要包括确定软件结构和算法、绘制程序流程图和编写代码等。另外特别重要的是,作为实际的产品,除了满足基本的功能外,还必须考虑可靠性设计的问题。为提高系统开发进度,硬件设计和软件设计通常同步进行。

④ 系统调试阶段。主要包括硬件调试、软件调试以及软硬件的联合调试。硬件的调试主要包括静态调试和动态调试。软件调试则主要是在线的仿真调试。调试中一般软件和硬件不可能完全分开,软件调试和硬件调试通常要协同完成。

⑤ 程序下载阶段。完成系统调试之后,反复运行正常,则可将用户系统程序下载到系统

的非易失性存储器上,使单片机脱离开发系统独立工作,并在试运行阶段进一步观测所设计的系统是否满足设计要求。

下面分别对系统设计的这 5 个主要阶段逐一展开讨论,进一步明确单片机应用系统开发的基本原则和方法。

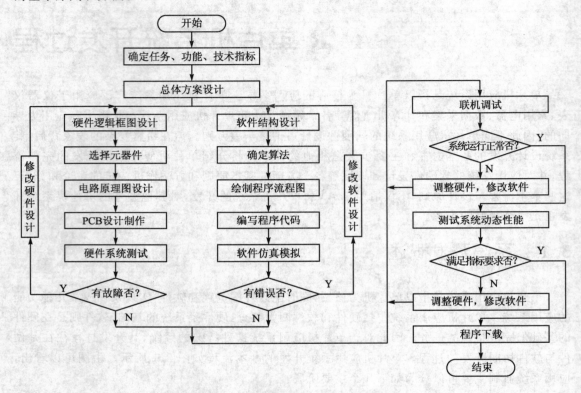

图 3.1 AVR 单片机系统开发过程

3.2 系统定义

单片机系统开发的出发点是客户或者市场的需求。系统定义的目的就是要清楚地描述这种需求,通过调查研究以保证项目切实可行。一般来讲,系统定义包括 3 个方面的主要内容:系统功能描述、可行性论证和撰写任务书。

3.2.1 系统功能描述

系统功能描述主要是指根据客户或市场的需求,对系统作全面的描述,包括系统的总体功能、系统实现的理论基础及系统完成时期望得到的成果。系统功能描述的主要目的是将需求以文档的方式记录下来,便于需求方与设计方的进一步交流。这也是贯穿系统整个设计过程的纲领性文档。

3.2.2 可行性论证

可行性调研的目的,是分析完成这个项目的可能性。进行这方面的工作,可参考国内外有关资料,看是否有人进行过类似的工作。若有,则分析他人是如何进行这方面工作的,达到了什么样的技术水平,有什么样的优点,还存在什么样的缺点,是否可以借鉴等;若没有,则需要进一步调研,首先从理论上分析用户所提的技术指标是否具有实现的可能性。然后还要充分了解用户的需求及系统可能的工作环境,确定项目能否立项。

3.2.3 撰写任务书

在可行性调研完成之后,就可以开始撰写设计任务书。任务书必须明确任务,给出系统总体的宏观框图,确定产品的技术指标。任务书是系统设计的依据和出发点,它将贯穿于系统设计的全过程,也是整个系统开发工作成败、好坏的关键。

明确任务是指以更清晰、精确的语言描述系统的功能和性能。总体的框图则要给出系统的主要组成部分及其相互之间的连接关系。通常的单片机系统都由3大部分组成:传感器模块、单片机模块和显控模块,如图3.2所示。在总体框图中要明确这几个主要模块之间的电气接口和通信协议,还要尽可能详细地描述系统的操作及人机界面的使用说明。单片机系统的技术指标主要包括精度、尺寸、质量、功耗等。

图 3.2　单片机系统通用宏观框图

除了上述3方面的主要内容,设计任务书通常还应包括系统设计的经费预算及时间节点。经费的预算要尽可能详细地列出预期的花费,有可能的话还要给出产品的生产成本。时间节点则表明了开发各主要阶段的开始和结束。对于以商业应用为主的单片机系统而言,产品生产成本的高低与开发周期长短,在更大程度上决定了系统开发是否成功。

3.3　总体方案设计

总体方案设计阶段主要是对单片机应用系统的总体结构、硬件设计和软件设计作总体上的考虑。这个阶段的主要工作包括方案描述及系统划分。

3.3.1 方案描述

对于任务书中给定的功能和任务,就每个主要模块而言,在技术上可能会有多个可能的解决方案。这时要对备选的各个方案进行综合的评估,包括工作原理、采用的技术、关键器件的性能工艺保证和实施措施等,对关键部分还要进行理论分析和计算,甚至还要做一些必要的对比试验。除了这些技术上的评估,还要考虑到产品的性价比、设计师对各种技术的熟悉程度和所在单位或部门的工作环境及试验条件等各种因素。经过综合评估后,选择其中一种方案作为设计方案。

3.3.2 系统划分

在对各个主要模块确定设计方案之后,要采用自顶向下的方法,将各个主要模块进一步细分为多个子系统,明确各个子系统之间的电气接口和通信协议,并绘制出相应的硬件和软件工作总框图。

在系统划分时,特别要注意合理协调软硬件的任务。因为单片机应用系统中的硬件和软件具有一定的互换性,有些功能可以用硬件实现,也可以用软件实现,因此,在系统划分过程中要认真考虑软硬件的分工和配合。采用软件实现功能可以简化硬件结构,降低成本;但软件系统则相应地复杂化,增加了软件设计的工作量。而用硬件实现功能则可以缩短系统的开发周期,使软件设计简单,相对提高了系统的可靠性,但可能增加了成本。在设计过程中,软硬件的分工与配合需要取得协调,才能设计出好的应用系统。

3.4 系统硬件设计

硬件系统的设计是以单片机为核心,按照一定的规则,用线路连接单片机及各种外围器件。硬件系统设计的主要步骤包括:硬件逻辑框图设计、元器件选择、电路原理图设计及 PCB 设计制作等。为了使系统能稳定、可靠地工作,在满足功能之余,设计过程中还必须充分考虑硬件的可靠性设计问题。电路原理图和 PCB 图的设计通常是利用软件来完成的,如在第 2 章简要介绍过的 Protel。对这部分内容此处不再介绍。

3.4.1 硬件逻辑框图设计

AVR 单片机应用系统典型硬件结构框图如图 3.3 所示。传感器将现场采集的各种物理量(如温度、湿度、压力等)变成电量,经放大器放大后,AVR 单片机片内的 A/D 转换器将模拟量转换成二进制数字量,送 CPU 进行处理,最后将控制信号经 D/A 转换送给受控的执行机构。为监视现场的控制,一般还设有键盘及显示器,并通过打印机将控制情况如实记录下来。AVR 单片机由于片内资源非常丰富,如片内集成了高精度的 A/D 转换器及大容量的存储器等,在系统扩展方面简化了很多的设计,也有效提高了系统的可靠性。

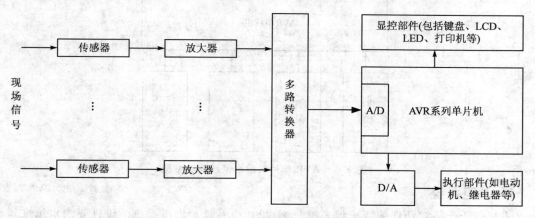

图 3.3　AVR 单片机系统典型硬件框图

3.4.2　器件选型

在硬件逻辑框图确定后,应在此基础上选择所需的器件。器件的选择首先是确定最核心的芯片即单片机。单片机芯片的选择应适合于应用系统的要求,不仅要考虑单片机芯片本身的性能是否能够满足系统的需要,如执行速度、中断功能、I/O 驱动能力与数量、系统功耗以及抗干扰性能等,同时还要考虑开发和使用是否方便、市场供应情况与价格、封装形式等其他因素。如果要求研制周期短,则应选择熟悉的品种,并尽量利用现有的开发工具。

一般情况下,只有单片机芯片还很难完成应用系统的各项任务,因此还要根据所确定的单片机选择外围器件。一个典型的系统往往由输入部分(按键、各种类型的传感器与输入接口转换电路)、输出部分(指示灯、LED 显示、LCD 显示、各种类型的传动控制部件)、通信接口(用于向上位机交换数据、构成联网应用)、电源供电等多个单元组成。这些不同的单元涉及模拟、数字、弱电、强电以及它们相互之间的协调配合、转换、驱动、抗干扰等。因此,对于外围芯片和器件的选择,整个电路的设计,系统硬件机械结构的设计,接插件的选择,甚至产品结构、生产工艺等,都要进行全面和细致的考虑。任何忽视和不完善,都会给整个系统带来隐患,甚至造成系统设计和开发的失败。

3.4.3　单片机最小系统设计

单片机应用系统的电路设计实际上又可分为两大部分:单片机最小系统设计和外围电路设计。实现不同功能的单片机应用系统虽然千差万别,但最小系统的设计又几乎完全一致。典型的单片机最小系统框图如图 3.4 所示。除了单片机芯片本身外,最小系统通常还包括供电系统、时钟系统、复位系统和在线编程系统 4 个组成部分。

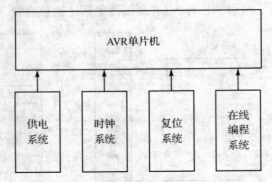

图 3.4　AVR 单片机最小系统典型框图

1. 供电系统

随着电子产品对功耗的要求越来越苛刻,单片机系统对供电系统的设计要求也越来越高,已经从电源供电上升到电源管理的高度。供电系统设计的质量也是一个单片机系统能否良好稳定工作的前提和保证。

AVR 单片机的电源电压通常是 5 V 或 3.3 V,采用直流供电。7805 等集成稳压电源是单片机供电系统最常用的芯片,能满足大多数场合的应用要求。但该类稳压电源的效率比较低,在对电源要求非常高的应用场合,可以选择 1117 芯片作为供电系统的稳压芯片。当单片机的供电电源为 5 V 时选用 1117-5 器件,当电源为 3.3 V 时选用 1117-3.3 器件。AVR 单片机典型的供电系统如图 3.5 所示。输入电压峰值不能超过 12 V,推荐使用 9 V 电源。D_1 用来防止外接电源极性弄反后造成器件损坏。D_2 为反向泄流保护二极管。

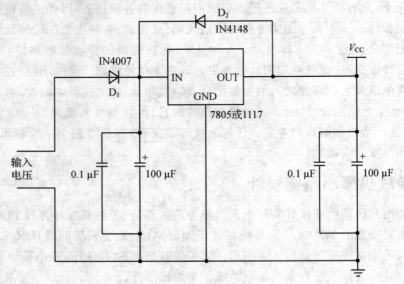

图 3.5　AVR 单片机典型供电系统

2. 时钟系统

ATmega32 的片内含有 4 种频率(1/2/4/8 MHz)的 RC 振荡源,可直接作为系统的工作时钟使用。同时片内还设有一个由反向放大器所构成的 OSC(Oscillator)振荡电路,外围引脚 XTAL1 和 XTAL2 分别为 OSC 振荡电路的输入端和输出端,用于外接石英晶体等,构成高精度的或其他标称频率的系统时钟系统。

系统时钟为控制器提供时钟脉冲,是控制器的心脏。系统时钟的频率是单片机的重要性能指标之一。系统时钟频率越高,单片机的执行节拍就越快,处理速度也越快。ATmega32 最高的工作频率为 16 MHz(16 MIPS),在 8 位单片机中算是佼佼者。但并不是系统时钟频率越高就越好,因为当时钟频率越高时,其耗电量也越大,也容易受到干扰(或干扰别人)。因此,在具体设计时,应根据实际产品的需要,尽量采用较低的系统时钟频率,这样不仅能降低功耗,同时也提高了系统的可靠性和稳定性。

为 ATmega32 提供系统时钟时,有 3 种主要的选择:① 直接使用片内的 1/2/4/8 MHz 的 RC 振荡源;② 在引脚 XTAL1 和 XTAL2 上外接由石英晶体和电容组成的谐振回路,配合片内的 OSC(Oscillator)振荡电路构成的振荡源;③ 直接使用外部的时钟源输出的脉冲信号。方式②和方式③的电路连接如图 3.6(a)和图 3.6(b)所示。

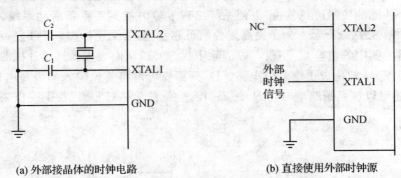

(a) 外部接晶体的时钟电路　　　　　(b) 直接使用外部时钟源

图 3.6　时钟电路

方式②是比较常用的方法,由于采用了外接石英晶体作为振荡的谐振回路,因此可以提供比较灵活的频率(由使用晶体的谐振频率决定)和稳定精确的振荡。在 XTAL1 和 XTAL2 引脚上加上由石英晶体和电容组成的谐振回路,与内部振荡电路配合就能产生系统需要的时钟信号了。最常采用的晶体元件为一个石英晶体和两个电容组成的谐振电路。晶体可在 0~16 MHz 之间选择,电容值在 20~30 pF 之间(最好与所选用的晶体相匹配)。

当对系统时钟电路的精度要求不高时,可以使用第①种方式,即使用片内可选择的 1/2/4/8 MHz 的 RC 振荡源作为系统时钟源,可以节省外接器件,此时 XTAL1 和 XTAL2 引脚悬空。系统时钟电路产生振荡脉冲不经过分频,将直接作为系统的主工作时钟,同时它还作为芯片内部的各种计数脉冲,以及各种串口定时时钟等使用(可由程序设定分频比例)。

3. 复位系统

复位是指对单片机芯片本身进行硬件初始化操作,以便使 CPU 以及其他内部功能部件都处于一个确定的初始状态,并从这个初始状态开始工作。除了正常的上电复位外,单片机系统还必须保证当程序运行错误或者受到干扰而导致时序错误时,能够通过人工或自动的方式对单片机进行复位,重新开始工作。ATmega32 单片机共有 5 个复位源:

① 上电复位。当系统电源电压低于上电复位门限 V_{pot} 时,单片机复位。

② 外部复位。当外部引脚 RESET 为低电平,且低电平持续时间大于 $1.5\ \mu s$ 时,单片机复位。

③ 掉电检测(BOD)复位。BOD 使能,且电源电压低于掉电检测复位门限(4.0 V 或 2.7 V)时,单片机复位。

④ 看门狗复位。WDT 使能,并且 WDT 超时溢出时,单片机复位。

⑤ JTAG AVR 复位。当使用 JTAG 接口时,可由 JTAG 口控制单片机复位。

当任何一个复位信号产生时,AVR 都将进行复位操作。实际应用时,如果不需要用复位按钮复位,引脚不接任何元件,AVR 芯片也能上电自动复位稳定工作。但通常的单片机系统都需要有一个外部的按钮进行复位,以便系统出现故障时能人工重新启动系统。最简单的按键复位电路如图 3.7(a)所示。为了提高复位的可靠性,通常采用如图 3.7(b)所示的带辅助电路的复位电路。图中的电容 C_0 不仅可以消除干扰、杂波,从而大大提高单片机的抗干扰能力,而且还和电阻 R_0 一起构成上电复位电路。D_0 则不仅可以将复位输入的最高电压钳在 $V_{CC}+0.5\ V$ 左右,还可以在系统断电时将 R_0 短路,加速 C_0 的放电过程,以便下一次来电时,能产生有效的复位。

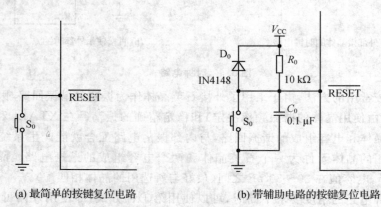

(a) 最简单的按键复位电路　　　　(b) 带辅助电路的按键复位电路

图 3.7　复位电路

4. 在线编程系统

具有在线编程能力是 AVR 单片机相对其他单片机的一个重要特点。因为在线可编程系统不仅可以非常方便地下载程序,还便于以后单片机系统软件的升级。ATmega32 的 SPI 口和 JATG 口都可以实现在线编程,但通常采用 SPI 口实现在线编程,因为这样不会造成单片机 I/O 口的浪费。

ATmega32 的 ISP 接口如图 3.8 所示。ISP 下载接口不需要任何的外围元件,使用双排 2×5 FC 插座即可。ATmega32 的 PB5、PB6 和 PB7 与编程下载口连接,在编程状态时这 3 个引脚用于下载操作。编程完成后拔掉下载线,芯片进入正常工作后,PB5、PB6 和 PB7 仍可作为普通的 I/O 口或者 SPI 口使用。在实际应用时,如果还需要简化元件,可以用单排的 6 针 2510 头取代双排 2×5 FC 插座。

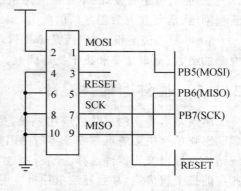

图 3.8 AVR 单片机的在线编程接口

3.4.4 外围电路设计

一般情况下,若只有单片机芯片,很难完成应用系统的各项任务,因此还要根据所确定的单片机选择外围器件。一个典型的系统往往由输入部分(按键、各种类型的传感器与输入接口转换电路)、输出部分(指示灯、LED 显示、LCD 显示、各种类型的传动控制部件)、通信接口(用于向上位机交换数据、构成联网应用)、电源供电等多个单元组成。这些不同的单元涉及模拟、数字、弱电、强电以及它们相互之间的协调配合、转换、驱动、抗干扰等。因此,对于外围芯片和器件的选择,也要进行全面和细致的考虑。任何忽视和不完善,都会给整个系统带来隐患,甚至造成系统设计和开发的失败。

① I/O 接口的扩展:单片机应用系统在扩展 I/O 接口时应从体积、价格、负载能力和功能等几个方面考虑。应根据外部需要扩展电路的数量和所选单片机的内部资源,选择合适的地址译码方法。

② 输入通道的设计:输入通道设计包括开关量和模拟输入通道的设计。开关量要考虑接口形式、电压等级、隔离方式和扩展接口等。模拟量通道要根据系统对速度、精度和价格等要求来设计,并且还要与信号检测环节,如传感器、信号处理电路等结合起来。要考虑传感器类型、传输信号的形式、线性化、补偿、光电隔离和信号处理方式等。

③ 输出通道的设计:输出通道设计包括开关量和模拟量输出通道的设计。开关量要考虑所用器件的功率、控制方式,如继电器、可控硅、三极管等。模拟量输出要考虑 D/A 转换器的选择(转换精度、转换速度、结构、功耗等)、输出信号的形式(电流还是电压)、隔离方式、扩展接口等。

④ 人机界面的设计:人机界面的设计包括输入键盘、开关、拨码盘、启/停操作、复位、显示

器、打印、指示、报警等。输入键盘、开关、拨码盘应考虑类型、个数、参数及相关处理(如按键的去抖处理)。启/停、复位操作要考虑方式(自动、手动)及其切换。显示器要考虑类型(LED、LCD)、显示信息的种类、倍数等。此外还要考虑各种人机界面的扩展接口。

⑤ 通信电路的设计:单片机应用系统往往作为现场测控设备,常与上位机或同位机构成测控网络,需要其有数据通信的能力,通常设计为RS232C、RS485、红外收发等通信标准。

⑥ 电源系统的设计:电源是单片机及各种外围电路工作的基础,电源系统的设计要考虑电源的组数、输出功率和抗干扰等因素。

3.4.5 硬件可靠性设计

满足基本功能的单片机应用系统,是否能真正应用于实践,还必须要考虑到可靠性的问题。影响单片机系统可靠安全运行的因素主要来自系统内部和外部的各种电气干扰,并受系统结构设计以及元器件选择、安装、制造工艺的影响。如果不充分考虑这些干扰因素,并采取相应的抗干扰措施,常会导致单片机应用系统运行失常,轻则影响产品质量,限制其使用范围,重则会导致单片机应用系统根本不能应用于实际。形成干扰的基本要素有3个:

① 干扰源。指产生干扰的元件、设备或信号,如雷电、继电器、可控硅、电机、高频时钟等都可能成为干扰源。

② 传播路径。指干扰从干扰源传播到敏感器件的通路或媒介。典型的干扰传播路径是通过导线的传导和空间的辐射。

③ 敏感器件。指容易被干扰的对象,如A/D、D/A转换器,单片机,数字IC,弱信号放大器等。

针对形成干扰的三要素,硬件抗干扰经常采取的措施主要有以下几种。

1. 抑制干扰源

抑制干扰源是抗干扰设计中最优先考虑和最重要的原则,抑制干扰源的常用措施如下:

① 继电器线圈增加续流二极管,消除断开线圈时产生的反电动势干扰。仅加续流二极管,会使继电器的断开时间滞后;增加稳压二极管后,继电器在单位时间内可动作更多的次数。

② 在继电器接点两端并接火花抑制电路(一般是RC串联电路,电阻一般选几kΩ到几十kΩ,电容选0.01 μF),减小电火花影响。

③ 给电机加滤波电路,注意电容、电感引线要尽量短。

④ 电路板上每个IC要并接一个0.01~0.1 μF的高频电容,以减小IC对电源的影响。注意高频电容的布线,连线应靠近电源端并尽量粗短,否则,等于增大了电容的等效串联电阻,会影响滤波效果。

⑤ 布线时避免90°折线,减少高频噪声发射。

⑥ 可控硅两端并接RC抑制电路,减小可控硅产生的噪声(这个噪声严重时可能会把可控硅击穿)。

2. 切断干扰传播路径

按干扰的传播路径可分为传导干扰和辐射干扰两类。所谓传导干扰是指通过导线传播到敏感器件的干扰。高频干扰噪声和有用信号的频带不同,可以通过在导线上增加滤波器的方法切断高频干扰噪声的传播,有时也可加隔离光电耦合器来解决。电源噪声的危害最大,要特别注意处理。所谓辐射干扰是指通过空间辐射传播到敏感器件的干扰。一般的解决方法是增加干扰源与敏感器件的距离,用地线把它们隔离,或在敏感器件上加屏蔽罩。切断干扰传播路径的常用措施如下:

① 充分考虑电源对单片机的影响。电源做得好,整个电路的抗干扰就解决了一大半。许多单片机对电源噪声很敏感,要给单片机电源加滤波电路或稳压器,以减小电源噪声对单片机的干扰。比如,可以利用磁珠和电容组成π形滤波电路,当然条件要求不高时也可用 100 Ω 的电阻代替磁珠。

② 如果单片机的 I/O 口用来控制电机等噪声器件,在 I/O 口与噪声源之间应加隔离(增加π形滤波电路)。

③ 注意晶振布线。晶振与单片机引脚尽量靠近,用地线把时钟区隔离起来,晶振外壳接地并固定。

④ 电路板合理分区,如强、弱信号,数字、模拟信号。尽可能把干扰源(如电机、继电器)与敏感元件(如单片机)远离。

⑤ 用地线把数字区与模拟区隔离。数字地与模拟地要分离,最后在一点接于电源地。A/D、D/A 芯片布线也以此为原则。

⑥ 单片机和大功率器件的地线要单独接地,以减小相互干扰。大功率器件尽可能放在电路板边缘。

⑦ 在单片机 I/O 口、电源线、电路板连接线等关键地方,使用抗干扰元件如磁珠、磁环、电源滤波器、屏蔽罩,可显著提高电路的抗干扰性能。

3. 提高敏感器件的抗干扰性能

提高敏感器件的抗干扰性能是指从敏感器件考虑,尽量减少对干扰噪声的拾取,以及从不正常状态尽快恢复的方法。提高敏感器件抗干扰性能的常用措施如下:

① 布线时尽量减小回路环的面积,以降低感应噪声。

② 布线时,电源线和地线要尽量粗。除降低压降外,更重要的是减小耦合噪声。

③ 对于单片机闲置的 I/O 口,不要悬空,要接地或接电源。其他 IC 的闲置端在不改变系统逻辑的情况下接地或接电源。

④ 对单片机使用电源监控及看门狗电路,如 IMP809、IMP706、IMP813、X5043、X5045 等,可大幅度提高整个电路的抗干扰性能。

⑤ 在速度能满足要求的前提下,尽量降低单片机的晶振和选用低速数字电路。

⑥ IC器件尽量直接焊在电路板上,少用IC座。

4. 其他常用抗干扰措施

① 交流端用电感、电容滤波,去掉高频、低频干扰脉冲。
② 采用变压器双隔离措施。变压器初级输入端串接电容,初、次级线圈间屏蔽层与初级间电容中心接点接大地,次级外屏蔽层接印刷电路板地,这是硬件抗干扰的关键手段。次级加低通滤波器,吸收变压器产生的浪涌电压。
③ 采用集成式直流稳压电源,因为有过流、过压、过热等保护。
④ I/O口采用光电、磁电、继电器隔离,同时去掉公共地。
⑤ 通信线用双绞线,以排除平行互感。
⑥ 防雷电用光纤隔离最为有效。
⑦ A/D转换用隔离放大器或采用现场转换,以减少误差。
⑧ 外壳接大地,以解决人身安全及防外界电磁场干扰问题。
⑨ 加复位电压检测电路,以防止复位不充分CPU就工作。
⑩ 有条件则采用4层以上的印刷电路板,中间两层为电源及地。

3.5 系统软件设计

在单片机系统中,单片机之所以处于核心地位,最重要的原因在于单片机上能够运行强大的软件。因此可以说,硬件设计是基础,软件设计是关键。只有软硬件协调配合,应用系统才能良好地工作。

从功能上讲,单片机中的软件通常可分为两大类:一类是执行软件,它完成各种实质性的功能,如测量、计算、显示、打印和输出控制等;另一类是监控软件,它专门用来协调各执行模块和操作者之间的关系,充当组织调度的角色。软件设计的基本流程在图3.1中有简要的描述,主要包括如下一些主要步骤:

① 软件结构设计。软件结构是系统软件的基础,它对整个单片机系统的性能起着举足轻重的作用。系统软件通常由若干个完成不同任务的相对独立的模块组成,软件结构设计的目的就是将这些独立的模块协调组织起来,使软件系统高效地完成给定的任务。
② 算法设计。先将一个实际的问题转化为单片机可以处理的问题,然后再根据单片机的系统资源和指令特点,决定所采用的计算公式和计算方法。这是正确编程的基础,比软件开发环境和程序设计语言重要得多。
③ 绘制程序流程图。根据所选定的算法,制定出运算步骤和顺序,把运算过程画成程序流程图。这样使程序清晰,结构合理,便于调试。
④ 编写程序代码。采用选定的开发环境和编程语言实现上面已确定的算法,也就是将由人类自然语言组织的程序框图转化为计算机语言组织的源代码。

⑤ 软件仿真模拟。利用单片机各种开发工具对所编写的程序进行测试,检验程序是否完成了指定的功能。测试过程要尽可能仔细,保证程序中的各条支路都得到了检验。

软件仿真模拟等内容在前面的章节已有较为详细的描述,下面主要介绍绘制程序流程图、代码优化和软件可靠性设计这几个问题。

3.5.1 绘制程序流程图

程序流程图也称为程序框图,是软件开发者最熟悉的一种算法表达工具。它独立于任何一种程序设计语言,比较直观、清晰,易于学习掌握。因此,至今仍是软件开发者最普遍采用的一种工具。人们在需要了解别人开发软件的具体实现方法时,常常需要借助流程图,来理解其思路及处理方法。

在软件开发过程中,设计人员往往不太愿意绘制流程图,而是习惯性地直接开始设计代码。在系统完成的功能比较简单时,看起来这样的确可以节省一些时间,但留下的隐患是不便于维护升级,也不利于工作的交接。在稍微复杂一些的系统开发中,不首先绘制流程图就直接开始编写代码是很难想像的;而且,在系统复杂时,项目组人员比较多,用人类的自然语言来描述的程序流程图非常便于项目组成员之间的相互沟通,包括软件设计人员和硬件设计人员的沟通。

图 3.9 给出了绘制流程图时常用的符号。流程图的缺点之一就在于符号使用不够规范,进而影响程序质量。因此在绘制流程图的过程中,要严格按标准使用符号。更多的程序流程图符号可参考相关的国家标准。

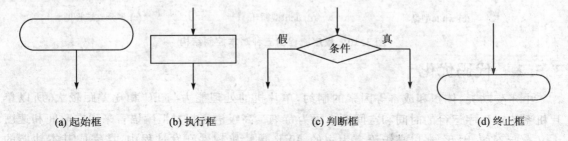

(a) 起始框　　　　(b) 执行框　　　　(c) 判断框　　　　(d) 终止框

图 3.9　程序流程图常用符号

按照结构化程序设计要求,程序流程图构成的任何程序都可用如图 3.10 所示的 5 种控制结构来描述,任何复杂的程序流程图都应由这 5 种基本控制结构组合而成。

① 顺序型:几个连续的加工步骤依次排列构成,如图 3.10(a)所示。

② 选择型:由某个逻辑判断式的取值决定选择两个加工中的一个,如图 3.10(b)所示。

③ while 型循环:这种结构是先判定型循环,在循环控制条件成立时,重复执行特定的处理,如图 3.10(c)所示。

④ until 型循环:这种结构是后判定型循环,重复执行某些特定的处理,直到控制条件成立为止,如图 3.10(d)所示。

⑤ 多分支选择型：列举多种加工情况，根据控制变量的取值，选择执行其中之一，如图 3.10(e) 所示。

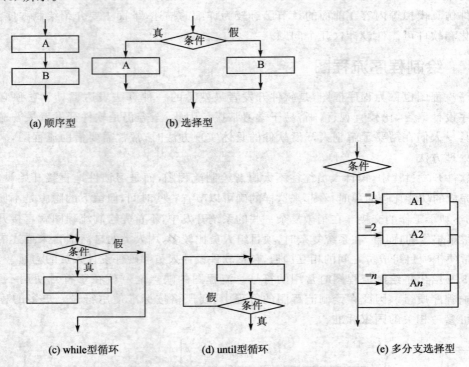

图 3.10　程序流程图五种基本控制结构

3.5.2　代码优化

由于受功耗、体积和成本等因素的制约，单片机的处理能力与 PC 相比差距较大，所以单片机系统对程序运行的时间和空间要求更为苛刻。高级语言相对汇编语言来说在时间和速度上又有所不如，因此，在以高级语言为主的 AVR 单片机软件开发过程中，在完成基本功能的软件设计调试之后，通常还要进行代码的优化。下面介绍几种常用的优化方法。

1. 选择合适的算法和数据结构

应该熟悉算法语言，知道各种算法的优缺点。例如将比较慢的顺序查找法用较快的二分查找或乱序查找法代替；插入排序或冒泡排序法用快速排序、合并排序或根排序代替，都可以大大提高程序执行的效率。选择一种合适的数据结构也很重要，比如在一堆随机存放的数中使用了大量的插入和删除指令，则使用链表要快得多。数组与指针语句具有十分密切的关系，一般来说，指针比较灵活简洁，而数组则比较直观，容易理解。对于大部分的编译器，使用指针比使用数组生成的代码更短，执行的效率更高。

2. 尽量使用小的数据类型

能够使用字符型(char)定义的变量,就不要使用整型(int)变量;能够使用整型变量定义的变量,就不要用长整型(long int);能不使用浮点型(float)变量,就不要使用浮点型变量。当然,在定义变量后不要超过变量的作用范围,因为如果超过变量的范围赋值,C 编译器并不报错,但程序运行结果却错了,而且这样的错误很难发现。

在 CVAVR 中,可以在 Project|Configure 中设定使用 printf 参数,尽量使用基本型参数(%c、%d、%x、%X、%u 和 %s 格式说明符),少用长整型参数(%ld、%lu、%lx 和 %lX 格式说明符)。至于浮点型的参数(%f)则尽量不要使用,在其他条件不变的情况下,使用 %f 参数,会使生成的代码的数量增加很多,执行速度降低。

3. 减轻运算的强度

在 C 语言中,同样的功能可以用不同的表达式来完成。在编程过程中,要在完成功能的前提下尽量使用运算量小的表达式替换原来复杂的表达式。下面给出一些示例。

(1) 善于使用自加、自减指令

通常使用自加、自减指令和复合赋值表达式(如 a-=1 及 a+=1 等)都能够生成高质量的程序代码,编译器通常都能够生成 inc 和 dec 之类的指令,而使用 a=a+1 或 a=a-1 之类的指令,有很多 C 编译器都会生成 2~3 字节的指令。

(2) 用与操作实现快速求余运算

大部分的 C 编译器的求余运算均是调用子程序来完成,代码长,执行速度慢;而位操作只需一个指令周期即可完成。通常,只要是求 $2n$ 方的余数,均可使用位操作的方法来代替。例如,求余运算 a=a%8 与位操作 a=a&7 实现的功能完全一致,但编译后,后者的代码短得多,执行效率也高得多。

(3) 用乘法实现平方运算

AVR 单片机一般都自带硬件乘法器,此时执行乘法运算只需要 2 个时钟周期,而求平方通常是通过调用子程序来实现的。因此用乘法来实现平方运算,可以减少代码量,提高运行速度。例如求平方运算 a=pow(a,2.0) 与乘法运算 a=a*a 实现相同的功能,后者的效率要高得多。如果是求更高幂次方,如 3 次方,则效率改善更为明显。

(4) 用移位实现乘除法运算

通常如果需要乘以或除以 $2n$,都可以用移位的方法代替。例如

a = a * 4;
b = b/4;

可以改为

a = a<<2;
b = b>>2;

在 CVAVR 中，如果乘以 $2n$，都可以生成左移的代码，而乘以其他的整数或除以任何数，均调用乘除法子程序。用移位的方法得到代码比调用乘除法子程序生成的代码效率高。实际上，只要是乘以或除以一个整数，均可以用移位的方法得到结果，如：

```
a = a * 9
```

可以改为

```
a = (a<<3) + a
```

4. 循 环

（1）循环语句

对于一些不需要循环变量参加运算的任务，可以把它们放到循环外面，这里的任务包括表达式、函数的调用、指针运算和数组访问等，应该将没有必要执行多次的操作全部集合在一起，放到一个 init 的初始化程序中进行。

（2）延时函数

通常使用的延时函数均采用自加的形式：

```c
void delay (void)
{
  unsigned int i;
  for (i = 0; i<1000; i++);
}
```

将其改为自减延时函数：

```c
void delay (void)
{
  unsigned int i;
  for (i = 1000; i>0; i--);
}
```

两个函数的延时效果相似，但几乎所有的 C 编译对后一种函数生成的代码均比前一种代码少 1~3 字节，因为几乎所有的单片机均有为 0 转移的指令。采用后一种方式能够生成这类指令。

在使用 while 循环时也一样，使用自减指令控制循环会比使用自加指令控制循环生成的代码还少 1~3 字节。但是在循环中有通过循环变量 i 读/写数组的指令时，使用预减循环时有可能使数组超界，要引起注意。

（3）while 循环和 do…while 循环

用 while 循环时有以下两种循环形式：

```
unsigned int i;
i = 0;
while (i<1000)
{
    i++;
    // 用户程序
}
```

或

```
unsigned int i;
i = 1000;
do {
  i--;
  // 用户程序
} while (i>0);
```

在这两种循环中,使用do…while循环编译后生成的代码的长度短于while循环。

5. 查 表

在程序中一般不进行非常复杂的运算,如浮点数的乘除及开方等,以及一些复杂的数学模型的插补运算。对这些既消耗时间又消费资源的运算,如果运算的过程及结果为有限个,可以考虑将运算结果预先通过其他工具计算好,以数据表的形式存放在程序存储区中。这样在运行过程中,遇到相应的运算,可以通过查表得到计算结果,有效降低程序执行过程中重复计算的工作量。

3.5.3 软件可靠性设计

在提高硬件系统抗干扰能力的同时,软件抗干扰以其设计灵活、节省硬件资源、可靠性高等优势越来越受到重视。通过软件系统的可靠性设计,达到最大限度地降低干扰对系统工作的影响,确保单片机及时发现因干扰导致程序出现的错误,并使系统恢复到正常工作状态或及时报警的目的。软件系统可靠性设计的主要方法有:开机自检、指令冗余、软件陷阱、设置程序运行状态标记、输出端口刷新、输入多次采样和软件"看门狗"等。

1. 开机自检

开机后首先对单片机系统的硬件及软件状态进行检测,一旦发现不正常,就进行相应的处理。开机自检程序通常包括对RAM、ROM、I/O口状态等的检测。

① 检测RAM:检查RAM读/写是否正常,实际操作是向RAM单元写00H,读出也应为00H;再向其写FFH,读出也应为FFH。如果RAM单元读/写出错,应给出RAM出错提示(声、光或其他形式),等待处理。

② 检查 ROM 单元的内容：对 ROM 单元的检测主要是检查 ROM 单元内容的校验和。所谓 ROM 的校验和是将 ROM 的内容逐一相加后得到一个数值，该值便称校验和。ROM 单元存储的是程序、常数和表格。一旦程序编写完成，ROM 中的内容就确定了，其校验和也就是唯一的。若 ROM 校验和出错，应给出 ROM 出错提示（声、光或其他形式），等待处理。

③ 检查 I/O 口状态：首先确定系统的 I/O 口在待机状态应处的状态，然后检测单片机的 I/O 口在待机状态下的状态是否正常（如是否有短路或开路现象等）。若不正常，应给出出错提示（声、光或其他形式），等待处理。

只有各项检查均正常，程序方能继续执行，否则应提示出错。

2. 指令冗余

CPU 取指令过程是先取操作码，再取操作数。当 PC 受干扰出现错误，程序便脱离正常轨道"乱飞"，当乱飞到某双字节指令时，若取指令时刻落在操作数上，误将操作数当做操作码，程序将出错。若乱飞到了三字节指令，出错几率更大。在关键地方人为插入一些单字节指令，或将有效单字节指令重写，称为指令冗余。通常是在双字节指令和三字节指令后插入两字节以上的 NOP。这样即使乱飞程序飞到操作数上，由于空操作指令 NOP 的存在，也能避免后面的指令被当做操作数执行，程序自动纳入正轨。此外，在对系统流向起重要作用的指令如 RET、RETI、RCALL、RJMP 等指令之前插入两条 NOP，也可将乱飞程序纳入正轨，确保这些重要指令的执行。

3. 拦截技术

当乱飞程序进入非程序区时，冗余指令便无法起作用，这时可以用拦截技术，将程序引向指定位置，再进行出错处理。通常用软件陷阱来拦截乱飞的程序。软件陷阱是指用来将捕获的乱飞程序引向复位入口地址 0000H 的指令。通常在 EPROM 中非程序区填入以下指令作为软件陷阱：

```
NOP;
NOP;
RJMP 0000H;
```

当乱飞程序落到此区时，即可自动入轨。在用户程序区各模块之间的空余单元也可填入陷阱指令。当使用的中断因干扰而开放时，在对应的中断服务程序中设置软件陷阱，能及时捕获错误的中断。如某应用系统虽未用到外部中断 1，外部中断 1 的中断服务程序可为如下形式：

```
NOP;
NOP;
RETI;
```

返回指令可用 RETI，也可用 RJMP 0000H。

4. 输出端口刷新

由于单片机的 I/O 口很容易受到外部信号的干扰,故输出口的状态也可能因此而改变。在程序中周期性地添加输出端刷新指令,可以降低干扰对输出口状态的影响。在程序中指定 RAM 单元存储输出口当时应处的状态,在程序运行过程中根据这些 RAM 单元的内容去刷新 I/O 口。

5. 输入多次采样

干扰对单片机的输入,会造成输入信号瞬间采样的误差或误读。要排除干扰的影响,通常采取重复采样、加权平均的方法。

比如对于外部电平采样(如按键),采取软件每隔 10 ms 读一次键盘或连续读若干次,每次读出的数据都相同的方法,或者采取表决的方法确认输入的键值。为排除干扰的影响,可以采取三次采样求平均值的方法;也可以采取两次采样、差值小于设定值为有效,然后求平均值的方法(又称软件滤波)。总之,对输入信号进行多次采样,其后如何进行处理,是要根据具体对象实际处理的效果来优选的,读者可通过实验室调试时施加干扰及现场环境调试时的效果来确定。

6. 软件看门狗

软件陷阱是在程序运行到 ROM 的非法区域时检测程序出错的方法。而看门狗是根据程序在运行指定时间间隔内未进行相应的操作,即未按时复位看门狗定时器,来判断程序运行出错的。在系统成本允许的情况下,应选择专门的看门狗电路芯片或片内带看门狗定时器的单片机。如果条件不允许,应加软件看门狗。

3.6 系统调试

在完成目标系统样机的组装和软件设计之后,便进入系统的调试阶段。用户系统的调试步骤和方法是相同的,但具体细节则与所采用的开发系统以及目标系统所选用的单片机型号有关。系统调试的目的是查出系统中硬件设计与软件设计中存在的错误及可能出现的不协调的问题,以便修改设计,最终使系统能正确地工作。系统调试包括硬件调试、软件调试和软硬件联调。

3.6.1 硬件调试

当硬件设计从布线到焊接安装完成之后,就开始进入硬件调试阶段。硬件调试的常用工具包括仿真器、万用表、逻辑笔、函数信号发生器、逻辑分析仪和示波器等。硬件调试可按静态调试和动态调试两步进行。

1. 静态调试

静态调试是指在系统加电前的检查,主要是排除明显的硬件故障。静态调试的内容包括:

① 排除逻辑故障。这类故障往往是由于设计和加工制板过程中工艺性错误所造成的,主要包括错线、开路、短路。排除的方法是首先将加工的印刷电路板认真对照原理图,看两者是否一致。应特别注意电源系统检查,以防止电源短路和极性错误,并重点检查系统总线(地址总线、数据总线和控制总线)是否存在相互之间短路或与其他信号线路短路。必要时利用数字万用表的短路测试功能,可以缩短排错时间。

② 排除元器件失效。造成这类错误的原因有两个:一个是元器件买来时就已坏了;另一个是由于安装错误,造成器件烧坏。要检查元器件与设计要求的型号、规格和安装是否一致。在保证安装无误后,用替换的方法排除错误。

③ 排除电源故障。在通电前,一定要检查电源电压的幅值和极性,否则很容易造成集成电路损坏。加电后检查各插件上引脚的电位,一般先检查 VCC 与 GND 之间的电位。若有高压,有时会使应用系统中的集成电路发热损坏。

2. 动态调试

动态调试又称为联机调试,主要是在静态调试的基础上排除硬件系统中存在的其他问题。联机前先断电,将单片机仿真器的仿真头插到样机的单片机插座上,检查一下仿真器与样机之间的电源、接地是否良好。

通电后执行单片机的读/写指令,对单片机的存储器、I/O 端口等片内资源进行读/写操作、逻辑检查,若有故障,可用示波器观察有关波形(如选中的读/写控制信号、地址数据波形以及有关控制电平)。通过对波形的观察分析,寻找故障原因,并进一步排除故障。可能的故障有:线路连接上有逻辑错误、有开路或短路现象、集成电路失效等。

在单片机最小系统调试好后,可以插上系统的其他外围部件如键盘、显示器、输出驱动板、A/D、D/A 等,再将这些电路进行初步调试。

在调试过程中若发现用户系统工作不稳定,可能有下列情况:电源系统供电电流不足,联机时公共地线接触不良;用户系统主板负载过大;用户的各级电源滤波不完善等。对这些问题一定要认真查出原因,加以排除。

3.6.2 软件调试

软件调试与所选用的软件结构和程序设计技术有关。如果采用模块程序设计技术,则逐个模块分别调试。调试各子程序时一定要符合现场环境,即入口条件和出口条件。调试的手段可采用单步或设断点运行方式,通过检查用户系统 CPU 的现场、RAM 的内容和 I/O 口的状态,检查程序执行结果是否符合设计要求。通过检测可以发现程序中的死循环错误、机器码错误及转移地址的错误,同时也可以发现用户系统中的硬件故障、软件算法及硬件设计错误。

在调试过程中,应不断调整用户系统的软件和硬件,逐步通过各个程序模块。

各模块通过以后,可以把有关的功能块联合起来一起进行综合调试。在这个阶段若发生故障,可以考虑各子程序在运行时是否破坏现场,缓冲单元是否发生冲突,标志位的建立和清除在设计上有没有失误,堆栈区域有无溢出,输入设备的状态是否正常等。若用户系统是在单片机的监控程序下运行,则还要考虑用户缓冲单元是否和监控程序的工作单元发生冲突。

单步和断点调试后,还应进行连续调试,这是因为单步运行只能验证程序的正确与否,而不能确定定时精度、CPU 的实时响应等问题。待全部调试完成后,应反复运行多次,除了观察稳定性之外,还要观察用户系统的操作是否符合原始设计要求、安排的用户操作是否合理等,必要时再作适当的修正。

如果采用实时多任务操作系统,则一般是逐个任务进行调试。调试方法与上述基本相似,只是实时多任务操作系统的应用程序是由若干个任务程序组成的,一般是逐个任务进行调试,在调试某一个任务时,同时也调试相关的子程序、中断服务程序和一些操作系统的程序。调试好以后,再使各个任务程序同时运行,如果操作系统无错误,一般情况下系统就能正常运转。

3.6.3 系统联调

硬件和软件经调试完后,对用户系统要进行现场实验运行,检查软硬件是否按预期的要求工作,各项技术指标是否达到设计要求。一般而言,系统经过软硬件调试之后均可以正常工作。但在某些情况下,由于单片机应用系统运行的环境较为复杂,尤其在干扰较严重的场合,在系统进行实际运行之前无法预料,只能通过现场运行来发现问题,以找出相应的解决办法;或者虽然已经在系统设计时采取了软硬件抗干扰措施,但效果如何,还需通过在现场运行才能得到验证。

3.7 程序下载

AVR 单片机系统开发过程的最后一个步骤,就是将系统联调通过后的程序下载到目标单片机中,实现对目标单片机的编程。

前面已经介绍过,AVR 系列单片机一般不需要用传统的编程器来实现程序的下载,而通常采用 ISP 功能进行程序下载。将 PC 和目标板用 ISP 下载线连接好,通过下载软件即可完成对单片机程序的下载。ISP 下载线原理较为简单,其电路如图 3.11 所示,用户可以自己制作简易的 ISP 下载线,也可以直接购买 Atmel 公司提供的下载线 AVRISP。

CVAVR、AVR Studio 等集成开发环境本身提供了芯片编程的功能,同时还有一些第三方厂商也提供了专门的程序下载工具,如免费的通用编程软件 PonyProg 及国内广州双龙公司的免费编程软件 SLISP。需要说明的是,AVR Studio 不能识别采用图 3.11 所示原理图制作的 ISP 下载线。其余软件都能识别。下面以 CVAVR 为例介绍软件下载的过程。

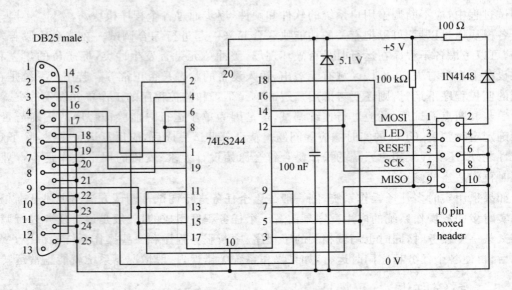

图 3.11 自制 ISP 下载线原理图

1. 设置编程器类型

在 CVAVR 中执行 Settings|Programmer 菜单命令,会弹出如图 3.12 所示的对话框。如果是采用图 3.11 所示的 ISP 下载线,则在图 3.12 中 AVR Chip Programmer Type 对应的下拉框中选择 Kanda Systems STK200+/300。如果是其他类型的下载线,则在上述下拉框中选择相应的类型。单击 OK 按钮,完成编程器类型的配置。

2. 开始编程

设置好编程器类型之后,在 CVAVR 中执行 Tools|Chip Programmer 菜单命令,会弹出如图 3.13 所示的配置对话框。

图 3.12 选择编程器类型对话框

在 Chip 对应的下拉框中选择芯片的型号,配置相关选项后,单击 Program All 按钮,即可将正确编译后的运行代码下载到 AVR 芯片中。

需要特别说明的是,由于 CVAVR 中没有给出熔丝位详细的设置意义,因此在配置图 3.13 中的熔丝位时要特别谨慎,需要详细参考和核对器件手册。AVR 内部的这些与器件配置和运行环境相关的熔丝位非常重要,通过设定和配置熔丝位,使 AVR 具备不同的特性,以更加适合实际的应用。限于篇幅,熔丝位的定义和使用配置这里不详述,有关熔丝位的详细信息在附录中给出。

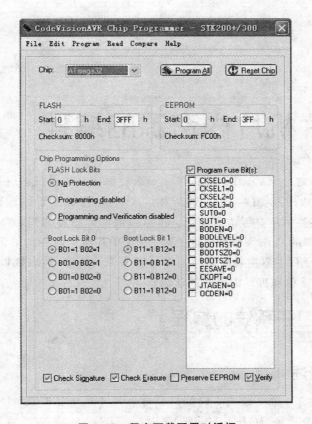

图 3.13 程序下载配置对话框

3.8 本章小结

本章主要介绍了 AVR 单片机应用系统设计的一些基本原则和方法。完整的开发过程包括系统定义、总体方案设计、硬件系统设计、软件系统设计、系统调试和程序下载等几个主要的过程。在进行单片机系统开发之前,必须要先进行可行性调研论证,完整描述系统要实现的功能和应具备的指标,在此基础上撰写系统设计任务书,作为整个系统开发过程的全局性、指导性的文档。在总体方案设计阶段,要完成系统划分及明确各主要模块之间的电气接口和通信协议。系统划分过程中最重要的是合理协调软硬件的任务,只有软硬件的协调工作,才能使系统设计最优。在硬件设计过程中,要用逻辑框图规范整个设计过程。在软件设计过程中,要特别重视程序流程图的绘制及有关文档的整理,养成良好的软件开发习惯。无论是硬件系统还是软件系统的设计,除了要考虑基本的功能之外,还必须考虑系统的可靠性设计问题。

第 4 章

AVR 单片机片内资源的编程

片内资源十分丰富是 AVR 单片机的一个显著特征。对片内资源进行充分的开发和利用是设计 AVR 单片机应用系统的一个关键所在。AVR 单片机由于运算速度快、存储空间大,在应用系统设计中往往采用高级语言编程。本章以前面介绍过的 CVAVR 编译器为例,介绍 AVR 单片机片内资源的 C 语言程序设计。对 AVR 单片机片内各个主要子系统,其基本情况在第 1 章已经有所介绍,本章主要介绍与编程紧密相关的资源,然后辅以简单的应用实例,进一步提高读者对 AVR 单片机片内资源的认识。

4.1 I/O 端口子系统的编程

4.1.1 资源概述

ATmega32 总共有 4 个 8 位的 I/O 端口。每个端口都对应 3 个 I/O 端口寄存器,它们占用了 I/O 空间的 12 个地址,如表 4.1 所列。

表 4.1 ATmega32 I/O 寄存器地址表

名 称	I/O 空间地址	RAM 空间地址	功 能
PORTA	$1B	0x003B	A 口数据寄存器
DDRA	$1A	0x003A	A 口方向寄存器
PINA	$19	0x0039	A 口输入引脚寄存器
PORTB	$18	0x0038	B 口数据寄存器
DDRB	$17	0x0037	B 口方向寄存器
PINB	$16	0x0036	B 口输入引脚寄存器
PORTC	$15	0x0035	C 口数据寄存器
DDRC	$14	0x0034	C 口方向寄存器
PINC	$13	0x0033	C 口输入引脚寄存器
PORTD	$12	0x0032	D 口数据寄存器
DDRD	$11	0x0031	D 口方向寄存器
PIND	$10	0x0030	D 口输入引脚寄存器

4个端口寄存器的功能是一一对应的,只是地址不一样。下面以 PA 端口的3个寄存器 PORTA、DDRA、PINA 为例,分别介绍其各个位的具体定义,以及其是否可以通过指令进行读/写操作和得到 RESET 复位后的初始值。

1. PORTA

位	7	6	5	4	3	2	1	0	
	PORTA7	PORTA6	PORTA5	PORTA4	PORTA3	PORTA2	PORTA1	PORTA0	PORTA
读/写	R/W	R/W	R/W	R/W	R/W	R/W	R/W	R/W	
初始化值	0	0	0	0	0	0	0	0	

PORTA 是 PA 口的数据寄存器,可读、可写。在写操作时,从 PORTA 写入的数据将存入内部锁存器,以确定端口的工作状态(端口设定)或者将写入的数据送到外部数据总线(数据传输)。PORTA 寄存器的初始值为 0x00。

2. DDRA

位	7	6	5	4	3	2	1	0	
	DDRA7	DDRA6	DDRA5	DDRA4	DDRA3	DDRA2	DDRA1	DDRA0	DDRA
读/写	R/W	R/W	R/W	R/W	R/W	R/W	R/W	R/W	
初始化值	0	0	0	0	0	0	0	0	

DDRA 是 PA 口的方向寄存器,可读、可写。在写操作时,DDRA 用于指定 PA 口是作为输入口还是输出口用;在读操作时,从 DDRA 寄存器读出来的是端口的方向设定值。DDRA 寄存器的初始值为 0x00。

3. PINA

位	7	6	5	4	3	2	1	0	
	PINA7	PINA6	PINA5	PINA4	PINA3	PINA2	PINA1	PINA0	PINA
读/写	R/W	R/W	R/W	R/W	R/W	R/W	R/W	R/W	
初始化值	0	0	0	0	0	0	0	0	

PINA 不是 PA 口的寄存器,这个地址用来访问端口 A 的逻辑值,且只允许读操作。从 PINA 口读入的数据反映的是 A 口引脚的逻辑状态。单片机初始化时,PINA 为高阻态。

4.1.2 I/O 端口使用注意事项

在具体的工程项目开发过程中,使用 I/O 端口要注意:

① AVR 的 I/O 口复位后的初始状态全部为输入工作方式,内部上拉电阻无效,外部引脚呈现三态高阻输入状态。

② 用户程序首先对要使用的 I/O 口进行初始化设置,根据实际需要设定使用 I/O 口的工作方式,即正确设置 DDRx 寄存器,确定其工作在输出方式还是输入方式。然后再进行 I/O 口的读/写操作。

③ 当 I/O 工作在输入方式时,要根据实际情况决定使用或不使用内部的上拉电阻。如能利用 AVR 内部 I/O 口的上拉电阻,则可以节省外部的上拉电阻。

④ 当 I/O 工作在输入方式,要读取外部引脚上的电平时,应读取 PINxn 的值,而不是 PORTxn 的值。

⑤ 一旦将 I/O 口的工作方式由输出设置成输入方式后,必须等待一个时钟周期后才能正确地读到外部引脚 PINxn 的值。

⑥ 当 I/O 工作在输出方式时,要注意输出电平的转换和匹配。如一般 AVR 系统的工作电源为 5 V,因此 I/O 的输出电平也为 5 V。当连接的外围器件和电路采用 3 V、9 V、12 V、15 V 等与 5 V 不同的电源时,应考虑输出电平转换电路。

⑦ 当 I/O 工作在输出方式时,要注意输出电流的驱动能力。当 AVR 的 I/O 口输出为"1"时,可以提供 20 mA 左右的驱动电流;输出为"0"时,可以吸收 20 mA 左右的灌电流(最大为 40 mA)。当连接的外围器件和电路需要大电流驱动或有大电流灌入时,应考虑使用功率驱动电路。

⑧ 当 I/O 工作在输出方式时,要注意输出电平转换的延时。AVR 是一款高速单片机,当系统时钟为 4 MHz 时,执行一条指令的时间为 0.25 μs,这意味着将一个 I/O 引脚置"1"、再置"0"仅需要 0.25 μs,即输出一个脉宽为 0.25 μs 的高电平脉冲。在一些应用中,往往需要较长时间的高电平脉冲驱动,如步进马达的驱动,动态 LED 数码显示器的扫描驱动等,因此在软件设计中要考虑转换时间延时。对于不需要精确延时的应用,可采用软件延时的方法,编写软件延时的子程序。如果要求精确延时,则要使用 AVR 内部的定时器。

4.1.3　应用举例:跑马灯

图 4.1 是一个简单的跑马灯应用实例的硬件电路。这个实例利用 PA 口输出功能,来控制发光二极管的亮灭。当 I/O 口输出"0"时,LED 导通发光;输出"1"时,LED 截止熄灭。与发光二极管串联的电阻主要用来限制通过 LED 电流的大小,以避免烧毁 LED 或者单片机的 I/O 引脚。

图 4.2 为 CVAVR 中利用代码生成器功能配置 PortA 初始化部分的对话框。本例中,只使用了 PA 口,PA0~PA7 均为输出方式,PA0~PA7 均为 1,LED 全灭。

在 CVAVR 代码生成器生成的程序框架的基础上,在主程序中先点亮 LED1,大约 1 s 后熄灭 LED1,点亮 LED2,每隔 1 s 点亮下一个 LED,程序一直这样循环,使得 8 个 LED 逐一循

AVR 单片机片内资源的编程

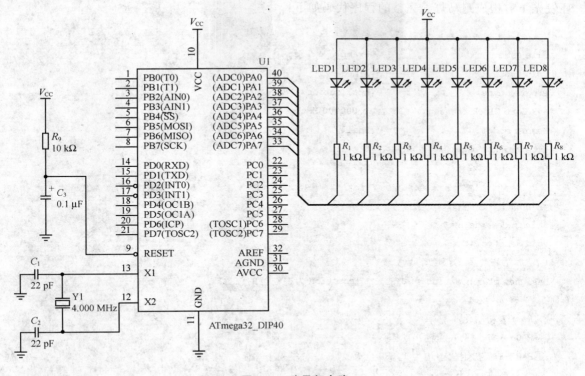

图 4.1 跑马灯电路

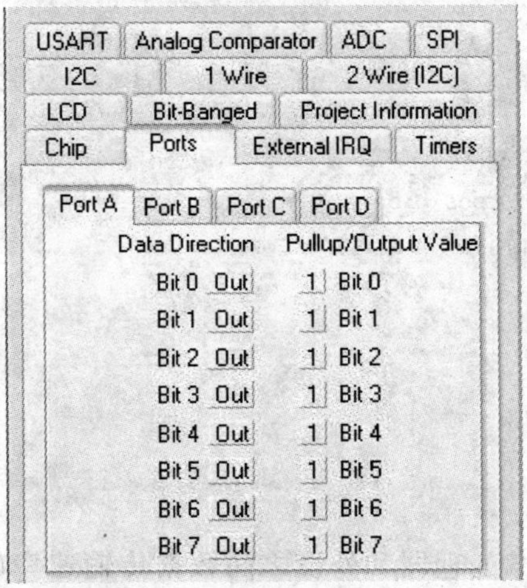

图 4.2 CVAVR 配置外部中断对话框

环发光 1 s,构成跑马灯。完整的程序代码如下:

```
/*********************************************
File name                  :example_4_1.c
Chip type                  :ATmega32
Program type               :Application
AVR Core Clock frequency   :4.000000 MHz
Memory model               :Small
External RAM size          :0
Data Stack size            :512
*********************************************/
#include <mega32.h>
#include <delay.h>
void main(void)
{
unsigned char position = 0;    // position 为控制位的位置

// Port A 初始化
// PA0~PA7 均设置为输出状态
// PA0~PA7 初始状态均为 1,LED 全灭
PORTA = 0xFF;
DDRA = 0xFF;

while (1)
    {
    PORTA = ~(1<<position);
    if ( ++position >= 8) position = 0;
    delay_ms(1000); // 延时 1 s
    };
}
```

4.2 中断子系统

中断系统的引入解决了微处理器和外设之间数据传输速率的问题,提高了微处理器的实时性和处理能力。当微处理器处于中断开放时,才能接受外部的中断申请。一个完整的中断处理过程包括中断请求、中断响应、中断处理和中断返回。

ATmega32 提供了丰富的中断源,这里主要介绍与外部中断有关的寄存器及其编程,其余的中断在相关章节再进行分析。

4.2.1 资源概述

ATmega32 有 INT0、INT1 和 INT2 这 3 个外部中断源,分别由芯片外部引脚 PD2、PD3 和 PB2 上的电平变化或状态作为中断触发信号。在 ATmega32 中,除了寄存器 SREG 中的全局中断允许标志位 I 外,与外部中断有关的寄存器有 4 个,共有 11 个标志位。其作用分别是 3 个外部中断各自的中断标志位,中断允许控制位和用于定义外部中断的触发类型。

1. 状态寄存器 SREG

位	7	6	5	4	3	2	1	0	
	I	T	H	S	V	N	Z	C	SREG
读/写	R/W	R/W	R/W	R/W	R/W	R/W	R/W	R/W	
初始化值	0	0	0	0	0	0	0	0	

状态寄存器 SREG 存储单片机在程序执行过程中的状态信息。SREG 可读、可写,初始值为 0x00。Bit7——I 为全局中断使能位。在 I 置位后,单独的中断使能由其他独立的控制寄存器控制。如果 I 清零,则不论单独中断标志置位与否,都不会产生中断。任意一个中断发生后 I 清零,而执行 RETI 指令后 I 恢复置位以使能中断。I 也可以通过 SEI 和 CLI 指令来置位和清零。

状态寄存器的其他位分别为:T(位复制标志)、H(半进位标志)、S(符号标志)、V(溢出标志)、N(负数标志)、Z(零标志)、C(进位标志)。这些标志位在 C 编程时并不经常用到。

2. MCU 控制寄存器 MCUCR

位	7	6	5	4	3	2	1	0	
	SE	SM2	SM1	SM0	ISC11	ISC10	ISC01	ISC00	MCUCR
读/写	R/W	R/W	R/W	R/W	R/W	R/W	R/W	R/W	
初始化值	0	0	0	0	0	0	0	0	

① Bit3:2——ISC11:10:中断 1 触发方式控制 Bit1 与 Bit0。如果 SREG 寄存器的 I 标志位和相应的中断屏蔽位置位,则外部中断 1 由引脚 INT1 激发。触发方式如表 4.2 所列。在检测边沿前 MCU 首先采样 INT1 引脚上的电平。如果选择了边沿触发方式或电平变化触发方式,那么持续时间大于一个时钟周期的脉冲将触发中断,过短的脉冲则不能保证触发中断。如果选择低电平触发方式,那么低电平必须保持到当前指令执行完成。

表 4.2 中断 1 触发方式控制

ISC11	ISC10	说明
0	0	INT1 为低电平时产生中断请求
0	1	INT1 引脚上任意的逻辑电平变化都将引发中断
1	0	INT1 的下降沿产生异步中断请求
1	1	INT1 的上升沿产生异步中断请求

② Bit1:0——ISC01:00：中断 0 触发方式控制 Bit1 与 Bit0。如果 SREG 寄存器的 I 标志位和相应的中断屏蔽位置位，则外部中断 0 由引脚 INT0 激发。触发方式如表 4.3 所列。在检测边沿前 MCU 首先采样 INT0 引脚上的电平。如果选择了边沿触发方式或电平变化触发方式，那么持续时间大于一个时钟周期的脉冲将触发中断，过短的脉冲则不能保证触发中断。如果选择低电平触发方式，那么低电平必须保持到当前指令执行完成。

表 4.3 中断 0 触发方式控制

ISC01	ISC00	说明
0	0	INT0 为低电平时产生中断请求
0	1	INT0 引脚上任意的逻辑电平变化都将引发中断
1	0	INT0 的下降沿产生异步中断请求
1	1	INT0 的上升沿产生异步中断请求

3. MCU 控制与状态寄存器 MCUCSR

位	7	6	5	4	3	2	1	0	
	JTD	ISC2	—	JTRF	WDRF	BORF	EXTRF	PORF	MCUCSR
读/写	R/W	R/W	R	R/W	R/W	R/W	R/W	R/W	
初始化值	0	0	0	见位说明					

Bit6——ISC2：中断 2 触发方式控制。如果 SREG 寄存器的 I 标志和 GICR 寄存器相应的中断屏蔽位置位，则异步外部中断 2 由外部引脚 INT2 激活。若 ISC2 写 0，则 INT2 的下降沿激活中断。若 ISC2 写 1，则 INT2 的上升沿激活中断。INT2 的边沿触发方式是异步的。若选择了低电平中断，则低电平必须保持到当前指令完成，然后才会产生中断，而且只要将引脚拉低，就会引发中断请求。改变 ISC2 时有可能发生中断。因此建议首先在寄存器 GICR 中清除相应的中断使能位 INT2，然后再改变 ISC2。最后，不要忘记在重新使能中断之前通过对 GIFR 寄存器的相应中断标志位 INTF2 写"1"使其清零。

4. 通用中断控制寄存器 GICR

位	7	6	5	4	3	2	1	0	
	INT1	INT0	INT2	—	—	—	IVSEL	ICVE	GICR
读/写	R/W	R/W	R/W	R	R	R	R/W	R/W	
初始化值	0	0	0	0	0	0	0	0	

① Bit7——INT1：外部中断请求 1 使能。当 INT1 为"1"，而且状态寄存器 SREG 的 I 标志置位时，相应的外部引脚中断就使能了。MCU 通用控制状态寄存器 MCUCSR 的中断敏感电平控制 1 位 1/0（ISC11 与 ISC10）决定中断是由上升沿、下降沿，还是 INT1 电平触发的。只要使能，即使 INT1 引脚被配置为输出，只要引脚电平发生了相应的变化，中断将产生。

② Bit6——INT0：外部中断请求 0 使能。当 INT0 为"1"，而且状态寄存器 SREG 的 I 标志置位时，相应的外部引脚中断就使能了。MCU 通用控制状态寄存器 MCUCSR 的中断敏感电平控制 0 位 1/0（ISC01 与 ISC00）决定中断是由上升沿、下降沿，还是 INT0 电平触发的。只要使能，即使 INT0 引脚被配置为输出，只要引脚电平发生了相应的变化，中断将产生。

③ Bit5——INT2：外部中断请求 2 使能。当 INT2 为"1"，而且状态寄存器 SREG 的 I 标志置位时，相应的外部引脚中断就使能了。MCU 通用控制状态寄存器 MCUCSR 的中断敏感电平控制 2 位 1/0（ISC2 与 ISC2）决定中断是由上升沿、下降沿，还是 INT2 电平触发的。只要使能，即使 INT2 引脚被配置为输出，只要引脚电平发生了相应的变化，中断将产生。

5. 通用中断标志寄存器 GIFR

位	7	6	5	4	3	2	1	0	
	INTF1	INTF0	INTF2	—	—	—	—	—	GIFR
读/写	R/W	R/W	R/W	R	R	R	R	R	
初始化值	0	0	0	0	0	0	0	0	

① Bit7——INTF1：外部中断标志 1。INT1 引脚电平发生跳变时触发中断请求，并置位相应的中断标志 INTF1。如果 SREG 的位 I 以及 GICR 寄存器相应的中断使能位 INT1 为"1"，则 MCU 即跳转到相应的中断向量。进入中断服务程序之后该标志自动清零。此外，标志位也可以通过写入"1"来清零。

② Bit6——INTF0：外部中断标志 0。INT0 引脚电平发生跳变时触发中断请求，并置位相应的中断标志 INTF0。如果 SREG 的位 I 以及 GICR 寄存器相应的中断使能位 INT0 为"1"，则 MCU 即跳转到相应的中断向量。进入中断服务程序之后该标志自动清零。此外，标志位也可以通过写入"1"来清零。当 INT0 配置为电平中断时，该标志会被清零。

③ Bit5——INTF2：外部中断标志 2。INT2 引脚电平发生跳变时触发中断请求，并置位

相应的中断标志 INTF2。如果 SREG 的位 I 以及 GICR 寄存器相应的中断使能位 INT2 为"1",则 MCU 即跳转到相应的中断向量。进入中断服务程序之后该标志自动清零。此外,标志位也可以通过写入"1"来清零。注意,当 INT2 中断禁用进入某些休眠模式时,该引脚的输入缓冲将禁用。这会导致 INTF2 标志设置信号的逻辑变化。

4.2.2 中断使用注意事项

在具体的工程项目开发过程中,使用中断时要注意:

① 在系统程序的初始化部分,对外部中断进行设置时,应先将 GICR 寄存器中该中断的中断允许位清零,禁止 MCU 响应该中断后再设置 ISCn 位。而在开放中断允许前,一般应通过向 GIFR 寄存器中的中断标志位 INTFn 写入逻辑"1",将该中断的中断标志位清除,然后开放中断。这样可以防止在改变 ISCn 的过程中误触发中断。

② 由于 ATmega32 进入中断服务程序时,硬件会自动关闭全局中断,如果需要中断嵌套,则需要在当前中断程序中加入一条打开全局中断的语句,以人为地打开其他中断。

③ 当选择外部低电平方式触发中断时应特别注意:引脚上的低电平必须一直保持到当前一条指令执行完成后才能触发中断;低电平中断并不置位中断标志位,即外部低电平中断的触发不是由中断标志位引起的,而是由外部引脚上电平取反后直接触发中断。因此,在使用低电平触发方式时,中断请求将一直保持到引脚上的低电平消失为止。换句话说,只要中断引脚的输入引脚保持低电平,那么将一直触发产生中断。所以,在低电平中断服务程序中,应有相应的操作命令,控制外部器件释放或取消加在外部引脚上的低电平。

④ 在 CVAVR 中,中断服务程序必须定义成一个特殊的函数,称为中断服务函数。用汇编语言编写中断程序时,全面仔细地考虑现场的保护及恢复和中断服务程序应尽可能短是两个最基本的原则。在 CVAVR 中编写中断服务函数,通常不必考虑中断现场保护和恢复的处理,因为编译器在编译中断服务程序的源代码时,会在生成的目标代码中自动加入相应的中断现场保护和恢复的指令。但中断服务函数尽可能短的原则同样非常重要,需要认真分析和考虑。

⑤ 在很多情况下,中断仅仅表示外围设备或内部功能部件的工作过程已经达到某种状态,但不需要马上去处理,或者允许在一个比较充裕的限定时间内处理,这就可以将它们的处理工作放到主程序中完成。在这种情况下,最好的方式是定义和使用信号量或标志变量,在中断服务程序中只是简单地对这些信号量或标志量进行必要的设置,不作其他处理就马上返回主程序,由主程序中根据这些信号量或标志量的值进行和完成处理工作。这样做的另一个好处是,可以大大减少中断服务程序中对中断现场的保护和恢复工作,从而又减少了中断程序的执行时间,同时也节省了堆栈空间和 Flash 空间。这种处理方式很好地体现了中断服务函数尽可能短的原则。

⑥ 中断服务函数只能在中断发生时由硬件自动调用,不能像其他函数一样可以通过软件

调用。同时,由于程序中不会出现调用语句,因此中断服务函数只需要定义语句,不需要进行说明。

⑦ CVAVR 在默认方式下,在生成中断服务函数时,会自动把 R0、R1、R15、R22、R23、R24、R25、R26、R27、R30、R31、SREG 以及用户程序中使用的所有通用寄存器保护起来。如果用户要编写效率更高或特殊的中断服务程序,则可以采用关闭编译系统的自动产生中断现场保护和恢复代码功能,以及嵌入汇编代码等方式自己编写相关的程序,这时就需要特别注意现场的保护和恢复问题。

⑧ 由于 AVR 的指令执行速度比较快,另外,如果在中断服务程序中再有中断嵌套,则处理会相对比较复杂。因此在一般情况下,用户在编写中断处理服务程序时,应遵循中断服务程序要尽量短的原则,尽量不使用中断嵌套,而利用 AVR 的指令速度优势来处理其他中断问题。

4.2.3 应用举例:报警器

图 4.3 给出了一个报警器的应用实例的硬件电路。该实例是在图 4.1 所示的跑马灯的基础上,一旦 INT0 触发中断,蜂鸣器就发出 2 s 的报警声。按键 S1 的一端连接到 PD2(INT0)。INT0 作为外部中断的输入,采用电平变化的下降沿触发方式。当 S1 按下时,会在 PD2 引脚上产生一个高电平到低电平的跳变,触发 INT0 中断,蜂鸣器报警。当没有外部中断时,系统中的 8 个 LED 循环点亮 1 s。

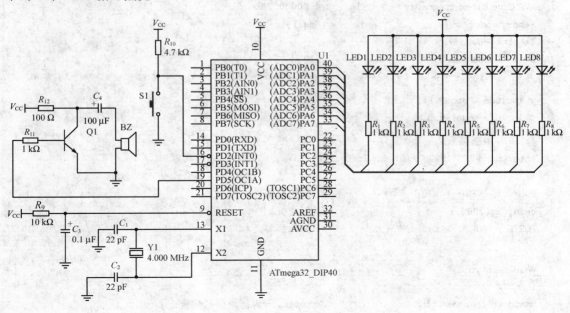

图 4.3 报警器电路

图 4.4 为 CVAVR 中利用代码生成器功能配置外部中断初始化部分的对话框。本例中，只有 INT0 使能。中断模式为下降沿触发。

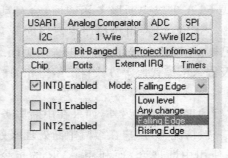

图 4.4 CVAVR 配置外部中断对话框

在 CVAVR 代码生成器生成的程序框架的基础上，在 INT0 中断服务函数中，先将 PD5 设置为高电平，蜂鸣器开始报警，延时 2 s 后，将 PD5 设置为低电平，解除报警。没有外部中断的情况下，正常运行跑马灯程序。完整的程序代码如下：

```
/* * * * * * * * * * * * * * * * * * * * * * * * * * * * * * * * * * * * * *
    File name                       :example_4_2.c
    Chip type                       :ATmega32
    Program type                    :Application
    AVR Core Clock frequency        :4.000000 MHz
    Memory model                    :Small
    External RAM size               :0
    Data Stack size                 :512
* * * * * * * * * * * * * * * * * * * * * * * * * * * * * * * * * * * * * */
#include <mega32.h>
#include <delay.h>

// INT0 中断函数
interrupt [EXT_INT0] void ext_int0_isr(void)
{
PORTD = PORTD | 0x20;            // 开始报警
delay_ms(2000);                  // 延时 2 s
PORTD = PORTD & 0xdf;            // 解除报警
}

void main(void)
{
unsigned char position = 0;      // position 为控制位的位置
```

```
// I/O 端口初始化
// PA 口输出全"1",LED 全灭
// PA 口工作为输出方式
PORTA = 0xFF;
DDRA = 0xFF;

// 外部中断初始化
// INT0:开
// INT0 触发模式:下降沿触发
GICR| = 0x40;
MCUCR = 0x02;
MCUCSR = 0x00;
GIFR = 0x40;

// 全局中断使能
#asm("sei")
while(1)
    {
        PORTA = ~(1<<position);
        if (++position >= 8) position = 0;
        delay_ms(1000);                    // 延时 1 s
    };
}
```

4.3 定时子系统的编程

ATmega32 的定时子系统包括 3 个定时器/计数器:8 位的 T/C0、16 位的 T/C1 和 8 位的 T/C2。定时子系统的用途非常广泛,常用于计数、延时、测量周期、频率、脉宽和提供定时脉冲信号等。在实际应用中,对于转速、位移、速度、流量等物理量的测量,通常也是由传感器转换成脉冲电信号,通过使用定时器/计数器来测量其周期或频率,再经过计算处理获得。相比一般的 8 位单片机,AVR 单片机不仅配备了更多的定时器/计数器接口,而且功能非常强大。下面分别介绍这 3 个定时器/计数器的 C 语言编程。

4.3.1 T/C0

1. 资源概述

在 T/C0 中,有两个 8 位的寄存器:计数寄存器 TCNT0 和输出比较寄存器 OCR0。其他相关的寄存器还有 T/C0 的控制寄存器 TCCR0、中断标志寄存器 TIFR 和定时器中断屏蔽寄存器 TIMSK。

(1) T/C0 控制寄存器 TCCR0

位	7	6	5	4	3	2	1	0	
	FOC0	WGM00	COM01	COM00	WGM01	CS02	CS01	CS00	TCCR0
读/写	W	R/W	R/W	R/W	R/W	R/W	R/W	R/W	
初始化值	0	0	0	0	0	0	0	0	

① Bit7——FOC0：强制输出比较。FOC0 仅在 WGM00 指明非 PWM 模式时才有效。但是，为了保证与未来器件的兼容性，在使用 PWM 时，写 TCCR0 要对其清零。对其写 1 后，波形发生器将立即进行比较操作。比较匹配输出引脚 OC0 将按照 COM01:00 的设置输出相应的电平。要注意 FOC0 类似一个锁存信号，真正对强制输出比较起作用的是 COM01:00 的设置。FOC0 不会引发任何中断，也不会在利用 OCR0 作为 TOP 的 CTC 模式下对定时器进行清零的操作。读 FOC0 的返回值永远为 0。

② Bit6:3——WGM00:01：波形产生模式。这几位控制计数器的计数序列、计数器的最大值 TOP 以及产生何种波形。T/C 支持的模式有：普通模式、比较匹配发生时清除计数器模式（CTC）以及两种 PWM 模式，详见表 4.4。

表 4.4 波形产生模式的位定义

模式	WGM01(CTC0)	WGM00(PWM0)	T/C 的工作模式	TOP	OCR0 的更新时间	TOV 的置位时刻
0	0	0	普通	0xFF	立即更新	MAX
1	0	1	PWM，相位修正	0xFF	TOP	BOTTOM
2	1	0	CTC	OCR0	立即更新	MAX
3	1	1	快速 PWM	0xFF	TOP	MAX

③ Bit5:4——COM01:00：比较匹配输出模式。这两位决定了比较匹配发生时输出引脚 OC0 的电平。如果 COM01:00 中的一位或全部都置位，则 OC0 以比较匹配输出的方式进行工作。同时其方向控制寄存器位要设置为 1 以使能输出驱动器。当 OC0 连接到物理引脚上时，COM01:00 的功能依赖于 WGM01:00 的设置。表 4.5 给出了当 WGM01:00 设置为普通模式或 CTC 模式时 COM01:00 的功能。

表 4.5 比较输出模式，非 PWM 模式

COM01	COM00	说明
0	0	正常的端口操作，不与 OC0 相连接
0	1	比较匹配发生时 OC0 取反
1	0	比较匹配发生时 OC0 清零
1	1	比较匹配发生时 OC0 置位

表 4.6 给出了当 WGM01:00 设置为快速 PWM 模式时 COM01:00 的功能。

表 4.6 比较输出模式,快速 PWM 模式

COM01	COM00	说 明
0	0	正常的端口操作,不与 OC0 相连接
0	1	保留
1	0	比较匹配发生时 OC0A 清零,计数到 TOP 时 OC0 置位
1	1	比较匹配发生时 OC0A 置位,计数到 TOP 时 OC0 清零

表 4.7 给出了当 WGM01:00 设置为相位修正 PWM 模式时 COM01:00 的功能。

表 4.7 比较输出模式,相位修正 PWM 模式

COM01	COM00	说 明
0	0	正常的端口操作,不与 OC0 相连接
0	1	保留
1	0	在升序计数时发生比较匹配将清零 OC0;降序计数时发生比较匹配将置位 OC0
1	1	在升序计数时发生比较匹配将置位 OC0;降序计数时发生比较匹配将清零 OC0

④ Bit2:0——CS02:00:时钟选择。用于选择 T/C 的时钟源。如果 T/C0 使用外部时钟,即使 T0 被配置为输出,其上的电平变化仍然会驱动计数器,利用这一特性可通过软件控制计数。表 4.8 给出了时钟选择位说明。

表 4.8 时钟选择位说明

CS02	CS01	CS00	说 明
0	0	0	无时钟,T/C 不工作
0	0	1	$Clk_{I/O}/1$(没有预分频)
0	1	0	$Clk_{I/O}/8$(来自预分频)
0	1	1	$Clk_{I/O}/64$(来自预分频)
1	0	0	$Clk_{I/O}/256$(来自预分频)
1	0	1	$Clk_{I/O}/1\,024$(来自预分频)
1	1	0	时钟由 T0 引脚输入,下降沿触发
1	1	1	时钟由 T0 引脚输入,上升沿触发

(2) T/C0 计数寄存器 TCNT0

位	7	6	5	4	3	2	1	0	
	\multicolumn{8}{c|}{TCNT0[7:0]}	TCNT0
读/写	R/W	R/W	R/W	R/W	R/W	R/W	R/W	R/W	
初始化值	0	0	0	0	0	0	0	0	

通过T/C寄存器可以直接对计数器的8位数据进行读/写访问。对TCNT0寄存器的写访问将在下一个时钟阻止比较匹配。在计数器运行的过程中修改TCNT0的数值有可能丢失一次TCNT0和OCR0的比较匹配。

(3) 输出比较寄存器 OCR0

位	7	6	5	4	3	2	1	0	
				OCR0[7:0]					OCR0
读/写	R/W	R/W	R/W	R/W	R/W	R/W	R/W	R/W	
初始化值	0	0	0	0	0	0	0	0	

输出比较寄存器包含一个8位的数据,不间断地与计数器数值TCNT0进行比较。匹配事件可以用来产生输出比较中断,或者用来在OC0引脚上产生波形。

(4) T/C 中断屏蔽寄存器 TIMSK

位	7	6	5	4	3	2	1	0	
	OCIE2	TOIE2	TICIE1	OCIE1A	OCIE1B	TOIE1	OCIE0	TOIE0	TIMSK
读/写	R/W	R/W	R/W	R/W	R/W	R/W	R/W	R/W	
初始化值	0	0	0	0	0	0	0	0	

① Bit1——OCIE0:T/C0输出比较匹配中断使能。当OCIE0和状态寄存器的全局中断使能位I都为"1"时,T/C0的输出比较匹配中断使能。当T/C0的比较匹配发生,即TIFR中的OCF0置位时,中断服务程序得以执行。

② Bit0——TOIE0:T/C0溢出中断使能。当TOIE0和状态寄存器的全局中断使能位I都为"1"时,T/C0的溢出中断使能。当T/C0发生溢出,即TIFR中的TOV0位置位时,中断服务程序得以执行。

(5) T/C 中断标志寄存器 TIFR

位	7	6	5	4	3	2	1	0	
	OCF2	TOV2	ICF1	OCF1A	OCF1B	TOV1	OCF0	TOV0	TIFR
读/写	R/W	R/W	R/W	R/W	R/W	R/W	R/W	R/W	
初始化值	0	0	0	0	0	0	0	0	

① Bit1——OCF0：输出比较标志0。当T/C0与OCR0的值匹配时，OCF0置位。此位在中断服务程序中硬件清零，也可以对其写1来清零。当SREG中的位I、TIMSK中的OCIE0和OCF0都置位时，中断服务程序得到执行。

② Bit0——TOV0：T/C0溢出标志。当T/C0溢出时，TOV0置位。执行相应的中断服务程序时此位硬件清零。此外，TOV0也可以通过写1来清零。当SREG中的位I、TIMSK中的TOIE0和TOV0都置位时，中断服务程序得到执行。在相位修正PWM模式中，当T/C0在0x00改变计数方向时，TOV0置位。

2. 应用举例：方波信号发生器

图4.5给出了利用T/C0产生方波信号的硬件电路图。外部时钟为4 MHz，用T/C0做定时器，256分频，则64 μs计一个脉冲。当TCNT0初值设为6时，每计250个脉冲，即16 ms，T/C0溢出一次。溢出中断服务子程序使PA0改变极性，产生周期为32 ms的对称方波。在图4.4所示的电路中，通过LED的亮暗变化可以简单地观察方波的频率。当然，最好的方式是使用示波器观察PA0的输出。

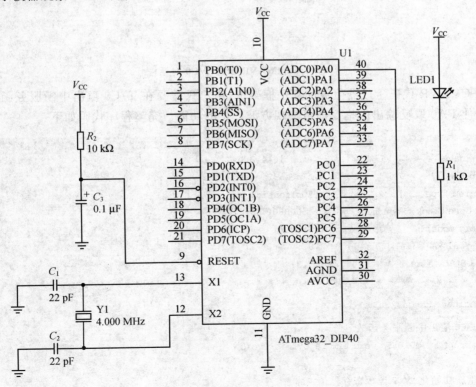

图4.5 方波信号发生器电路图

软件设计时,根据前面的分析,CVAVR中利用代码生成器功能配置T/C0初始化部分的对话框如图4.6所示。

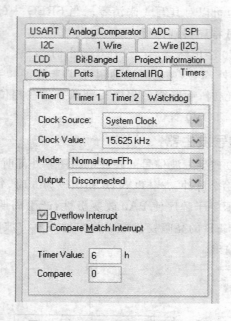

图 4.6　CVAVR 配置 T/C0 对话框

在CVAVR代码生成器生成的程序框架中,用户只需要在T/C0溢出中断服务函数中添加一条使PA0取反输出的指令即可实现方波产生的功能。完整程序代码如下:

```
/******************************************
File name                  :example_4_3.c
Chip type                  :ATmega32
Program type               :Application
AVR Core Clock frequency   :4.000000 MHz
Memory model               :Small
External RAM size          :0
Data Stack size            :512
******************************************/
#include <mega32.h>

// T/C0 溢出中断服务函数
interrupt [TIM0_OVF] void timer0_ovf_isr(void)
{
// 重新初始化 T/C0 计数寄存器值
```

```
    TCNT0 = 0x06;
    // 用户代码
    PORTA.0 = ~PORTA.0;    // PA0 取反输出
}

void main(void)
{
    // PA 初始化
    PORTA = 0x00;
    DDRA = 0xFF;

    // T/C0 初始化
    // 时钟源：系统时钟
    // 时钟频率：4000.000/256 = 15.625 kHz
    // 模式：普通模式 top = FFh
    // OC0 输出：断开
    TCCR0 = 0x04;           // 由于采用系统时钟 256 分频，故 CS02、CS01、CS00 为 100；由于采用一般模式，
                            // 故 WGM01、WGM00 为 00；由于 OC0 断开，故 COM01、COM00 为 00
    TCNT0 = 0x06;
    OCR0 = 0x00;

    // T/C 中断初始化
    TIMSK = 0x01;

    // 全局中断使能
    #asm("sei")
    while (1)
        {
        // Place your code here
        };
}
```

4.3.2 T/C1

1. 资源概述

T/C1 是一个可以实现精确的程序定时(事件管理)、波形产生和信号测量的 16 位定时器/计数器模块。与 T/C1 相关的寄存器包括 T/C1 控制寄存器 A TCCR1A，T/C1 控制寄存器 B TCCR1B，T/C1 计数寄存器 TCNT1H、TCNT1L 和输出比较寄存器 A OCR1AH、OCR1AL，输出比较寄存器 B OCR1BH、OCR1BL，输入捕捉寄存器 ICR1H、ICR1L，以及与

T/C0、T/C2 共用的 T/C 中断屏蔽寄存器 TIMSK 和 T/C 中断标志寄存器 TIFR。

(1) T/C1 控制寄存器 A TCCR1A

位	7	6	5	4	3	2	1	0	
	COM1A1	COM1A0	COM1B1	COM1B0	FOC1A	FOC1B	WGM11	WGM10	TCCR1A
读/写	R/W	R/W	R/W	R/W	W	W	R/W	R/W	
初始化值	0	0	0	0	0	0	0	0	

① Bit7:6——COM1A1:0:通道 A 的比较输出模式。

② Bit5:4——COM1B1:0:通道 B 的比较输出模式。

COM1A1:0 与 COM1B1:0 分别控制 OC1A 与 OC1B 状态。如果 COM1A1:0(COM1B1:0)的一位或两位被写入"1",则 OC1A(OC1B)输出功能将取代 I/O 端口功能。此时 OC1A(OC1B)相应的输出引脚数据方向控制必须置位,以使能输出驱动器。

OC1A(OC1B)与物理引脚相连时,COM1x1:0 的功能由 WGM13:10 的设置决定。表 4.9 给出了当 WGM13:10 设置为普通模式与 CTC 模式(非 PWM)时 COM1x1:0 的功能定义。

表 4.9 比较输出模式,非 PWM

COM1A1/COM1B1	COM1A0/COM1B0	说 明
0	0	普通窗口操作,OC1A/OC1B 未连接
0	1	比较匹配时 OC1A/OC1B 电平取反
1	0	比较匹配时清零 OC1A/OC1B(输出低电平)
1	1	比较匹配时置位 OC1A/OC1B(输出高电平)

表 4.10 给出了 WGM13:10 设置为快速 PWM 模式时 COM1x1:0 的功能定义。

表 4.10 比较输出模式,快速 PWM

COM1A1/COM1B1	COM1A0/COM1B0	说 明
0	0	普通窗口操作,OC1A/OC1B 未连接
0	1	WGM13:10=15:比较匹配时 OC1A 取反,OC1B 不占用物理引脚。WGM13:10 为其他值时为普通端口操作,OC1A/OC1B 未连接
1	0	比较匹配时清零 OC1A/OC1B,OC1A/OC1B 在 TOP 时置位
1	1	比较匹配时置位 OC1A/OC1B,OC1A/OC1B 在 TOP 时清零

表 4.11 给出了当 WGM13:10 设置为相位修正 PWM 模式或相频修正 PWM 模式时 COM1x1:0 的功能定义。

表 4.11 比较输出模式,相位修正及相频修正 PWM 模式

COM1A1/COM1B1	COM1A0/COM1B0	说 明
0	0	普通窗口操作,OC1A/OC1B 未连接
0	1	WGM13:0=9 或 14。比较匹配时 OC1A 取反,OC1B 不占用物理引脚。WGM13:00 为其他值时为普通端口操作,OC1A/OC1B 未连接
1	0	升序计数时比较匹配将清零 OC1A/OC1B,降序计数时比较匹配将置位 OC1A/OC1B
1	1	升序计数时比较匹配将置位 OC1A/OC1B,降序计数时比较匹配将清零 OC1A/OC1B

③ Bit3——FOC1A:通道 A 强制输出比较。

④ Bit2——FOC1B:通道 B 强制输出比较。

FOC1A/FOC1B 只有当 WGM13:00 指定为非 PWM 模式时被激活,为与未来器件兼容,工作在 PWM 模式下对 TCCR1A 写入时,这两位必须清零。当 FOC1A/FOC1B 位置 1,立即强制波形产生单元进行比较匹配。COM1x1:0 的设置改变 OC1A/OC1B 的输出。注意,FOC1A/FOC1B 位作为选通信号,COM1x1:0 位的值决定强制比较的效果。

在 CTC 模式下使用 OCR1A 作为 TOP 值,FOC1A/FOC1B 选通既不会产生中断,也不会清除定时器。FOC1A/FOC1B 位总是读为 0。

⑤ Bit1:0——WGM11:10:波形发生模式。

这两位与位于 TCCR1B 寄存器的 WGM13:12 相结合,用于控制计数器的计数序列——计数器计数的上限值和确定波形发生器的工作模式,如表 4.12 所列。T/C1 支持的工作模式有:普通模式(计数器)、比较匹配时清零定时器(CTC)模式及三种脉宽调制(PWM)模式。

表 4.12 波形产生模式的位描述

模式	WGM13	WGM12 (CTC1)	WGM11 (PWM11)	WGM10 (PWM10)	定时器/计数器工作模式	TOP	OCR1x 更新时刻	TOV1 置位时刻
0	0	0	0	0	普通模式	0xFFFF	立即更新	MAX
1	0	0	0	1	8 位相位修正 PWM	0x00FF	TOP	BOTTOM
2	0	0	1	0	9 位相位修正 PWM	0x01FF	TOP	BOTTOM
3	0	0	1	1	10 位相位修正 PWM	0x03FF	TOP	BOTTOM
4	0	1	0	0	CTC	OCR1A	立即更新	MAX
5	0	1	0	0	8 位快速 PWM	0x00FF	TOP	TOP

续表 4.12

模式	WGM13	WGM12 (CTC1)	WGM11 (PWM11)	WGM10 (PWM10)	定时器/计数器工作模式	TOP	OCR1x 更新时刻	TOV1 置位时刻
6	0	1	1	0	9 位快速 PWM	0x01FF	TOP	TOP
7	0	1	1	1	10 位快速 PWM	0x03FF	TOP	TOP
8	1	0	0	0	相位与频率修正 PWM	ICR1	BOTTOM	BOTTOM
9	1	0	0	1	相位与频率修正 PWM	OCR1A	BOTTOM	BOTTOM
10	1	0	1	0	相位修正 PWM	ICR1	TOP	BOTTOM
11	1	0	1	1	相位修正 PWM	OCR1A	TOP	BOTTOM
12	1	1	0	0	CTC	ICR1	立即更新	MAX
13	1	1	0	1	保留	—	—	—
14	1	1	1	0	快速 PWM	ICR1	TOP	TOP
15	1	1	1	1	快速 PWM	OCR1A	TOP	TOP

(2) T/C1 控制寄存器 B TCCR1B

位	7	6	5	4	3	2	1	0	
	ICNC1	ICES1	—	WGM13	WGM12	CS12	CS11	CS10	TCCR1B
读/写	R/W	R/W	R	R/W	R/W	R/W	R/W	R/W	
初始化值	0	0	0	0	0	0	0	0	

① Bit7——ICNC1：输入捕捉噪声抑制器。置位 ICNC1 将使能输入捕捉噪声抑制功能。此时外部引脚 ICP1 的输入被滤波。其作用是从 ICP1 引脚连续进行 4 次采样。如果 4 个采样值都相等，那么信号送入边沿检测器。因此使能该功能使得输入捕捉被延迟了 4 个时钟周期。

② Bit6——ICES1：输入捕捉触发沿选择。该位选择使用 ICP1 上的哪个边沿触发捕获事件。ICES1 为"0"选择的是下降沿触发输入捕捉；ICES1 为"1"选择的是逻辑电平的上升沿触发输入捕捉。按照 ICES1 的设置捕获到一个事件后，计数器的数值被复制到 ICR1 寄存器。捕获事件还会置为 ICF1。如果此时中断使能，输入捕捉事件即被触发。

当 ICR1 用做 TOP 值（见 TCCR1A 与 TCCR1B 寄存器中 WGM13：10 位的描述）时，ICP1 与输入捕捉功能脱开，从而输入捕捉功能被禁用。

③ Bit5——保留位。该位保留。为保证与将来器件的兼容性，写 TCCR1B 时，该位必须写入"0"。

④ Bit4:3——WGM13:12:波形发生模式。见 TCCR1A 寄存器中的描述。

⑤ Bit2:0——CS12:10:时钟选择。这 3 位用于选择 T/C1 的时钟源,如表 4.13 所列。选择使用外部时钟源后,即使 T1 引脚被定义为输出,引脚上的逻辑信号电平变化仍然会驱动 T/C1 计数,这个特性允许用户通过软件来控制计数。

表 4.13 时钟选择位描述

CS12	CS11	CS10	说 明
0	0	0	无时钟源(T/C 停止)
0	0	1	$Clk_{I/O}/1$(无预分频)
0	1	0	$Clk_{I/O}/8$(来自预分频)
0	1	1	$Clk_{I/O}/64$(来自预分频)
1	0	0	$Clk_{I/O}/256$(来自预分频)
1	0	1	$Clk_{I/O}/1\,024$(来自预分频)
1	1	0	时钟由 T1 引脚输入,下降沿触发
1	1	1	时钟由 T1 引脚输入,上升沿触发

(3) T/C1 数据寄存器 TCNT1H 与 TCNT1L

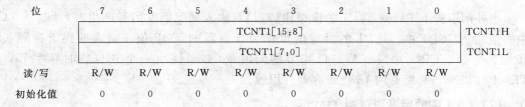

TCNT1H 与 TCNT1L 组成了 T/C1 的数据寄存器 TCNT1。通过它们可以直接对定时器/计数器单元的 16 位计数器进行读/写访问。为保证 CPU 对高字节与低字节的同时读/写,必须使用一个 8 位临时高字节寄存器 TEMP。TEMP 是所有的 16 位寄存器共用的。在计数器运行期间修改 TCNT1 的内容,有可能丢失一次 TCNT1 与 OCR1x 的比较匹配操作。写 TCNT1 寄存器将在下一个定时器周期阻塞比较匹配。

(4) 输出比较寄存器 A OCR1AH 与 OCR1AL

位	7	6	5	4	3	2	1	0	
				OCR1A[15:8]					OCR1AH
				OCR1A[7:0]					OCR1AL
读/写	R/W	R/W	R/W	R/W	R/W	R/W	R/W	R/W	
初始化值	0	0	0	0	0	0	0	0	

(5) 输出比较寄存器 B OCR1BH 与 OCR1BL

位	7	6	5	4	3	2	1	0	
	\multicolumn{8}{c}{OCR1B[15:8]}	OCR1BH
	\multicolumn{8}{c}{OCR1B[7:0]}	OCR1BL
读/写	R/W	R/W	R/W	R/W	R/W	R/W	R/W	R/W	
初始化值	0	0	0	0	0	0	0	0	

该寄存器中的 16 位数据与 TCNT1 寄存器中的计数值进行连续的比较,一旦数据匹配,将产生一个输出比较中断,或改变 OC1x 的输出逻辑电平。输出比较寄存器长度为 16 位。为保证 CPU 对高字节与低字节的同时读/写,必须使用一个 8 位临时高字节寄存器 TEMP。TEMP 是所有的 16 位寄存器共用的。

(6) 输入捕捉寄存器 ICR1H 与 ICR1L

位	7	6	5	4	3	2	1	0	
	\multicolumn{8}{c}{ICR1[15:8]}	ICR1H
	\multicolumn{8}{c}{ICR1[7:0]}	ICR1L
读/写	R/W	R/W	R/W	R/W	R/W	R/W	R/W	R/W	
初始化值									

当外部引脚 ICP1(或 T/C1 的模拟比较器)有输入捕捉触发信号产生时,计数器 TCNT1 中的值写入 ICR1 中。ICR1 的设定值可作为计数器的 TOP 值。输入捕捉寄存器长度为 16 位。为保证 CPU 对高字节与低字节的同时读,必须使用一个 8 位临时高字节寄存器 TEMP。TEMP 是所有的 16 位寄存器共用的。

(7) T/C1 中断屏蔽寄存器 TIMSK

位	7	6	5	4	3	2	1	0	
	OCIE2	TOIE2	TICIE1	OCIE1A	OCIE1B	TOIE1	OCIE0	TOIE0	TIMSK
读/写	R/W	R/W	R/W	R/W	R/W	R/W	R/W	R/W	
初始化值	0	0	0	0	0	0	0	0	

① Bit5——TICIE1:T/C1 输入捕捉中断使能。当该位被设为"1",且状态寄存器中的 I 位被设为"1"时,T/C1 的输入捕捉中断使能。一旦 TIFR 的 ICF1 置位,CPU 即开始执行 T/C1 输入捕捉中断服务程序。

② Bit4——OCIE1A:T/C1 输出比较 A 匹配中断使能。当该位被设为"1",且状态寄存器中的 I 位被设为"1"时,T/C1 的输出比较 A 匹配中断使能。一旦 TIFR 上的 OCF1A 置位,CPU 即开始执行 T/C1 输出比较 A 匹配中断服务程序。

③ Bit3——OCIE1B:T/C1 输出比较 B 匹配中断使能。当该位被设为"1",且状态寄存器

中的 I 位被设为"1"时,使能 T/C1 的输出比较 B 匹配中断使能。一旦 TIFR 上的 OCF1B 置位,CPU 即开始执行 T/C1 输出比较 B 匹配中断服务程序。

④ Bit2——TOIE1:T/C1 溢出中断使能。当该位被设为"1",且状态寄存器中的 I 位被设为"1"时,T/C1 的溢出中断使能。一旦 TIFR 上的 TOV1 置位,CPU 即开始执行 T/C1 溢出中断服务程序。

(8) T/C1 中断标志寄存器 TIFR

位	7	6	5	4	3	2	1	0	
	OCF2	TOV2	ICF1	OCF1A	OCF1B	TOV1	OCF0	TOV0	TIFR
读/写	R/W	R/W	R/W	R/W	R/W	R/W	R/W	R/W	
初始化值	0	0	0	0	0	0	0	0	

① Bit5——ICF1:T/C1 输入捕捉标志。外部引脚 ICP1 出现捕捉事件时 ICF1 置位。此外,当 ICR1 作为计数器的 TOP 值时,一旦计数器值达到 TOP,ICF1 也置位。执行输入捕捉中断服务程序时 ICF1 自动清零。也可以对其写入逻辑"1"来清除该标志位。

② Bit4——OCF1A:T/C1 输出比较 A 匹配标志。当 TCNT1 与 OCR1A 匹配成功时,该位被设为"1"。强制输出比较(FOC1A)不会置位 OCF1A。执行强制输出比较匹配 A 中断服务程序时 OCF1A 自动清零。也可以对其写入逻辑"1"来清除该标志位。

③ Bit3——OCF1B:T/C1 输出比较 B 匹配标志。当 TCNT1 与 OCR1B 匹配成功时,该位被设为"1"。强制输出比较(FOC1B)不会置位 OCF1B。执行强制输出比较匹配 B 中断服务程序时 OCF1B 自动清零。也可以对其写入逻辑"1"来清除该标志位。

④ Bit2——TOV1:T/C1 溢出标志。该位的设置与 T/C1 的工作方式有关。工作于普通模式和 CTC 模式时,T/C1 溢出时 TOV1 置位。对工作在其他模式下的 TOV1 标志位置位,见表 4.12。执行溢出中断服务程序时 TOV1 自动清零。也可以对其写入逻辑"1"来清除该标志位。

2. 应用举例:脉宽调制器

图 4.7 给出了利用 T/C1 产生脉宽调制信号的硬件电路图。单片机输出比较引脚 OC1A、OC1B 输出 PWM 波。发光管 LED1、LED2 串接一个电阻后分别连接在 OC1A 和 OC1B 引脚。LED1 和 LED2 在 PWM 波的控制下由亮逐渐变化到灭,不断循环。

T/C1 工作在 10 位相位修正 PWM 模式,即模式 3。外部时钟为 4 MHz,不分频。根据前面的分析,CVAVR 中利用代码生成器功能配置 T/C1 初始化部分的对话框如图 4.8 所示。

在 CVAVR 代码生成器生成的程序框架中,用户可在主程序中对 OCCR1A 及 OCCR1B 赋不同的值,即可实现 LED1 和 LED2 在 PWM 波的控制下由亮逐渐到灭的变化。完整程序代码如下:

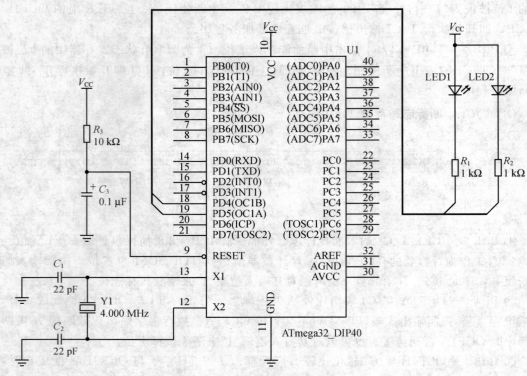

图 4.7 脉冲调制器电路图

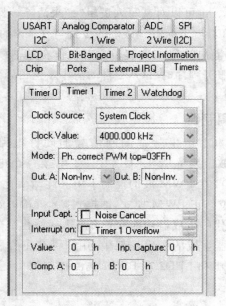

图 4.8 CVAVR 配置 T/C1 对话框

```c
/*******************************************************
File name                    :example_4_4.c
Chip type                    :ATmega32
Program type                 :Application
AVR Core Clock frequency     :4.000000 MHz
Memory model                 :Small
External RAM size            :0
Data Stack size              :512
*******************************************************/
#include <mega32.h>
#include <delay.h>
void main(void)
{
// Port D 初始化
PORTD = 0xFF;
DDRD = 0xFF;

// T/C1 初始化
// 时钟源：系统时钟
// 时钟频率：4000.000 kHz
// 模式：10 位相位修正 PWM
// OC1A 输出：比较匹配时清零
// OC1B 输出：比较匹配时清零
TCCR1A = 0xA3;
TCCR1B = 0x01;

while (1)
    {
    OCR1A = 00;              // OC1A(PD5)输出 0 V
    OCR1B = 00;              // OC1B(PD4)输出 0 V
    delay_ms(1000);

    OCR1A = 1023 * 2/5;      // OC1A(PD5)输出 2 V
    OCR1B = 1023 * 2/5;      // OC1B(PD4)输出 2 V
    delay_ms(1000);

    OCR1A = 1023 * 4/5;      // OC1A(PD5)输出 4 V
    OCR1B = 1023 * 4/5;      // OC1B(PD4)输出 4 V
    delay_ms(1000);

    OCR1A = 1023;            // OC1A(PD5)输出 5 V
    OCR1B = 1023;            // OC1B(PD4)输出 5 V
    delay_ms(1000);
    };
}
```

4.3.3 T/C2

1. 资源概述

T/C2 是一个通用的单通道 8 位定时器/计数器模块。与 T/C2 相关的寄存器包括 T/C2 控制寄存器 TCCR2、T/C2 寄存器 TCNT2 和输出比较寄存器 OCR2、异步状态寄存器 ASSR 以及与 T/C0、T/C1 共用的 T/C 中断屏蔽寄存器 TIMSK 和 T/C 中断标志寄存器 TIFR。

(1) T/C2 控制寄存器 TCCR2

位	7	6	5	4	3	2	1	0	
	FOC2	WGM20	COM21	COM20	WGM21	CS22	CS21	CS20	TCCR2
读/写	W	R/W	R/W	R/W	R/W	R/W	R/W	R/W	
初始化值	0	0	0	0	0	0	0	0	

① Bit7——FOC2:强制输出比较。FOC2 仅在 WGM 指明非 PWM 模式时才有效。但是,为了保证与未来器件的兼容性,使用 PWM 时,写 TCCR2 要对其清零。写 1 后,波形发生器将立即进行比较操作。比较匹配输出引脚 OC2 将按照 COM21:20 的设置输出相应的电平。要注意 FOC2 类似一个锁存信号,真正对强制输出比较起作用的是 COM21:20 的设置。FOC2 不会引发任何中断,也不会在使用 OCR2 作为 TOP 的 CTC 模式下对定时器进行清零。读 FOC2 的返回值永远为 0。

② Bit6:3——WGM20:21:波形产生模式。这几位控制计数器的计数序列,计数器最大值 TOP 的来源以及产生何种波形。T/C 支持的模式有:普通模式、比较匹配发生时清除计数器模式(CTC)以及两种 PWM 模式,详见表 4.14。

表 4.14 波形产生模式的位定义

模式	WGM21(CTC2)	WGM20(PWM2)	T/C 的工作模式	TOP	OCR2 更新时间	TOV2 置位时刻
0	0	0	普通	0xFF	立即更新	MAX
1	0	1	相位修正 PWM	0xFF	TOP	BOTTOM
2	1	0	CTC	OCR2	立即更新	MAX
3	1	1	快速 PWM	0xFF	TOP	MAX

③ Bit5:4——COM21:20:比较匹配输出模式。这些位决定了比较匹配发生时输出引脚 OC2 的电平。如果 COM21:20 中的一位或全部都置位,则 OC2 以比较匹配输出的方式进行工作。同时其方向控制位要设置为 1 以使能输出驱动。当 OC2 连接到物理引脚上时,COM21:20 的功能依赖于 WGM21:20 的设置。表 4.15 给出了当 WGM21:20 设置为普通模式或 CTC 模式时 COM21:20 的功能。

表 4.15　比较输出模式,非 PWM 模式

COM21	COM20	说明
0	0	正常的端口操作,OC2 未连接
0	1	比较匹配发生时 OC2 取反
1	0	比较匹配发生时 OC2 清零
1	1	比较匹配发生时 OC2 置位

表 4.16 给出了当 WGM21:20 设置为快速 PWM 模式时 COM21:20 的功能。

表 4.16　比较输出模式,快速 PWM 模式

COM21	COM20	说明
0	0	正常的端口操作,OC2 未连接
0	1	保留
1	0	比较匹配发生时 OC2 清零,计数到 TOP 时 OC2 置位
1	1	比较匹配发生时 OC2 置位,计数到 TOP 时 OC2 清零

表 4.17 给出了当 WGM21:20 设置为相位修正 PWM 模式时 COM21:20 的功能。

表 4.17　比较输出模式,相位修正 PWM 模式

COM21	COM20	说明
0	0	正常的端口操作,不与 OC2 相连接
0	1	保留
1	0	在升序计数时发生比较匹配将清零 OC2;降序计数时发生比较匹配将置位 OC2
1	1	在升序计数时发生比较匹配将置位 OC2;降序计数时发生比较匹配将清零 OC2

④ Bit2:0——CS22:20:时钟选择。这三位时钟选择位用于选择 T/C 的时钟源,详见表 4.18。

表 4.18　时钟选择位说明

CS22	CS21	CS20	说明
0	0	0	无时钟,T/C 不工作
0	0	1	$Clk_{T2S}/1$(没有预分频)
0	1	0	$Clk_{T2S}/8$(来自预分频)
0	1	1	$Clk_{T2S}/32$(来自预分频)
1	0	0	$Clk_{T2S}/64$(来自预分频)
1	0	1	$Clk_{T2S}/128$(来自预分频)
1	1	0	$Clk_{T2S}/256$(来自预分频)
1	1	1	$Clk_{T2S}/1\,024$(来自预分频)

(2) T/C2 寄存器 TCNT2

位	7	6	5	4	3	2	1	0	
				TCNT2[7:0]					TCNT2
读/写	R/W	R/W	R/W	R/W	R/W	R/W	R/W	R/W	
初始化值	0	0	0	0	0	0	0	0	

通过 T/C2 寄存器可以直接对计数器的 8 位数据进行读/写访问。对 TCNT2 寄存器的写访问将在下一个时钟阻止比较匹配。在计数器运行的过程中修改 TCNT2 的数值有可能丢失一次 TCNT2 和 OCR2 的比较匹配。

(3) 输出比较寄存器 OCR2

位	7	6	5	4	3	2	1	0	
				OCR2[7:0]					OCR2
读/写	R/W	R/W	R/W	R/W	R/W	R/W	R/W	R/W	
初始化值	0	0	0	0	0	0	0	0	

输出比较寄存器包含一个 8 位的数据,不间断地与计数器数值 TCNT2 进行比较。匹配事件可以用来产生输出比较中断,或者用来在 OC2 引脚上产生波形。

(4) 异步状态寄存器 ASSR

位	7	6	5	4	3	2	1	0	
	—	—	—	—	AS2	TCN2UB	OCR2UB	TCR2UB	ASSR
读/写	R	R	R	R	R/W	R	R	R	
初始化值	0	0	0	0	0	0	0	0	

① Bit3——AS2:异步 T/C2。AS2 为"0"时,T/C2 由 I/O 时钟 clkI/O 驱动;AS2 为"1"时,T/C2 由连接到 TOSC1 引脚的晶体振荡器驱动。改变 AS2 有可能破坏 TCNT2、OCR2 与 TCCR2 的内容。

② Bit2——TCN2UB:T/C2 更新中。T/C2 工作于异步模式时,写 TCNT2 将引起 TCN2UB 置位。当 TCNT2 从暂存寄存器更新完毕后,TCN2UB 由硬件清零。TCN2UB 为 0 表明 TCNT2 可以写入新值了。

③ Bit1——OCR2UB:输出比较寄存器 2 更新中。T/C2 工作于异步模式时,写 OCR2 将引起 OCR2UB 置位。当 OCR2 从暂存寄存器更新完毕后,OCR2UB 由硬件清零。OCR2UB 为 0 表明 OCR2 可以写入新值了。

④ Bit0——TCR2UB:T/C2 控制寄存器更新中。T/C2 工作于异步模式时,写 TCCR2

将引起 TCR2UB 置位。当 TCCR2 从暂存寄存器更新完毕后 TCR2UB 由硬件清零。TCR2UB 为 0 表明 TCCR2 可以写入新值了。如果在更新忙标志置位的时候写上述任何一个寄存器,都将引起数据的破坏,并引发不必要的中断。读取 TCNT2、OCR2 和 TCCR2 的机制是不同的。读取 TCNT2 得到的是实际的值,而 OCR2 和 TCCR2 则是从暂存寄存器中读取的。

(5) T/C2 中断屏蔽寄存器 TIMSK

位	7	6	5	4	3	2	1	0	
	OCIE2	TOIE2	TICIE1	OCIE1A	OCIE1B	TOIE1	OCIE0	TOIE0	TIMSK
读/写	R/W	R/W	R/W	R/W	R/W	R/W	R/W	R/W	
初始化值	0	0	0	0	0	0	0	0	

① Bit7——OCIE2:T/C2 输出比较匹配中断使能。当 OCIE2 和状态寄存器的全局中断使能位 I 都为"1"时,T/C2 的输出比较匹配 A 中断使能。当 T/C2 的比较匹配发生,即 TIFR 中的 OCF2 置位时,中断服务程序得以执行。

② Bit6——TOIE2:T/C2 溢出中断使能。当 TOIE2 和状态寄存器的全局中断使能位 I 都为"1"时,T/C2 的溢出中断使能。当 T/C2 发生溢出,即 TIFR 中的 TOV2 位置位时,中断服务程序得以执行。

(6) T/C2 中断标志寄存器 TIFR

位	7	6	5	4	3	2	1	0	
	OCF2	TOV2	ICF1	OCF1A	OCF1B	TOV1	OCF0	TOV0	TIFR
读/写	R/W	R/W	R/W	R/W	R/W	R/W	R/W	R/W	
初始化值	0	0	0	0	0	0	0	0	

① Bit7——OCF2:输出比较标志 2。当 T/C2 与 OCR2 的值匹配时,OCF2 置位。此位在中断服务程序里硬件清零,也可以通过对其写 1 来清零。当 SREG 中的位 I、OCIE2 和 OCF2 都置位时,中断服务程序得到执行。

② Bit6——TOV2:T/C2 溢出标志。当 T/C2 溢出时,TOV2 置位。执行相应的中断服务程序时此位硬件清零。此外,TOV2 也可以通过写 1 来清零。当 SREG 中的位 I、TOIE2 和 TOV2 都置位时,中断服务程序得到执行。在 PWM 模式中,当 T/C2 在 0x00 改变计数方向时,TOV2 置位。

2. 应用实例:实时时钟

图 4.9 给出了利用 T/C2 实现实时时钟的硬件电路图。T/C2 的时钟源来自 PC6(TOSC1)、PC7(TOSC2)的 32 768 Hz 的手表晶振,对 32 768 Hz 的手表晶振进行 256 分频,

分频后的晶振频率为 128 Hz,其周期为(1/128) s,则记录 128 个脉冲所需时间也正好为 1 s。同时在 PA0 引脚输出 0.5 Hz 的方波。

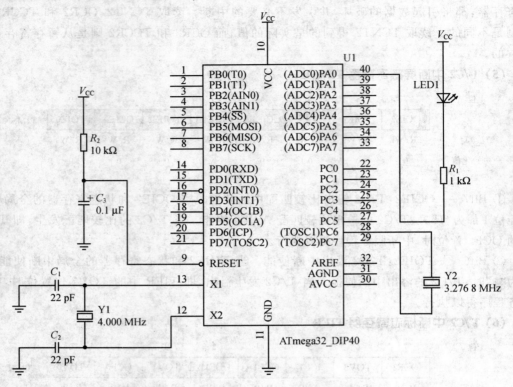

图 4.9 实时时钟电路图

T/C2 工作在异步模式下,采用比较匹配中断的方法实现实时时钟,比较匹配后 TCNT2 清零。根据前面的分析,CVAVR 中利用代码生成器功能配置 T/C2 初始化部分的对话框如图 4.10 所示。

在 CVAVR 代码生成器生成的程序框架中,用户只需要在 T/C2 输出比较中断服务函数中添加一条使 PA0 取反输出的指令即可。完整程序代码如下:

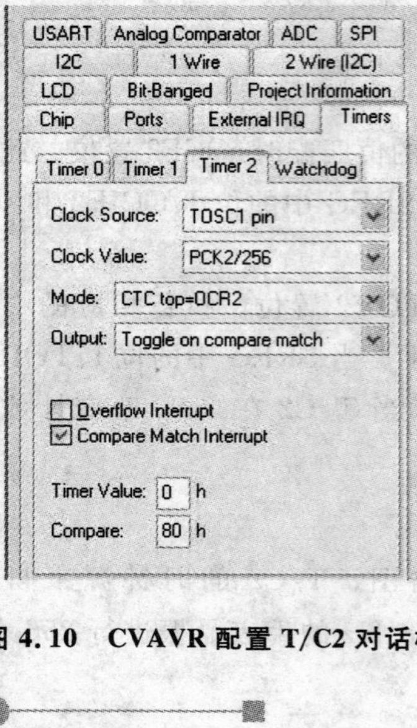

图 4.10 CVAVR 配置 T/C2 对话框

```c
/*****************************************************************
File name                    :example_4_5.c
Chip type                    :ATmega32
Program type                 :Application
AVR Core Clock frequency     :4.000000 MHz
Memory model                 :Small
External RAM size            :0
Data Stack size              :512
*****************************************************************/
#include <mega32.h>
// T/C2 输出比较中断服务函数
interrupt [TIM2_COMP] void timer2_comp_isr(void)
{
// 用户代码
PORTA.0 = ~PORTA.0;                 // PA0 取反输出
}

void main(void)
{
// Port A 初始化
PORTA = 0x00;
DDRA = 0xFF;                        // A 口为输出状态

// T/C2 初始化
// 时钟源：TOSC1 引脚
// 时钟频率：PCK2/256 = 128 Hz
// 模式：CTC top = OCR2
// OC2 输出：触发比较匹配
ASSR = 0x08;
TCCR2 = 0x1E;
TCNT2 = 0x00;
OCR2 = 0x80;

// T/C 中断初始化
TIMSK = 0x80;

// 全局中断使能
#asm("sei")

while (1)
    {
    // Place your code here
    };
}
```

4.4 串行通信子系统的编程

串行接口具有方便、灵活、电路简单、占用 I/O 资源少等特点,是单片机接口技术发展的一个重要变化趋势。ATmega32 片内集成了丰富的串行接口,包括通用同步和异步串行接收器和转发器 USART、串行外设接口 SPI 以及两线串行接口 TWI 等。下面分别介绍这 3 种类型串行通信接口的 C 语言编程。

4.4.1 USART

1. 资源概述

与 USART 相关的寄存器有 USART 数据寄存器 UDR、USART 控制和状态寄存器 A UCSRA、USART 控制和状态寄存器 B UCSRB、USART 控制和状态寄存器 C UCSRC、USART 波特率寄存器 UBRRH 和 UBRRL。

(1) USART I/O 数据寄存器 UDR

位	7	6	5	4	3	2	1	0	
				RXB[7:0]					UDR(读)
				TXB[7:0]					UDR(写)
读/写	R/W	R/W	R/W	R/W	R/W	R/W	R/W	R/W	
初始化值	0	0	0	0	0	0	0	0	

USART 发送数据缓冲寄存器和 USART 接收数据缓冲寄存器共享相同的 I/O 地址,称为 USART 数据寄存器或 UDR。将数据写入 UDR 时实际操作的是发送数据缓冲寄存器(TXB),读 UDR 时实际返回的是接收数据缓冲寄存器(RXB)的内容。

在 5、6、7 比特字长模式下,未使用的高位被发送器忽略,而接收器则将它们设置为 0。只有当 UCSRA 寄存器的 UDRE 标志置位后才可以对发送缓冲器进行写操作。如果 UDRE 没有置位,那么写入 UDR 的数据会被 USART 发送器忽略。当数据写入发送缓冲器后,若移位寄存器为空,则发送器将把数据加载到发送移位寄存器,然后数据串行地从 TxD 引脚输出。

接收缓冲器包括一个两级 FIFO,一旦接收缓冲器被寻址 FIFO 就会改变它的状态。因此不要对这一存储单元使用读—修改—写指令(SBI 和 CBI)。使用位查询指令(SBIC 和 SBIS)时也要小心,因为这也有可能改变 FIFO 的状态。

(2) USART 控制和状态寄存器 A UCSRA

位	7	6	5	4	3	2	1	0	
	RXC	TXC	UDRE	FE	DOR	PE	U2X	MPCM	UCSRA
读/写	R	R/W	R	R	R	R	R/W	R/W	
初始化值	0	0	0	0	0	0	0	0	

① Bit7——RXC：USART 接收结束。接收缓冲器中有未读出的数据时 RXC 置位，否则清零。接收器禁止时，接收缓冲器被刷新，导致 RXC 清零。RXC 标志可用来产生接收结束中断。

② Bit6——TXC：USART 发送结束。发送移位缓冲器中的数据被送出，且当发送缓冲器（UDR）为空时 TXC 置位。执行发送结束中断时 TXC 标志自动清零，也可以通过写 1 进行清除操作。TXC 标志可用来产生发送结束中断。

③ Bit5——UDRE：USART 数据寄存器空。UDRE 标志指出发送缓冲器（UDR）是否准备好接收新数据。UDRE 为 1 说明缓冲器为空，已准备好进行数据接收。UDRE 标志可用来产生数据寄存器空中断。复位后 UDRE 置位，表明发送器已经就绪。

④ Bit4——FE：帧错误。如果接收缓冲器接收到的下一个字符有帧错误，即接收缓冲器中的下一个字符的第一个停止位为 0，那么 FE 置位。这一位一直有效直到接收缓冲器（UDR）被读取。当接收到的停止位为 1 时，FE 标志为 0。对 UCSRA 进行写入时，这一位要写 0。

⑤ Bit3——DOR：数据溢出。数据溢出时 DOR 置位。当接收缓冲器满（包含了两个数据），接收移位寄存器又有数据时，若检测到一个新的起始位，数据溢出就产生了。这一位一直有效直到接收缓冲器（UDR）被读取。对 UCSRA 进行写入时，这一位要写 0。

⑥ Bit2——PE：奇偶校验错误。当奇偶校验使能（UPM1＝1），且接收缓冲器中所接收到的下一个字符有奇偶校验错误时 UPE 置位。这一位一直有效直到接收缓冲器（UDR）被读取。对 UCSRA 进行写入时，这一位要写 0。

⑦ Bit1——U2X：倍速发送。这一位仅对异步操作有影响。使用同步操作时将此位清零。此位置 1 可将波特率分频因子从 16 降到 8，从而有效地将异步通信模式的传输速率加倍。

⑧ Bit0——MPCM：多处理器通信模式。设置此位将启动多处理器通信模式。MPCM 置位后，USART 接收器接收到的那些不包含地址信息的输入帧都将被忽略。发送器不受 MPCM 设置的影响。

(3) USART 控制和状态寄存器 B UCSRB

位	7	6	5	4	3	2	1	0	
	RXCIE	TXCIE	UDRIE	RXEN	TXEN	UCSZ2	RXB8	TXB8	UCSRB
读/写	R/W	R/W	R/W	R/W	R/W	R/W	R	R/W	
初始化值	0	0	0	0	0	0	0	0	

① Bit7——RXCIE：接收结束中断使能。置位后使能 RXC 中断。当 RXCIE 为 1 时，全局中断标志位 SREG 置位；UCSRA 寄存器的 RXC 亦为 1 时，可以产生 USART 接收结束中断。

② Bit6——TXCIE：发送结束中断使能。置位后使能 TXC 中断。当 TXCIE 为 1 时，全局中断标志位 SREG 置位；UCSRA 寄存器的 TXC 亦为 1 时，可以产生 USART 发送结束中断。

③ Bit5——UDRIE：USART 数据寄存器空中断使能。置位后使能 UDRE 中断。当 UDRIE 为 1 时，全局中断标志位 SREG 置位；UCSRA 寄存器的 UDRE 亦为 1 时，可以产生 USART 数据寄存器空中断。

④ Bit4——RXEN：接收使能。置位后将启动 USART 接收器。RxD 引脚的通用端口功能被 USART 功能所取代。禁止接收器将刷新接收缓冲器，并使 FE、DOR 及 PE 标志无效。

⑤ Bit3——TXEN：发送使能。置位后将启动 USART 发送器。TxD 引脚的通用端口功能被 USART 功能所取代。TXEN 清零后，只有等到所有的数据发送完成后，发送器才能够真正禁止，即发送移位寄存器与发送缓冲寄存器中没有要传送的数据。发送器禁止后，TxD 引脚恢复其通用 I/O 功能。

⑥ Bit2——UCSZ2：字符长度 UCSZ2 与 UCSRC 寄存器的 UCSZ1:0 结合在一起，可以设置数据帧所包含的数据位数（字符长度）。

⑦ Bit1——RXB8：接收数据位 8。对 9 位串行帧进行操作时，RXB8 是第 9 个数据位。读取 UDR 包含的低位数据之前首先要读取 RXB8。

⑧ Bit0——TXB8：发送数据位 8。对 9 位串行帧进行操作时，TXB8 是第 9 个数据位。写 UDR 之前首先要对它进行写操作。

(4) USART 控制和状态寄存器 C UCSRC

位	7	6	5	4	3	2	1	0	
	URSEL	UMSEL	UPM1	UPM0	USBS	UCSZ1	UCSZ0	UCPOL	UCSRC
读/写	R/W	R/W	R/W	R/W	R/W	R/W	R/W	R/W	
初始化值	1	0	0	0	0	1	1	0	

① Bit7——URSEL：寄存器选择。通过该位选择访问 UCSRC 寄存器或 UBRRH 寄存器。当读 UCSRC 时，该位为 1；当写 UCSRC 时，URSEL 为 1。

② Bit6——UMSEL：USART 模式选择。通过这一位来选择同步或异步工作模式。异步模式时，该位为 0；同步模式时，该位为 1。

③ Bit5:4——UPM1:0：奇偶校验模式。这两位设置奇偶校验的模式并使能奇偶校验，详见表 4.19。如果使能了奇偶校验，那么再发送数据，发送器都会自动产生并发送奇偶校验位。对每一个接收到的数据，接收器都会产生一奇偶值，并与 UPM0 所设置的值进行比较。如果不匹配，那么就将 UCSRA 中的 PE 置位。

表 4.19 UPM 设置

UPM1	UPM0	奇偶模式	UPM1	UPM0	奇偶模式
0	0	禁止	1	0	偶校验
0	1	保留	1	1	奇校验

④ Bit3——USBS:停止位选择。通过这一位可以设置停止位的位数。接收器忽略这一位的设置。

⑤ Bit2:1——UCSZ1:0:字符长度。UCSZ1:0 与 UCSRB 寄存器的 UCSZ2 结合在一起,可以设置数据帧包含的数据位数(字符长度),见表 4.20。

表 4.20 UCSZ 设置

UCSZ2	UCSZ1	UCSZ0	字符长度
0	0	0	5 位
0	0	1	6 位
0	1	0	7 位
0	1	1	8 位
1	0	0	保留
1	0	1	保留
1	1	0	保留
1	1	1	9 位

⑥ Bit0——UCPOL:时钟极性。这一位仅用于同步工作模式。使用异步模式时,将这一位清零。UCPOL 设置了输出数据的改变和输入数据采样,以及同步时钟 XCK 之间的关系,如表 4.21 所列。

表 4.21 UCPOL 设置

UCPOL	发送数据的改变(TxD 引脚的输出)	接收数据的采样(RxD 引脚的输入)
0	XCK 上升沿	XCK 下降沿
1	XCK 下降沿	XCK 上升沿

(5) USART 波特率寄存器 UBRRH 和 UBRRL

位	15	14	13	12	11	10	9	8	
	URSEL	—	—	—	\multicolumn{4}{c}{UBRR[11:8]}		UBRRH
	\multicolumn{8}{c}{UBRR[7:0]}								UBRRL
	7	6	5	4	3	2	1	0	
读/写	R/W	R/W	R/W	R/W	R/W	R/W	R/W	R/W	
	R/W	R/W	R/W	R/W	R/W	R/W	R/W	R/W	
初始化值	0	0	0	0	0	0	0	0	
	0	0	0	0	0	0	0	0	

① Bit15——URSEL:寄存器选择。通过该位选择访问 UCSRC 寄存器或 UBRRH 寄存器。当读 UBRRH 时,该位为 0;当写 UBRRH 时,URSEL 为 0。

② Bit14:12——保留位。这些位是为以后的使用而保留的。为了与以后的器件兼容,写 UBRRH 时将这些位清零。

③ Bit11:8——UBRR11:8:USART 波特率寄存器。这个 12 位的寄存器包含了 USART 的波特率信息。其中 UBRRH 包含了 USART 波特率高 4 位,UBRRL 包含了低 8 位。波特率的改变将造成正在进行的数据传输受到破坏。写 UBRRL 将立即更新波特率分频器。

2. 应用实例:与 PC 串行通信

图 4.11 给出了 ATmega32 与 PC 进行串行通信的电路原理图。电容 C_4、C_5、C_6、C_7 和芯片 MAX232 的 V+、V- 引脚构成了电平转换部分。利用该电路,能够实现 AVR 单片机系统通过 USART 接口将数据发送到 PC 的功能。

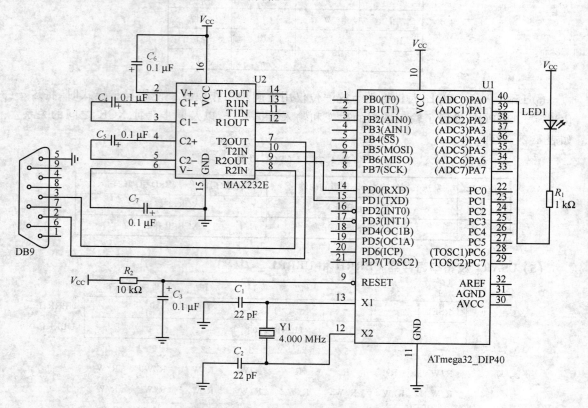

图 4.11 ATmega32 与 PC 串口通信原理图

CVAVR 中利用代码生成器功能配置 USART 初始化部分的对话框如图 4.12 所示。本例中,ATmega32 只向 PC 发送数据,波特率设置为 9 600,数据帧格式为 8 位数据位,1 位停止位，无奇偶校验位。

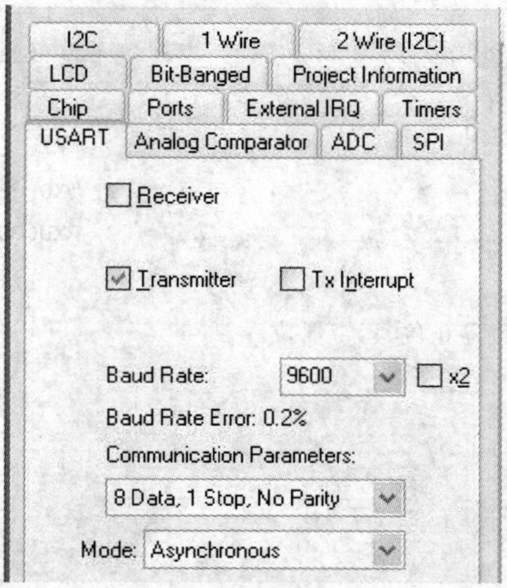

图 4.12　CVAVR 配置 USART 对话框

软件完成的功能主要是每隔 0.5 s 向 PC 发送数字 0~9 一次。在 PC 端，可以通过串口调试软件很方便地观察 ATmega32 与 PC 串口通信的结果。完整程序代码如下：

```
/*****************************************************
File name                :example_4_6.c
Chip type                :ATmega32
Program type             :Application
AVR Core Clock frequency :4.000000 MHz
Memory model             :Small
External RAM size        :0
Data Stack size          :512
*****************************************************/
#include <mega32.h>
#include <stdio.h>
#include <delay.h>
#define UDRE 5
#define DATA_REGISTER_EMPTY (1<<UDRE)

void USART_Transmit(unsigned data)
{
while (! (UCSRA & DATA_REGISTER_EMPTY));    // 等待发送寄存器空
UDR = data;                                  // 发送数据
```

```
}
void main(void)
{
unsigned char i = 0;
// Port D 初始化
PORTD = 0x03;                    // TXD(PD1)输出
DDRD = 0x02;                     // RXD(PD0)输入,上拉有效

// USART 初始化
// 通信参数:8 位数据位、1 位停止位、无奇偶位
// USART 接收:关闭
// USART 发送:开启
// USART 模式:异步
// USART 波特率:9600
UCSRA = 0x00;
UCSRB = 0x08;
UCSRC = 0x86;
UBRRH = 0x00;
UBRRL = 0x19;

while (1)
    {
    USART_Transmit(i);// 发送数据
    if (++i >= 10) i = 0;
    delay_ms(500); // 延时 0.5 s
    };
}
```

4.4.2 SPI

1. 资源概述

与 SPI 相关的寄存器有 SPI 控制寄存器 SPCR、SPI 状态寄存器 SPSR 和 SPI 数据寄存器 SPDR。

(1) SPI 控制寄存器——SPCR

位	7	6	5	4	3	2	1	0	
	SPIE	SPE	DORD	MSTR	CPOL	CPHA	SPR1	SPR0	SPCR
读/写	R/W	R/W	R/W	R/W	R/W	R/W	R/W	R/W	
初始化值	0	0	0	0	0	0	0	0	

① Bit7——SPIE：SPI 中断使能。置位后，只要 SPSR 寄存器的 SPIF 和 SREG 寄存器的全局中断使能位置位，就会引发 SPI 中断。

② Bit6——SPE：SPI 使能。SPE 置位将使能 SPI。进行任何 SPI 操作之前必须置位 SPE。

③ Bit5——DORD：数据次序。DORD 置位时数据的 LSB 首先发送；否则数据的 MSB 首先发送。

④ Bit4——MSTR：主/从选择。MSTR 置位时选择主机模式，否则为从机。如果 MSTR 为 1，SS 配置为输入，但被拉低，则 MSTR 被清零，寄存器 SPSR 的 SPIF 置位。用户必须重新设置 MSTR 进入主机模式。

⑤ Bit3——CPOL：时钟极性。CPOL 置位表示空闲时 SCK 为高电平；否则空闲时 SCK 为低电平。CPOL 功能总结如表 4.22 所列。

表 4.22 CPOL 功能

CPOL	起始沿	结束沿
0	上升沿	下降沿
1	下降沿	上升沿

⑥ Bit2——CPHA：时钟相位。CPHA 决定数据是在 SCK 的起始沿采样，还是在 SCK 的结束沿采样。CPHA 功能总结如表 4.23 所列。

表 4.23 CPHA 功能

CPHA	起始沿	结束沿
0	采样	设置
1	设置	采样

⑦ Bit1：0——SPR1：0：SPI 时钟速率选择 1 与 0。确定主机的 SCK 速率。SPR1 和 SPR0 对从机没有影响。SCK 和振荡器时钟频率 f_{osc} 的关系如表 4.24 所列。

表 4.24 SCK 和振荡器频率的关系

SPI2X	SPR1	SPR0	SCK 频率
0	0	0	$f_{osc}/4$
0	0	1	$f_{osc}/16$
0	1	0	$f_{osc}/64$
0	1	1	$f_{osc}/128$
1	0	0	$f_{osc}/2$

续表 4.24

SPI2X	SPR1	SPR0	SCK 频率
1	0	1	$f_{osc}/8$
1	1	0	$f_{osc}/32$
1	1	1	$f_{osc}/64$

(2) SPI 状态寄存——SPSR

位	7	6	5	4	3	2	1	0	
	SPIF	WCOL	—	—	—	—	—	SPI2X	SPSR
读/写	R	R	R	R	R	R	R	R/W	
初始化值	0	0	0	0	0	0	0	0	

① Bit7——SPIF：SPI 中断标志。串行发送结束后，SPIF 置位。若此时寄存器 SPCR 的 SPIE 和全局中断使能位置位，SPI 中断即产生。如果 SPI 为主机，SS 配置为输入，且被拉低，则 SPIF 也将置位。进入中断服务程序后 SPIF 自动清零。或者可以通过先读 SPSR，紧接着访问 SPDR 来对 SPIF 清零。

② Bit6——WCOL：写冲突标志。在发送当中对 SPI 数据寄存器 SPDR 写数据将置位 WCOL。WCOL 可以通过先读 SPSR，紧接着访问 SPDR 来清零。

③ Bit5:1——Res：保留。保留位，读操作返回值为零。

④ Bit0——SPI2X：SPI 倍速。置位后 SPI 的速度加倍。若为主机，则 SCK 频率可达 CPU 频率的一半。若为从机，只能保证 $f_{osc}/4$。

(3) SPI 数据寄存器 SPDR

位	7	6	5	4	3	2	1	0	
	MSB							LSB	SPDR
读/写	R/W	R/W	R/W	R/W	R/W	R/W	R/W	R/W	
初始化值	×	×	×	×	×	×	×	×	未定义

SPI 数据寄存器为读/写寄存器，用来在寄存器文件和 SPI 移位寄存器之间传输数据。写寄存器将启动数据传输，读寄存器将读取寄存器的接收缓冲器。

2. 应用实例：双机通信

图 4.13 给出了利用 SPI 接口实现两片 ATmega32 之间通信的电路原理图。主机与从机的 MISO、MOSI 和 SCLK 引脚相互连接。从机的 $\overline{SS}$ 引脚接地，使得从机能够响应 SCLK 引脚上的信号，与主机进行环形串行移位的传输。

AVR 单片机片内资源的编程

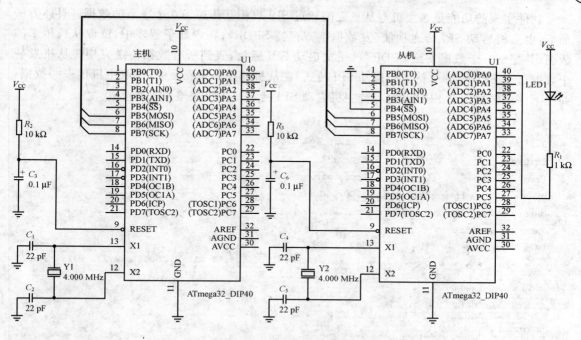

图 4.13 利用 SPI 实现双机通信电路图

主机中,CVAVR 代码生成器配置 SPI 初始化部分的对话框如图 4.14 所示。ATmega32 为主机,首先发送低位,工作在模式 0。从机的配置完全类似,只是在 SPI Type 中选择 Slave 选项。

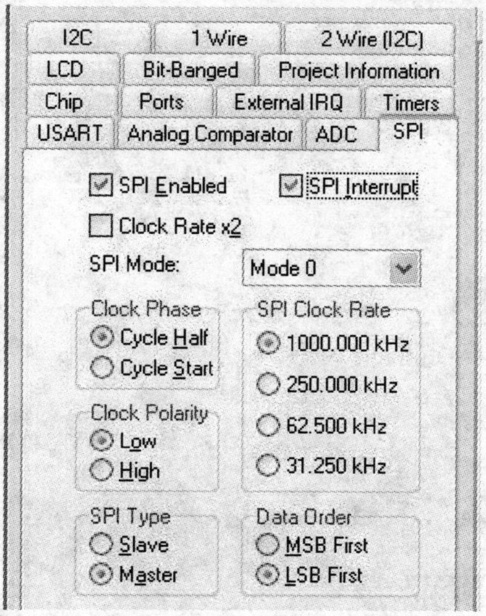

图 4.14 CVAVR 配置 USART 对话框

软件实现的功能是在主机与从机之间通过 SPI 口相互传递 100 个字节的数据。具体方法如下:由主机启动 SPI 传送功能(发数据至寄存器 SPDR);在中断子程序中,读取从机传来的数据,并把下一个数据发至 SPDR,再一次启动 SPI 通信,直到所有数据传送完毕。从机发一个数据送至 SPDR,并等待主机启动 SPI 传送;在从机的中断子程序中,读取主机传来的数据,并把下一个数据发至 SPDR,再等待主机启动 SPI 传送。主机完整代码如下:

```c
/* * * * * * * * * * * * * * * * * * * * * * * * * * * * * * * * * * * * * * * *
File name                   :example_4_7_m.c
Chip type                   :ATmega32
Program type                :Application
AVR Core Clock frequency    :4.000000 MHz
Memory model                :Small
External RAM size           :0
Data Stack size             :512
* * * * * * * * * * * * * * * * * * * * * * * * * * * * * * * * * * * * * * * */
#include <mega32.h>
#include <delay.h>

unsigned char a[100];
unsigned char b[100];
unsigned char i = 0;

// SPI 中断服务函数
interrupt [SPI_STC] void spi_isr(void)
{
b[i] = SPDR;
if (i == 100)
SPCR = 0x00;
else
{
delay_us(3);
SPDR = a[i + 1];
i++;
}
}

void main(void)
{
// Port B 初始化
PORTB = 0x00;
DDRB = 0xA0;
```

```c
// SPI 初始化
// SPI 类型:主机
// SPI 时钟速率:1000.000 kHz
// SPI 时钟相位:起始沿采样
// SPI 时钟极性:低
// SPI 数据次序:首先发送低位
SPCR = 0xF0;
SPSR = 0x00;

// 清除 SPI 中断标志
#asm
    in    r30,spsr
    in    r30,spdr
#endasm

// 全局中断使能
#asm("sei")
delay_us(3);
SPDR = a[0];
while (1)
    {
    };
}
```

从机完整代码如下:

```c
/*****************************************
File name                   :example_4_7_s.c
Chip type                   :ATmega32
Program type                :Application
AVR Core Clock frequency    :4.000000 MHz
Memory model                :Small
External RAM size           :0
Data Stack size             :512
*****************************************/
#include <mega32.h>

unsigned char a[100];
unsigned char b[100];
unsigned char i = 0;

// SPI 中断服务函数
```

```c
interrupt [SPI_STC] void spi_isr(void)
{
b[i] = SPDR;
if (i == 100)
SPCR = 0x00;
else
{
SPDR = a[i + 1];
i++;
}
}

void main(void)
{
// Port B 初始化
PORTB = 0x00;
DDRB = 0x40;

// SPI 初始化
// SPI 类型:从机
// SPI 时钟速率:1000.000 kHz
// SPI 时钟相位:起始沿采样
// SPI 时钟极性:低
// SPI 数据次序:首先发送低位
SPCR = 0xE0;
SPSR = 0x00;

// 清除 SPI 中断标志
#asm
    in    r30,spsr
    in    r30,spdr
#endasm

// 全局中断使能
#asm("sei")

SPDR = a[0];

while (1)
    {
    };
}
```

4.4.3 TWI

1. 资源概述

与 TWI 总线有关的寄存器有 TWI 比特率寄存器 TWBR、TWI 控制寄存器 TWCR、TWI 状态寄存器 TWSR、TWI 数据寄存器 TWDR 和 TWI(从机)地址寄存器 TWAR。

(1) TWI 比特率寄存器 TWBR

位	7	6	5	4	3	2	1	0	
	TWBR7	TWBR6	TWBR5	TWBR4	TWBR3	TWBR2	TWBR1	TWBR0	TWBR
读/写	R/W	R/W	R/W	R/W	R/W	R/W	R/W	R/W	
初始化值	0	0	0	0	0	0	0	0	

TWBR 为比特率发生器分频因子。比特率发生器是一个分频器,在主机模式下产生 SCL 时钟频率。

(2) TWI 控制寄存器 TWCR

位	7	6	5	4	3	2	1	0	
	TWINT	TWEA	TWSTA	TWSTO	TWWC	TWEN	—	TWIE	TWCR
读/写	R/W	R/W	R/W	R/W	R	R/W	R	R/W	
初始化值	0	0	0	0	0	0	0	0	

TWCR 用来控制 TWI 操作。它用来使能 TWI,通过施加 START 到总线上来启动主机访问,产生接收器应答,产生 STOP 状态,以及在写入数据到 TWDR 寄存器时控制总线的暂停等。这个寄存器还可以给出在 TWDR 无法访问期间,试图将数据写入到 TWDR 而引起的写入冲突信息。

① Bit7——TWINT:TWI 中断标志。当 TWI 完成当前工作,希望应用程序介入时,TWINT 置位。若 SREG 的 I 标志以及 TWCR 寄存器的 TWIE 标志也置位,则 MCU 执行 TWI 中断程序。当 TWINT 置位时,SCL 信号的低电平被延长。TWINT 标志的清零必须通过软件写"1"来完成。执行中断时硬件不会自动将其改写为"0"。要注意的是,只要这一位被清零,TWI 立即开始工作。因此,在清零 TWINT 之前一定要首先完成对地址寄存器 TWAR、状态寄存器 TWSR 以及数据寄存器 TWDR 的访问。

② Bit6——TWEA:TWI 使能应答。TWEA 标志控制应答脉冲的产生。若 TWEA 置位,出现如下条件时接口发出 ACK 脉冲:芯片的从机地址与主机发出的地址相符合;TWAR 的 TWGCE 置位时接收到广播呼叫;在主机/从机接收模式下接收到一个字节的数据。将 TWEA 清零可以使器件暂时脱离总线。置位后器件重新恢复地址识别。

③ Bit5——TWSTA:TWI START 状态标志。当 CPU 希望自己成为总线上的主机时需要置位 TWSTA。TWI 硬件检测总线是否可用。若总线空闲,接口就在总线上产生 START 状态;若总线忙,接口就一直等待,直到检测到一个 STOP 状态,然后产生 START 以声明自己希望成为主机。发送 START 之后软件必须清零 TWSTA。

④ Bit4——TWSTO:TWI STOP 状态标志。在主机模式下,如果置位 TWSTO,TWI 接口将在总线上产生 STOP 状态,然后 TWSTO 自动清零。在从机模式下,置位 TWSTO 可以使接口从错误状态恢复到未被寻址的状态。此时总线上不会有 STOP 状态产生,但 TWI 返回一个定义好的未被寻址的从机模式,且释放 SCL 与 SDA 为高阻态。

⑤ Bit3——TWWC:TWI 写冲突标志。当 TWINT 为低时,写数据寄存器 TWDR 将置位 TWWC;当 TWINT 为高时,每一次对 TWDR 的写访问都将更新此标志。

⑥ Bit2——TWEN:TWI 使能。TWEN 位用于使能 TWI 操作与激活 TWI 接口。当 TWEN 位被写为"1"时,TWI 引脚将 I/O 引脚切换到 SCL 与 SDA 引脚,使能波形斜率限制器与尖峰滤波器。如果该位清零,TWI 接口模块将被关闭,所有 TWI 传输将被终止。

⑦ Bit1——保留位。读返回值为"0"。

⑧ Bit0——TWIE:TWI 中断使能。当 SREG 的 I 以及 TWIE 置位时,只要 TWINT 为"1",TWI 中断就激活。

(3) TWI 状态寄存器 TWSR

位	7	6	5	4	3	2	1	0	
	TWS7	TWS6	TWS5	TWS4	TWS3	—	TWPS1	TWPS0	TWSR
读/写	R	R	R	R	R	R	R/W	R/W	
初始化值	1	1	1	1	1	0	0	0	

① Bit7:3——TWS7:3:TWI 状态。这 5 位用来反映 TWI 逻辑和总线的状态。不同的状态代码将会在后面的部分描述。注意从 TWSR 读出的值包括 5 位状态值与 2 位预分频值。检测状态位时设计者应屏蔽预分频位为"0"。这使状态检测独立于预分频器设置。

② Bit2——保留位。读返回值为"0"。

③ Bit1:0——TWPS1:0:TWI 预分频位。这两位可读/写,用于控制比特率预分频因子,如表 4.25 所列。

表 4.25 TWI 比特率预分频器

TWPS1	TWPS0	预分频器值	TWPS1	TWPS0	预分频器值
0	0	1	1	0	16
0	1	4	1	1	64

(4) TWI 数据寄存器 TWDR

位	7	6	5	4	3	2	1	0	
	TWD7	TWD6	TWD5	TWD4	TWD3	TWD2	TWPD1	TWPD0	TWDR
读/写	R/W	R/W	R/W	R/W	R/W	R/W	R/W	R/W	
初始化值	1	1	1	1	1	1	1	1	

在发送模式，TWDR 包含了要发送的字节；在接收模式，TWDR 包含了接收到的数据。当 TWI 接口没有进行移位工作（TWINT 置位）时，这个寄存器是可写的。在第一次中断发生之前，用户不能够初始化数据寄存器。只要 TWINT 置位，TWDR 的数据就是稳定的。在数据移出时，总线上的数据同时移入寄存器。TWDR 总是包含了总线上出现的最后一个字节，除非 MCU 是从掉电或省电模式被 TWI 中断唤醒。此时 TWDR 的内容没有定义。总线仲裁失败时，主机将切换为从机，但总线上出现的数据不会丢失。ACK 的处理由 TWI 逻辑自动管理，CPU 不能直接访问 ACK。

(5) TWI(从机)地址寄存器 TWAR

位	7	6	5	4	3	2	1	0	
	TWA6	TWA5	TWA4	TWA3	TWA2	TWA1	TWA0	TWGCE	TWAR
读/写	R/W	R/W	R/W	R/W	R/W	R/W	R/W	R/W	
初始化值	1	1	1	1	1	1	1	0	

TWAR 的高 7 位为从机地址。工作于从机模式时，TWI 将根据这个地址进行响应。主机模式不需要此地址。在多主机系统中，TWAR 需要进行设置以便其他主机访问。TWAR 的 LSB 用于识别广播地址（0x00）。芯片内有一个地址比较器。一旦接收到的地址和本机地址一致，芯片就请求中断。

① Bit7:1——TWA6:0:TWI 从机地址寄存器。其值为从机地址。

② Bit0——TWGCE:TWI 广播识别使能。置位后 MCU 可以识别 TWI 总线广播。

2. 应用实例：存储器扩展

图 4.15 给出了利用 TWI 接口实现存储器扩展的电路原理图。24C02 是 2 KB 的 TWI 总线式串行 EEPROM，内部含有 256 个 8 位字节，该器件通过总线操作，并有专门的写保护功能。24C02 不仅占用很少的资源和 I/O 线，而且体积大大缩小，同时具有工作电源宽、抗干扰能力强、功耗低、数据不易丢失和支持在线编程等特点。24C02 的引脚描述如表 4.26 所列。

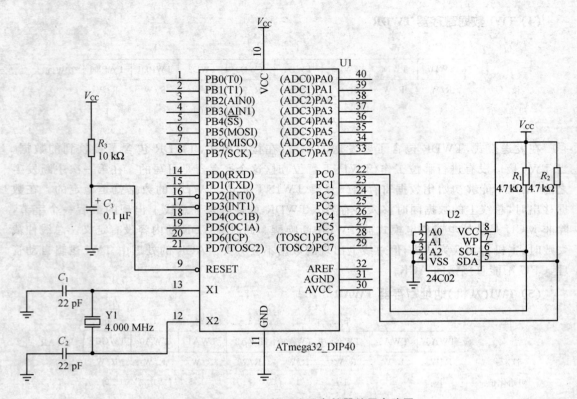

图 4.15 利用 TWI 接口实现存储器扩展电路图

表 4.26 24C02 引脚描述

引脚名称	功能	引脚名称	功能
A0、A1、A2	器件地址选择	WP	写保护
SDA	串行数据/地址	VCC	－1.8～6.0 V 工作电压
SCL	串行时钟	VSS	地

硬件电路上 SDA 和 SCL 都分别加上了一个上拉电阻，阻值 4.7～10 kΩ 均可，本例中为 4.7 kΩ。这主要是考虑到 SDA 有时做输入、有时做输出，防止 I/O 方向变换的时候出错。

要实现 ATmega32 从 24C02 读/写 1 字节的功能，在软件设计时同样是先利用 CVAVR 的代码生成器生成程序框架，本例中 SDA、SCL 分别使用 PORTC 的 PC1 和 PC0。配置界面如图 4.16 所示。

除了能产生初始化的程序框架外，CVAVR 还提供了丰富的 I^2C 基本操作函数，如表 4.27 所列。

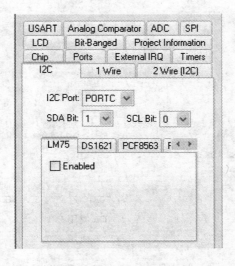

图 4.16 CVAVR 配置 TWI 对话框

表 4.27 CVAVR 提供的 I^2C 基本操作函数

函数名	功能描述
void i2c_init(void)	初始化 I^2C 总线。调用其他 I^2C 函数之前必须先调用此函数
unsigned char i2c_start(void)	发送 START 信号。总线空闲,返回"1"(成功);总线忙,返回"0"(失败)
void i2c_stop(void)	发送 STOP 信号
unsigned char i2c_read(unsigned char ack)	读 1 字节。当 ack＝0 时,回送 nACK;当 ack＝1 时,回送 ACK
unsigned char i2c_write(unsigned char data)	写 1 字节。从机应答 ACK,返回"1";从机应答 nACK,返回"0"

在代码生成器生成的程序框架的基础上,再利用上述 I^2C 基本操作函数,可以很方便地实现 ATmega32 与 24C02 之间的数据读/写。完整的程序代码如下：

```
/*****************************************************
File name                :example_4_8.c
Chip type                :ATmega32
Program type             :Application
AVR Core Clock frequency :4.000000 MHz
Memory model             :Small
External RAM size        :0
```

```
    Data Stack size                 :512
    ***************************************************/
#include <mega32.h>
#include <delay.h>
#include <i2c.h>
#include <stdio.h>

// 24C02 的地址
#define EEPROM_BUS_ADDRESS 0XA0
#asm
    .equ __i2c_port = 0x15              // PORTC 定义为 SDA、SCL
    .equ __sda_bit = 1                  // SDA 使用 PC1
    .equ __scl_bit = 0                  // SCL 使用 PC0
#endasm
// 读函数,从 24c02 读 1 字节
unsigned char eeprom_read(unsigned int address)
{
    unsigned char data;
    while (! i2c_start())               // 起始信号,该函数返回1,则说明总线空闲,可以 I²C 操作
    {
        ;
    }
    i2c_write(EEPROM_BUS_ADDRESS);      // 发从机写寻址字节
    i2c_write(address>>8);              // 发存储单元地址高字节
    i2c_write(address);                 // 发存储单元地址低字节
    while (! i2c_start())               // 起始信号,该函数返回1,则说明总线空闲,可以 I²C 操作
    {
        ;
    }
    i2c_write(EEPROM_BUS_ADDRESS|0x01); // 发从机读寻址字节
    data = i2c_read(0);                 // 读取内容并返回 ack = 0
    i2c_stop();                         // 停止信号
    return data;                        // 函数返回值是读取的内容
}
```

```c
// 写函数,向 24C02 写 1 字节
void eeprom_write(unsigned int address,unsigned char data)
{
    while (! i2c_start())              // 起始信号,该函数返回1,则说明总线空闲,可以 I²C 操作
    {
        ;
    }
    i2c_write(EEPROM_BUS_ADDRESS);     // 发从机写寻址字节
    i2c_write(address);                // 发存储单元地址高字节
    i2c_write(address);                // 发存储单元地址低字节
    i2c_write(data);                   // 写 1 字节内容到 24C02
    i2c_stop();                        // 停止信号
    delay_ms(15);                      // 延时 15 ms,等待写操作完成
}
void main(void)
{
    unsigned char i;
    i2c_init();                        // I²C 初始化
    eeprom_write(0x0005, 0x55);        // 向地址 0005 写 1 字节 55H
    i = eeprom_read(0x0005);           // 从地址 0005 读 1 字节
    while (1)
    {
        putchar(i);
        delay_ms(250);
    }
}
```

4.5 模拟接口子系统的编程

ATmega32 的模拟接口子系统包括模/数转换器(ADC)和模拟比较器两大部分,下面分别介绍其 C 语言编程。

4.5.1 ADC

1. 资源概述

与 ADC 有关的寄存器有 ADC 多工选择寄存器 ADMUX、ADC 控制和状态寄存器 ADCSRA、ADC 数据寄存器 ADCH 和 ADCL,以及特殊功能 I/O 寄存器 SFIOR。

(1) ADC 多工选择寄存器——ADMUX

位	7	6	5	4	3	2	1	0	
	REFS1	REFS0	ADLAR	MUX4	MUX3	MUX2	MUX1	MUX0	ADMUX
读/写	R/W	R/W	R/W	R/W	R/W	R/W	R/W	R/W	
初始化值	0	0	0	0	0	0	0	0	

① Bit7:6——REFS1:0:参考电压选择。通过这几位可以选择参考电压,如表 4.28 所列。如果在转换过程中改变了它们的设置,则只有等到当前转换结束(ADCSRA 寄存器的 ADIF 置位)之后,改变才会起作用。如果在 AREF 引脚上施加了外部参考电压,内部参考电压就不能选用了。

表 4.28 ADC 参考电压选择

REFS1	REFS0	参考电压选择
0	0	AREF,内部 V_{ref} 关闭
0	1	AVCC,AREF 引脚外加滤波电容
1	0	保留
1	1	2.56 V 的片内基准电压源,AREF 引脚外加滤波电容

② Bit5——ADLAR:ADC 转换结果左对齐。ADLAR 影响 ADC 转换结果在 ADC 数据寄存器中的存放形式。ADLAR 置位时转换结果为左对齐,否则为右对齐。ADLAR 的改变将立即影响 ADC 数据寄存器的内容,不论是否有转换正在进行。

③ Bit4:0——MUX4:0:模拟通道与增益选择位。通过这几位的设置,可以对连接到 ADC 的模拟输入进行选择;也可对差分通道增益进行选择,详见表 4.29。如果在转换过程中改变这几位的值,那么只有到转换结束(ADCSRA 寄存器的 ADIF 置位)后新的设置才有效。

表 4.29 输入通道与增益选择

MUX4:0	单端输入	正差分输入	负差分输入	增益
00000	ADC0			
00001	ADC1			
00010	ADC2			
00011	ADC3		N/A	
00100	ADC4			
00101	ADC5			
00110	ADC6			
00111	ADC7			

续表 4.29

MUX4:0	单端输入	正差分输入	负差分输入	增益
01000		ADC0	ADC0	10x
01001		ADC1	ADC0	10x
01010		ADC0	ADC0	200x
01011		ADC1	ADC0	200x
01100		ADC2	ADC2	10x
01101		ADC3	ADC2	10x
01110		ADC2	ADC2	200x
01111		ADC3	ADC2	200x
10000		ADC0	ADC1	1x
10001		ADC1	ADC1	1x
10010	N/A	ADC2	ADC1	1x
10011		ADC3	ADC1	1x
10100		ADC4	ADC1	1x
10101		ADC5	ADC1	1x
10110		ADC6	ADC1	1x
10111		ADC7	ADC1	1x
11000		ADC0	ADC2	1x
11001		ADC1	ADC2	1x
11010		ADC2	ADC2	1x
11011		ADC3	ADC2	1x
11100		ADC4	ADC2	1x
11101		ADC5	ADC2	1x
11110	1.22 V (V_{BG})	N/A		
11111	0 V(GND)			

(2) ADC 控制和状态寄存器 A ADCSRA

位	7	6	5	4	3	2	1	0	
	ADEN	ADSC	ADATE	ADIF	ADIE	ADPS2	ADPS1	ADPS0	ADCSRA
读/写	R/W	R/W	R/W	R/W	R/W	R/W	R/W	R/W	
初始化值	0	0	0	0	0	0	0	0	

① Bit7——ADEN:ADC 使能。ADEN 置位即启动 ADC,否则 ADC 功能关闭。在转换过程中关闭 ADC,将立即中止正在进行的转换。

② Bit6——ADSC:ADC 开始转换。在单次转换模式下,ADSC 置位将启动一次 ADC 转换。在连续转换模式下,ADSC 置位将启动首次转换。第一次转换(在 ADC 启动之后置位 ADSC,或者在使能 ADC 的同时置位 ADSC)需要 25 个 ADC 时钟周期,而不是正常情况下的 13 个。第一次转换执行 ADC 初始化的工作。在转换进行过程中读取 ADSC 的返回值为"1",直到转换结束。ADSC 清零不产生任何动作。

③ Bit5——ADATE:ADC 自动触发使能。ADATE 置位将启动 ADC 自动触发功能。触发信号的上跳沿启动 ADC 转换。触发信号源通过 SFIOR 寄存器的 ADC 触发信号源选择位 ADTS 设置。

④ Bit4——ADIF:ADC 中断标志。在 ADC 转换结束,且数据寄存器被更新后,ADIF 置位。如果 ADIE 及 SREG 中的全局中断使能位 I 也置位,ADC 转换结束中断服务程序即得以执行,同时 ADIF 硬件清零。此外,还可以通过向此标志写 1 来清零 ADIF。要注意的是,如果对 ADCSRA 进行读—修改—写操作,那么待处理的中断会被禁止。这也适用于 SBI 及 CBI 指令。

⑤ Bit3——ADIE:ADC 中断使能。若 ADIE 及 SREG 的位 I 置位,ADC 转换结束中断即被使能。

⑥ Bit2:0——ADPS2:0:ADC 预分频器选择位。由这几位来确定 XTAL 与 ADC 输入时钟之间的分频因子,详见表 4.30。

表 4.30 ADC 预分频选择

ADPS2	ADPS1	ADPS0	分频因子
0	0	0	1
0	0	1	2
0	1	0	4
0	1	1	8
1	0	0	16
1	0	1	32
1	1	0	64
1	1	1	128

(3) ADC 数据寄存器 ADCL 和 ADCH

1) ADLAR = 0

位	15	14	13	12	11	10	9	8	
	—	—	—	—	—	—	ADC9	ADC8	ADCH
	ADC7	ADC6	ADC5	ADC4	ADC3	ADC2	ADC1	ADC0	ADCL
	7	6	5	4	3	2	1	0	
读/写	R	R	R	R	R	R	R	R	
	R	R	R	R	R	R	R	R	
初始化值	0	0	0	0	0	0	0	0	
	0	0	0	0	0	0	0	0	

2) ADLAR = 1

位	15	14	13	12	11	10	9	8	
	ADC9	ADC8	ADC7	ADC6	ADC5	ADC4	ADC3	ADC2	ADCH
	ADC1	ADC0	—	—	—	—	—	—	ADCL
	7	6	5	4	3	2	1	0	
读/写	R	R	R	R	R	R	R	R	
	R	R	R	R	R	R	R	R	
初始化值	0	0	0	0	0	0	0	0	
	0	0	0	0	0	0	0	0	

ADC 转换结束后,转换结果存于这两个寄存器之中。如果采用差分通道,结果由 2 的补码形式表示。读取 ADCL 之后,ADC 数据寄存器一直要等到 ADCH 也被读出才可以进行数据更新。因此,如果转换结果为左对齐,且要求的精度不高于 8 bit,那么仅需读取 ADCH 就足够了。否则,必须先读出 ADCL,再读 ADCH。ADMUX 寄存器的 ADLAR 及 MUXn 会影响转换结果在数据寄存器中的表示方式。如果 ADLAR 为 1,那么结果为左对齐;反之(系统缺省设置),结果为右对齐。ADC9~ADC0 放置 ADC 转换结果。

(4) 特殊功能 IO 寄存器 SFIOR

位	7	6	5	4	3	2	1	0	
	ADTS2	ADTS1	ADTS0	—	ACME	PUD	PSR2	PSR10	SFIOR
读/写	R/W	R/W	R/W	R/W	R/W	R/W	R/W	R/W	
初始化值	0	0	0	0	0	0	0	0	

① Bit7:5——ADTS2:0:ADC 自动触发源。若 ADCSRA 寄存器的 ADATE 置位,ADTS 的值将确定触发 ADC 转换的触发源;否则,ADTS 的设置没有意义。被选中的中断标

志在其上升沿触发 ADC 转换。从一个中断标志清零的触发源切换到中断标志置位的触发源会使触发信号产生一个上升沿。如果此时 ADCSRA 寄存器的 ADEN 为 1，ADC 转换即被启动。切换到连续运行模式（ADTS[2:0]=0）时，即使 ADC 中断标志已经置位也不会产生触发事件。

ADC 自动触发源选择如表 4.31 所列。

表 4.31 ADC 自动触发源选择

ADTS2	ADTS1	ADTS0	触发源
0	0	0	连续转换模式
0	0	1	模拟比较器
0	1	0	外部中断请求 0
0	1	1	定时器/计数器 0 比较匹配
1	0	0	定时器/计数器 0 溢出
1	0	1	定时器/计数器 1 比较匹配 B
1	1	0	定时器/计数器 1 溢出
1	1	1	定时器/计数器 1 捕捉事件

② Bit4——保留位。写操作时这一位应写 0。

2. 应用实例：电压检测与显示

图 4.17 给出了电压检测与显示的电路原理图。PA5（ADC5）口作为模拟电压的输入口。系统 5 V 电源经过 L_1、C_4 滤波后到 AVCC，提高了 AVCC 的稳定性。ADC 的参考电压源采用内部 AVCC，电容 C_5 并接在 AREF 与地之间，以进一步提高参考电压的稳定性。调节电位器 W1 的阻值，在 PA5 端可以得到在 0～5 V 之间变化的电压值。PA5 为单端输入方式，利用 ATmega32 内部的 ADC 进行转换，将 ADC5 采集到的电压的 8 位数反映在 PORTB 的 8 个 I/O 口上的 LED 小灯的亮灭上。

CVAVR 中利用代码生成器功能配置 ADC 初始化部分的对话框如图 4.18 所示。本例中，ATmega32 内部 ADC 参考电压源为 AVCC，时钟频率为 62.5 kHz。

在 CVAVR 代码生成器生成的程序框架中，用户只需要在主程序中调用 read_adc 函数，即可得到变换后的数字采样值，该值大小为 0～1 023。然后将其显示在 PB 口的 LED 上。完整程序代码如下：

AVR 单片机片内资源的编程

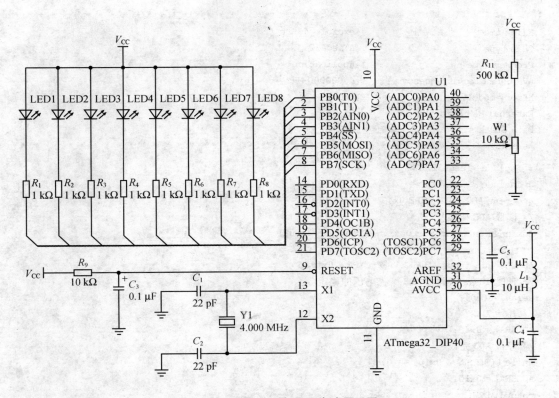

图 4.17 电压检测与显示电路原理图

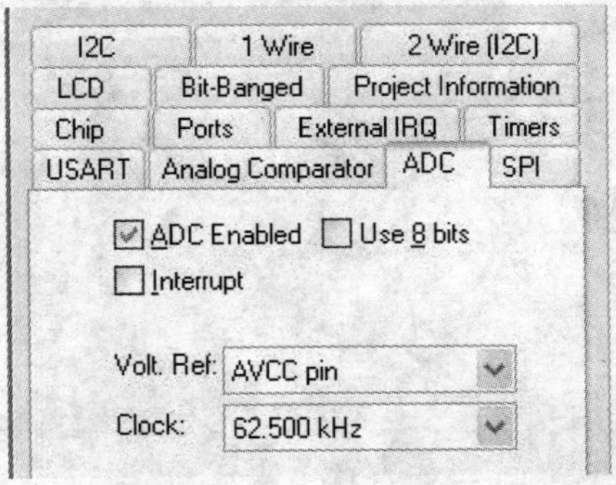

图 4.18 CVAVR 配置 ADC 对话框

```
/*****************************************************
File name               :example_4_9.c
Chip type               :ATmega32
Program type            :Application
AVR Core Clock frequency:4.000000 MHz
Memory model            :Small
External RAM size       :0
Data Stack size         :512
*****************************************************/
#include <mega32.h>
#include <delay.h>
#define ADC_VREF_TYPE 0x40
// 读取 ADC 结果
unsigned int read_adc(unsigned char adc_input)
{
ADMUX = adc_input | (ADC_VREF_TYPE & 0xff);
// 延时 10 μs 以确保 ADC 输入电压的稳定
delay_us(10);
// 开始 ADC
ADCSRA|= 0x40;
// 等待 ADC 完成
while ((ADCSRA & 0x10) == 0);
ADCSRA|= 0x10;
return ADCW;
}

void main(void)
{
// Port A 初始化,输入方式
PORTA = 0x00;
DDRA = 0x00;

// Port B 初始化,输出方式
PORTB = 0xFF;
DDRB = 0xFF;

// 模拟比较器初始化
// 模拟比较器状态:关
ACSR = 0x80;
SFIOR = 0x00;

// ADC 初始化
// ADC 时钟频率：62.500 kHz
// ADC 参考电压：AVCC 引脚
```

```
ADMUX = ADC_VREF_TYPE & 0xff;
ADCSRA = 0x86;
while(1)
    {
    PORTB = read_adc(5);
    delay_ms(100);
    PORTB = 0xFF;
    };
}
```

4.5.2 模拟比较器

1. 资源概述

与模拟比较器相关的寄存器是特殊功能 IO 寄存器 SFIOR、模拟比较器控制和状态寄存器 ACSR。

(1) 特殊功能 IO 寄存器 SFIOR

位	7	6	5	4	3	2	1	0	
	ADTS2	ADTS1	ADTS0	—	ACME	PUD	PSR2	PSR10	SFIOR
读/写	R/W	R/W	R/W	R	R/W	R/W	R/W	R/W	
初始化值	0	0	0	0	0	0	0	0	

Bit3——ACME：模拟比较器多路复用器使能。当此位为逻辑"1"，且 ADC 处于关闭状态（ADCSRA 寄存器的 ADEN 为"0"）时，ADC 多路复用器为模拟比较器选择负极输入。当此位为"0"时，AIN1 连接到比较器的负极输入端。

(2) 模拟比较器控制和状态寄存器 ACSR

位	7	6	5	4	3	2	1	0	
	ACD	ACBG	ACO	ACI	ACIE	ACIC	ACIS1	ACIS0	ACSR
读/写	R/W	R/W	R	R/W	R/W	R/W	R/W	R/W	
初始化值	0	0	N/A	0	0	0	0	0	

① Bit7——ACD：模拟比较器禁用。ACD 置位时，模拟比较器的电源被切断。可以在任何时候设置此位来关掉模拟比较器。这可以减少器件工作模式及空闲模式下的功耗。改变 ACD 位时，必须清零 ACSR 寄存器的 ACIE 位来禁止模拟比较器中断；否则，ACD 改变时可能会产生中断。

② Bit6——ACBG：选择模拟比较器的能隙基准源。ACBG 置位后，模拟比较器的正极输

入由能隙基准源所取代；否则，AIN0 连接到模拟比较器的正极输入。

③ Bit5——ACO：模拟比较器输出。模拟比较器的输出经过同步后直接连到 ACO。同步机制引入了 1～2 个时钟周期的延时。

④ Bit4——ACI：模拟比较器中断标志。当比较器的输出事件触发了由 ACIS1 及 ACIS0 定义的中断模式时，ACI 置位。如果 ACIE 和 SREG 寄存器的全局中断标志 I 也置位，那么模拟比较器中断服务程序即得以执行，同时 ACI 被硬件清零。ACI 也可以通过写"1"来清除。

⑤ Bit3——ACIE：模拟比较器中断使能。当 ACIE 位被置"1"且状态寄存器中的全局中断标志 I 也被置位时，模拟比较器中断被激活；否则，中断被禁止。

⑥ Bit2——ACIC：模拟比较器输入捕捉使能。ACIC 置位后允许通过模拟比较器来触发 T/C1 的输入捕捉功能。此时比较器的输出被直接连接到输入捕捉的前端逻辑，从而使得比较器可以利用 T/C1 输入捕捉中断逻辑的噪声抑制器及触发沿选择功能。ACIC 为"0"时，模拟比较器及输入捕捉功能之间没有任何联系。为了使比较器可以触发 T/C1 的输入捕捉中断，定时器中断屏蔽寄存器 TIMSK 的 TICIE1 必须置位。

⑦ Bit1:0——ACIS1:0：模拟比较器中断模式选择。这两位确定触发模拟比较器中断的事件。表 4.32 给出了不同的设置。需要改变 ACIS1/ACIS0 时，必须清零 ACSR 寄存器的中断使能位来禁止模拟比较器中断；否则，有可能在改变这两位时产生中断。

表 4.32 ACIS1/ACIS0 设置

ACIS1	ACIS0	中断模式
0	0	比较器输出变化即可触发中断
0	1	保留
1	0	比较器输出的下降沿产生中断
1	1	比较器输出的上升沿产生中断

2. 应用实例：系统电源监测

图 4.19 给出了一个简单的系统电源监测电路原理图。电源电压经过 R_3、R_4 分压后，作为监测电压输入端与 PB3(AIN1) 连接。模拟比较器的 AIN0 采用芯片内部 1.22 V 的固定能隙参考电源作为比较参考电压。如果电源电压低于某个值，则 PA0 输出低电平，点亮 LED，进行低压报警。

CVAVR 中利用代码生成器功能配置模拟比较器初始化部分的对话框如图 4.20 所示。本例中，AIN0 采用芯片内部 1.22 V 的固定能隙参考电源。

当电源电压高于 3.7 V 时，PB3(AIN1) 引脚的电压比 AIN0 的 1.22 V 高，此时寄存器 ACSR 中的 ACO 为"0"；而当电源电压低于 3.6 V 时，PB3(AIN1) 引脚的电压比 AIN0 的 1.22 V 低，此时寄存器 ACSR 中的 ACO 为"1"。因此可以将 ACO 作为低压报警的标志位。

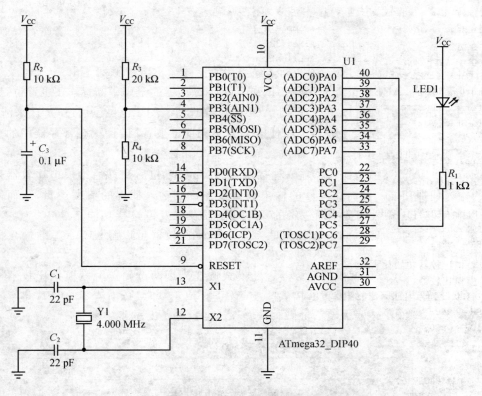

图 4.19 系统电源监测电路原理图

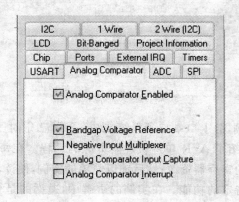

图 4.20 CVAVR 配置模拟比较器对话框

在 CVAVR 代码生成器生成的程序框架中,对 ACO 循环进行判断,即可监测电源是否低压。完整程序代码如下:

```
/******************************************************
    File name                  :example_4_10.c
    Chip type                  :ATmega32
    Program type               :Application
    AVR Core Clock frequency   :4.000000 MHz
    Memory model               :Small
    External RAM size          :0
    Data Stack size            :512
******************************************************/
#include <mega32.h>
void main(void)
{
// Port A 初始化,输出工作方式
PORTA = 0xFF;
DDRA = 0xFF;

// 模拟比较器初始化
// 模拟比较器:开
// AIN0 设置为内部固定能隙参考电源
ACSR = 0x40;
SFIOR = 0x00;

while (1)                       // 循环检测 ACO 位
    {
    if (ACSR.5)
        PORTA.0 = 0;            // AIN0＞AIN1,低电压报警
    else
        PORTA.0 = 1;            // AIN0＜AIN1
    };
}
```

4.6 本章小结

本章以 ATmega 32 为例,分 I/O 端口子系统、中断子系统、定时子系统、串口通信子系统和模拟接口子系统五大部分,介绍了 AVR 单片机片内资源的编程。在每个子系统的介绍过程中,主要介绍了与编程紧密相关的寄存器资源;然后辅以简单的实例,使读者能很直观地了解并学习如何充分利用片内资源完成特定的功能。在实例的讲解中,遵循的是先用 CVAVR 代码生成器生成程序的基本框架,然后添加用户代码的思路。利用 CVAVR 的代码生成器的初始化配置功能,可以很直观方便地实现相关资源的初始化,这是本书推荐的编程思路。另外,对许多片内资源,还介绍了在实际使用过程中的一些注意事项,会对工程开发有较强的指导作用。

第 5 章

AVR 单片机典型外部电路

前面几章介绍了 AVR 单片机开发的基础知识,在此基础上,本章将介绍 AVR 单片机的一些典型外部电路和应用实例,这些典型外部电路涉及键盘、LED 显示、LCD 显示等。通过对这些典型外部电路和应用实例的学习,读者可以做到理论联系实际,由理性到感性,更为深入地掌握 AVR 单片机的开发;同时,这些典型外部电路和实例也可以为单片机开发人员在实际工作中所借鉴。

5.1 按键开关

5.1.1 概述

键盘是一组按键的集合,它是最常用的单片机输入设备。键盘可以分为两类:独立键盘和矩阵式键盘。在此,先介绍独立式键盘,矩阵式键盘见 5.2 节。

独立式键盘是最简单的键盘电路,每个键独立地接入一根数据线。平时所有的数据输入线都被连接成高电平,但任何一个键按下时,与之相连的数据输入线将被拉成低电平。要判断是否有键按下,只要用位处理指令即可。这种键盘的优点是结构简单,使用方便,但随着键数的增多占用的 I/O 口线也增加。

在操作者按下或松开按键时,按键会产生机械抖动。这种抖动经常发生在按下或松开的瞬间,一般持续几到十几毫秒,抖动时间随按键的结构不同而不同。在键盘扫描过程中,必须想办法消除按键抖动,否则会引起错误。

解决按键的抖动可使用硬件或软件的方法。例如,利用 R-S 触发器来锁定按键状态,以消除抖动的影响。也可以利用现成的专用消抖电路,如 MC14490 就是六路消抖电路。较为简单的方法是用软件延时方法来消除按键的抖动,也就是说,一旦发现有键按下,就延时 20 ms 以后再扫描按键的状态。这样就避开按键发生抖动的那一段时间,使 CPU 能可靠地读按键状态。在编制键盘扫描程序时,只要发现按键状态有变化,即无论是按下还是松开,程序都延时 20 ms 以后再进行其他操作。

5.1.2 应用举例

下面以键控简易电子琴为例来介绍独立式键盘的应用设计。本次要设计的产品为键控简易电子琴,基本要求为能够发出 1、2、3、4、5、6、7 这七个音符即可。

众所周知,由于一首音乐是由许多不同的音阶组合而成的,而每个音阶则对应着不同的频率,因此可以利用不同的频率来进行音阶的组合,以产生美妙的音乐。

对于单片机来说,产生不同的频率非常方便,只要算出某一音频的周期(1/频率),然后将此周期除以 2,即为半周期的时间,利用定时器计时这个半周期时间,每当计时到后,就将输出脉冲的 I/O 反相,然后重复计时此半周期时间,再对 I/O 反相,就可在 I/O 脚上得到此频率的脉冲。因此可以利用单片机的定时器,使其工作在计数器模式下,改变计数值 TCNT1H 及 TCNT1L 来产生不同频率的信号。人们所要做的是把一首歌曲的音阶对应的频率关系弄清楚。

本次设计中单片机晶振为 16 MHz,预分频系数为 64,定时器的计数周期为 250 kHz,定时器工作方式为 16 位计数器方式,那么 T 值便为 $T = 2^{16} - x$(x 为 TCNT1H、TCNT1L 的初值)。根据不同的频率计算出应该赋给定时器的计算值,列出不同音符与单片机计数 T 相关的计数值,如表 5.1 所列。

表 5.1 音符与定时器计数值对应表

音 符	频率/Hz	简谱码/T 值
中 1 DO	523	65 297
中 2 RE	587	65 323
中 3 MI	659	65 346
中 4 FA	698	65 356
中 5 SO	784	65 376
中 6 LA	880	65 393
中 7 SI	988	65 409

采用查表程序进行查表时,可以为这个音符建立一个表格,有助于单片机通过查表的方式来获得相应的数据。

图 5.1 为键控简易电子琴的硬件电路图。单片机 PC 口为输入接口,接有一组共七个按键。这七个按键 S1～S7 通过排阻,分别按顺序与单片机的 PC 接口 PC1～PC7 相接,按键另一端接地,共同组成整个电路的按键控制部分,为整个电路提供输入信号。

单片机 PC0 为输出端,连接着整个电路的发声放大部分。这部分是整个电路的关键所在,脉冲电压信号通过电阻分压网络与音频放大器 LM386 的正向输入端相连。集成运放将放大的信号经过电解电容传给喇叭,以驱动喇叭发声。

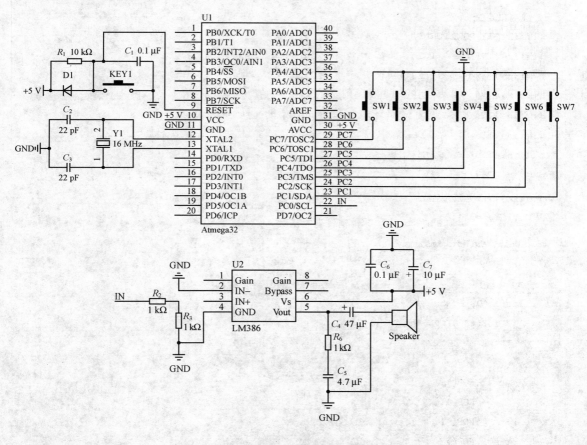

图 5.1 键控简易电子琴的原理图

键控简易电子琴的源程序如下:

```
////////////////////////////////////////////////////////////
////         键控简易电子琴程序
////         本程序的文件名是 Digital_organ.c
////////////////////////////////////////////////////////////
# include  " mega32.h "           // 引用头部文件

unsigned int code tab[] =
```

```c
{
    65297,65323,65346,65356,65376,65393,65409
};
// 键端口定义
#define KEY_PORT PORTC
#define KEY1     PC1
#define KEY2     PC2
#define KEY3     PC3
#define KEY4     PC4
#define KEY5     PC5
#define KEY6     PC6
#define KEY7     PC7

unsigned char STH0,STL0;
/***************键消抖延时函数************************/
void Delay_Ms(Word xms)
{
    Word i,j;
    for(i = 0; i<xms; i++)
        for(j = 0; j<498;j++)
        {
            NOP();
            NOP();
            NOP();
            NOP();
            NOP();
            NOP();
            NOP();
            NOP();
            NOP();
        }
}
/*****************系统初始化函数**********************/
void system_init( void )
```

```c
{
    DDRC = 0x01;                          // PC1~PC7 带上拉输入,PC0 输出
    PORTC = 0x01;

    TCCR1B = 0x00;                        // 定时器 1 停止
    TCNT1H = 0xFF;                        // 装载计数寄存器
    TCNT1L = 0x11;
    OCR1AH = 0x00;
    OCR1AL = 0xEF;
    OCR1BH = 0x00;
    OCR1BL = 0xEF;
    ICR1H = 0x00;
    ICR1L = 0xEF;
    TCCR1A = 0x00;
    TCCR1B = 0x03;                        // 启动定时器,预分频系数为 64
    TIMSK |= 0x04;                        // 定时器溢出中断使能
}
/* * * * * * * * * * * * * * * * * * * 键扫描函数 * * * * * * * * * * * * * * * * * * */
void getkey( void )
{
    unsigned char datainput;
    datainput = PINC& 0x0FE;              // 获取键盘输入值
    if (datainput != 0xFE)
    {
        Delay_Ms( 20);
        if (datainput != 0xFE)
        {
            switch(datainput)
            {
                case 0xFC:                // 键 1 按下
                    k = 0;
                    break;
                case 0xFA:                // 键 2 按下
                    k = 1;
                    break;
                case 0xF6:                // 键 3 按下
                    k = 2;
                    break;
                case 0xEE:                // 键 4 按下
```

```
                k = 3;
                break;
            case 0xDE:                                  // 键5按下
                k = 4;
                break;
            case 0xBE:                                  // 键6按下
                k = 5;
                break;
            case 0x7E:                                  // 键7按下
                k = 6;
                break;
            default:
                break;
    }
}
/************************定时器0中断服务函数**********************/
interrupt [TIM1_OVF] void timer1_ovf_isr(void)
{
    TCNT1H = STH0;                                      // 设置计数初值
    TCNT1L = STL0;

    PORTC.0 = ~PORTC.0;
}
/************************主函数**********************/
void main( )
{
    system_init( );
    while( 1 )
    {
        getkey();
    PORTC.0 = ~PORTC.0;                                 // PC0 反相
        SH0 = tab[k] / 256;
        SL0 = tab[k] % 256;
}
```

5.2 矩阵式键盘

5.2.1 概　述

矩阵式键盘,即通常所讲的行列式键盘,由行线和列线组成,按键位于行、列的交叉点上,行、列分别连接到按键开关的两端,行线通过上拉电阻接到高电平。无按键动作时,行线处于高电平状态;有按键按下时,交点的行线和列线接通,行线电平状态将由与此行线相连的列线电平决定。列线电平如果低,则行线电平为低;列线电平如果高,则行线电平也为高。这一点是识别矩阵键盘按键是否被按下的关键所在。由于矩阵键盘中行、列线为多键公用,各按键均影响该键所在的行和列的电平,所以必须将行、列线信号配合起来作适当的处理,才能确定闭合键所在的位置。矩阵式键盘节省了好多的I/O口,适用于按键数量比较多的场合。下面以4×4矩阵式键盘为例,如图5.2所示,来说明矩阵键盘扫描的基本原理。

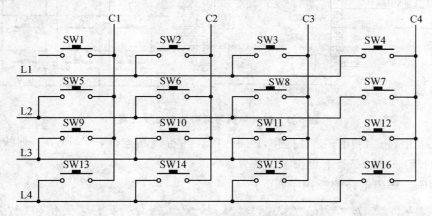

图 5.2　4×4 矩阵式键盘

通过行列键盘扫描的方法可获取键盘输入的键值,从而得知按下的是哪个按键,具体过程如下:

① 查询是否有键按下。单片机向行扫描口输出全为"0"的扫描码,然后从列检测口检测信号,只要有一列信号不为"1",则表示有键按下,且不为"1"的列即对应为按下的键所在的列。

② 查询按下键所在的行、列位置。前面已经取得了按下键的列号,接下来要确定键所在的行,这需要进行逐行扫描。单片机首先使第1行为"0",其余各行为"1"。接着进行列检测,若为全"1",表示不在第1行,否则即在第1行;然后使第2行为"0",其余各行为"1",再进行列检测,若为全"1",表示不在第2行,否则即在第2行;这样逐行检测,直到找到按下键所在的行。当各行都扫描以后仍没有找到,则放弃扫描,认为是键的误动作。

③ 对得到的行号和列号编码,得到键值。对于 4×4 的行列式键盘,因为按键的位置由行号和列号唯一确定,且行列各 4 位,所以用一字节(8 位)来对键值编码是很合适的。

5.2.2 应用举例

下面以 4×4 矩阵式键盘为例来介绍键盘的编码与解码原理。键盘编码与解码的电路原理图如图 5.3 所示。

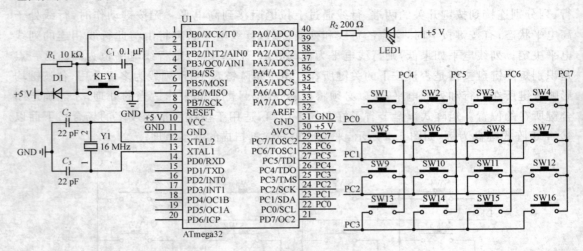

图 5.3 键盘编码与解码的电路原理图

在图 5.3 中,PC 口用于键盘操作,PC0~PC3 与行线相连,PC4~PC7 与列线相连,PA0 脚接一 LED,用于指示是否有键按下。

键盘编码与解码电路的源程序如下:

```
////////////////////////////////////////////////////////////
// //       键盘解码与编码电路程序
// //.      本程序的文件名是 Digital_Thermometer.c
////////////////////////////////////////////////////////////
# include  " mega32.h "                    // 引用头部文件

// 4×4 按键定义
# define KEY_PORT PORTC
# define KEY_PIN PINC
# define KEY_DDR DDRC

unsigned char Get_Key(void);               // 函数声明
// * * * * * * * * * * * * 键盘编解码主函数 * * * * * * * * * * * * * * * //
```

```c
main()
{
  unsigned char u_ltemp;
  DDRA = 0x01;                              // PA0 设置为输出
  PORTA = 0x01;                             // 熄灭 LED1
  while(1)
  {
    u_ltemp = Get_Key();

    if(u_ltemp!= 255)
    {
      PORTA ^= 0x01;                        // 指示是否有键按下
    }
  }
}
//*************软件延时函数************************//
void Delay_Ms(unsigned intxms)
{
    unsigned int i,j;
    for(i = 0; i< xms; i++)
        for(j = 0; j < 498; j++)
        {
            NOP();
            NOP();
            NOP();
            NOP();
            NOP();
            NOP();
            NOP();
            NOP();
            NOP();
        }
}
//************4*4键盘扫描函数********************//
unsigned char Key4x4_Scan(void)
{
    unsigned char temp = 0,key = 0;
    KEY_DDR = 0xF0;                         // 高四位输出 0,键按下,则对应的值为 0
```

```c
        KEY_PORT = 0x0F;                        // 低四位输入,内部电阻上拉,没有键按下时为高
        temp = KEY_PIN&0x0F;                    // 与掉高四位
        if(temp == 0x0F)
        {
            return 0;                           // 无按键返回
        }
        else
        {
            Delay_Ms(10);
            temp = KEY_PIN&0x0F;                // 延时去抖后再检测
            if(temp == 0x0F)
            {
                return 0;
            }
            else
            {
                key = temp;                     // 已经确定有键按下后翻转
            }
        }

        KEY_DDR = 0x0F;                         // 低四位输出 0,键按下,则对应的值为 0
        KEY_PORT = 0xF0;                        // 高四位输入,内部电阻上拉,没有键按下时为高
        Delay_Ms(3);                            // 延时等待稳定
        temp = KEY_PIN & 0xF0;                  // 与掉低四位
        if(temp == 0xF0)
        {
            return 0;                           // 无按键返回
        }
        else
        {
            key |= temp;                        // 高低位的键值进入 KEY
        }
        KEY_DDR = 0x00;                         // 输出复位
        KEY_PORT = 0xFF;

        return key;
}
// * * * * * * * * * * * * * *获取键值函数* * * * * * * * * * * * * * * * * * * * * //
unsigned char Get_Key(void)
```

```c
{
    unsigned char i = 0;
    i = Key4x4_Scan();
    switch (i)                      // 将按键码转换成键值
    {
        case 0x00: return 255;
        case 0xEE: return 0;        // 键 1
        case 0xED: return 4;        // 键 5
        case 0xEB: return 8;        // 键 9
        case 0xE7: return 12;       // 键 3
        case 0xDE: return 1;        // 键 2
        case 0xDD: return 5;        // 键 6
        case 0xDB: return 9;        // 键 10
        case 0xD7: return 13;       // 键 14
        case 0xBE: return 2;        // 键 3
        case 0xBD: return 6;        // 键 7
        case 0xBB: return 10;       // 键 11
        case 0xB7: return 14;       // 键 15
        case 0x7E: return 3;        // 键 4
        case 0x7D: return 7;        // 键 8
        case 0x7B: return 11;       // 键 12
        case 0x77: return 15;       // 键 16
        default : return 0xFF;
    }
}
```

5.3 LED 数码管显示

5.3.1 概 述

LED 数码管在系统中的主要作用是显示单片机的输出数据、状态等,因而,作为典型外围器件,数码管显示单元是反映系统输出和操作输入的有效器件。数码管具备数字接口,可以很方便地和单片机系统连接;数码管的体积小、质量轻,并且功耗低,是一种理想的显示单片机输出内容的器件。

LED 数码管是一种最常见的 LED 显示器,多由 7 或 8 段 LED 组成。7 段数码管属于 LED 发光器件的一种。7 段数码管由 8 个发光二极管 LED 组成,其中包括 7 个细长型的 LED 和 1 个小数点型的 LED,每个 LED 称为一字段,分别为 a、b、c、d、e、f、g、dp 共 8 段,其中

dp 为小数点。通过控制各段的点燃与熄灭,可以显示数字 0~9 和部分英文字符等。

数码管常用的引脚有 10 根,每一段有一根引脚,另外两根引脚为一个数码管的公共端,两根之间相互连通,即为一脚。数码管有共阳极(其中 LED 的阳极都连接在一起)和共阴极(其中 LED 的阴极都连接在一起)两种结构形式,如图 5.4(a)、(b)所示。下面以共阴极 7 段数码管(见图 5.4(b))为例,说明对显示的控制方法。

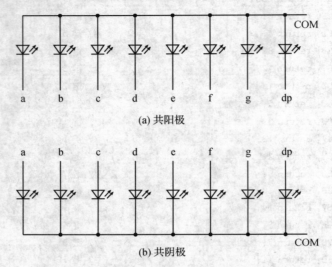

图 5.4　7 段数码管两种结构形式

设共阴极电平为 u_e,每字段上所加电平分别为 u_a、u_b、u_c、u_d、u_e、u_f、u_g、u_h。某字段的电平为 U_i,当 U_e 为高电平时,U_i 为任何电平该段二极管都不发光;当 U_e 为低电平时,若 U_i 为高电平,则该段发光;若 U_i 为低电平,则该段不发光。因此,可以看出:

● U_e 可以实现对整个数码管是否发光的控制,称字位控制;

● U_i 可以实现对数码管中某一字段的发光控制,称字形控制。

7 段数码管可以显示包括小数点的 0~9 数字和部分英文字母。为了获得不同的字形,数码管各段所加的电平也不同,编码也不一样。字形、字段和编码的关系如表 5.2 所列。

表 5.2　共阴极 7 段数码管字形、字段和编码的关系

| 字形 | D7 | D6 | D5 | D4 | D3 | D2 | D1 | D0 | 编码 |
	dp	g	f	e	d	c	b	a	(共阴极)
0	0	0	1	1	1	1	1	1	3F
1	0	0	0	0	0	1	1	0	06
2	0	1	0	1	1	0	1	1	5B

续表 5.2

字形	D7	D6	D5	D4	D3	D2	D1	D0	编码
	dp	g	f	e	d	c	b	a	（共阴极）
3	0	1	0	0	1	1	1	1	4F
4	0	1	1	0	0	1	1	0	66
5	0	1	1	0	1	1	0	1	6D
6	0	1	1	1	1	1	0	1	7D
7	0	0	0	0	0	1	1	1	07
B	0	1	1	1	1	1	0	0	7C
C	0	0	1	1	1	0	0	1	39
D	0	1	0	1	1	1	1	0	5E
E	0	1	1	1	1	0	0	1	79
F	0	1	1	1	0	0	0	1	71

单片机驱动 LED 数码管有很多方法，按显示方法可分为静态显示和动态显示，如图 5.5 所示。LED 显示器工作在静态显示方式下，共阴极或共阳极点连接在一起接地（低电平）或 +5 V（高电平）；每位的段选线（a~dp）与一外 8 位的并行口相连。图 5.5(a)表示了一个 6 位 LED 静态显示器电路。该电路每一位可独立显示，只要在该位的段选线上保持段选码电平，该位就能保持相应的显示字符。由于每一位由一个 8 位输出口控制段选码，故在同一时间里每一位显示的字符可以各不相同。

N 位静态显示器要求有 N×8 根 I/O 口线，占用 I/O 资源较多，因此在位数较多时往往采用动态显示方式。

LED 显示器工作在动态显示方式下，将所有位的段选线并联在一起，由一个 8 位 I/O 口控制，而共阴极点或共阳极点分别由相应的 I/O 口线控制。图 5.5(b)就是一个 6 位 LED 动态显示器电路。6 位 LED 动态显示电路只需要两个 8 位 I/O 口。其中一个是控制段选，另一个是控制位选。由于所有位的段选皆由一个 I/O 口控制，因此，在每个瞬间，6 个 LED 只能显示相同的字符。要想每位显示不同的字符，必须采用扫描显示方式，即在每一瞬间只使某一位显示相应字符。在此瞬间，段选控制 I/O 口输出相应字符段选码，位选控制 I/O 口在该显示位送入选通电平（共阴极送低电平、共阳极送高电平）以保证该位显示相应字符。如此轮流，使每位显示该位应显示的字符，并保持延时一段时间，以造成视觉暂留效果。这样不断循环送出相应的段选码、位选码，就可以获得视觉稳定的显示状态。

静态显示和动态显示各有利弊。静态显示虽然数据显示稳定，占用很少的 CPU 时间，但每个显示单元都需要单独的显示驱动电路，使用的电路硬件较多，如果显示的位数比较多，则硬件的开销、电源的功耗等问题将变得更加突出；动态显示需要分时显示，需要 CUP 时刻对

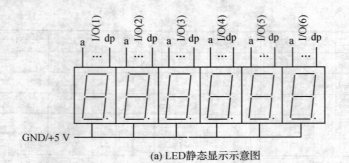

(a) LED静态显示示意图

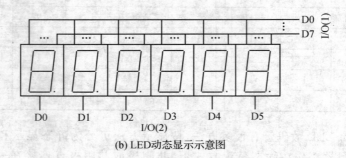

(b) LED动态显示示意图

图 5.5　LED 显示方法

显示器件进行数据刷新,显示数据有闪烁感,占用的 CPU 时间多,但使用的硬件少,可以大幅度地降低硬件成本和电源的功耗,还可以节省线路板空间。

5.3.2　应用举例

下面以一款简易的电子密码锁设计来对 LED 动态显示方式进行具体说明。简易电子密码锁,用 4×4 键盘组成 0～9 数字键以及确认、取消功能键,用 6 位 7 段数码管组成显示电路提示信息。其工作过程如下:

- 加电后,显示"888888"。
- 输入密码时,只逐位显示"F",以防止泄露密码。
- 输入密码过程中,如果不小心出现输入错误,可按"取消"键清除屏幕,取消此次输入,此时显示"888888"。再次输入需重新输入所有 6 位密码。
- 当密码输入完毕按下"确认"键时,单片机将输入的密码与设定的密码比较,若密码正确,则绿色发光二极管亮 1 s(此表示密码锁打开);若密码不正确,则红色发光二极管亮 1 s。

电子密码锁的硬件电路原理图如图 5.6 所示。

PA 口用于键盘操作,PA0～PA3 与行线相连,R_2～R_5 为行线的上拉电阻,PA4～PA7 与

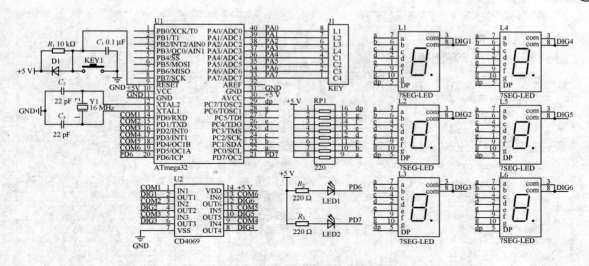

图 5.6 电子密码锁的硬件电路原理图

列线相连。PC 口用做 7 段数码管的字段选择信号,控制数码管的字段 LED 发光,RP1 为 220 Ω 的上拉排阻。PD 口的 PD0~PD5 用于产生 6 位数码管的位选择信号,控制应该显示的 7 段数码管发光,位选择信号 C1~C6 需由 PD0~PD5 经过 6 反相器 CD4096UB 反相驱动。

PD6、PD7 做普通 I/O 口使用,前者控制绿色发光二极管,指示密码输入正确状态;后者控制红色发光二极管,指示密码输入错误状态。

简易电子密码锁的源程序如下:

```c
///////////////////////////////////////////////
////        电子密码锁程序
////        本程序的文件名是 Digital_Codelock.c
///////////////////////////////////////////////
#include  "mega32.h"                  //引用头部文件

//4*4 按键定义
#define KEY_PORT PORTA
#define KEY_PIN PINA
#define KEY_DDR DDRA
// 数码管显示定义
#define LED_SEG_PORT    PORTC
#define LED_SEG_PIN     PINC
#define LED_SEG_DDR     DDRC
#define LED_COM_PORT    PORTD & 0x3F
#define LED_COM_PIN     PIND & 0x3F
```

```c
#define LED_COM_DDR                        DDRD & 0x3F
// 发光二极管引脚定义
#define GREEN_PORT PORTD & 0x40
#define RED_PORT       PORTD & 0x80
typedef unsigned char    uchar;
void    delay(void);                       // 按键消抖延时函数
uchar   keyscan();                         // 按键扫描函数
void    timer0_int(void)   interrupt 1;    // 定时器 0 中断服务程序
void    timer1_int(void)   interrupt 3;    // 定时器 3 中断服务程序
uchar   getcode(uchar i);                  // 根据共阴极字形编码表获取字形代码
void    display();                         // 显示函数
bit     pwcmp(void);                       // 密码比较函数

uchar   digbit;                            // 字位
uchar   wordbuf[6];                        // 字形码缓冲区
uchar   t1count;                           // 定时器 1 由 50 ms 累积到 1 s 所用的计数器
uchar   count;                             // 密码位计数
uchar   pw[6];                             // 初始密码存储区
uchar   pwbuf[6];                          // 输入密码存储区
bit     enterflag;                         // 确认键按下与否标志
bit     pwflag;                            // 密码正确与否标志
bit     showflag;                          // 数码管显示与否标志
// * * * * * * * * * * * * * *电子密码锁主函数* * * * * * * * * * * * * * * * * * * * * * * //
main()
{
    uchar j,key;

    LED_COM_DDR = 0xFF;
    LED_COM_PORT = 0x00;                   // 关闭数码管显示

    TIMSK = 0x12;                          // 打开 Timer0、Timer1 中断
    OCR0 = 500;                            // 2 ms 定时中断
    TCCR0 = 0x0B;                          // 预分频系数为 64

    TCCR1A = 0x00;
    TCCR1B = 0x0B;                         // 预分频系数为 64
    OCR1A = 1250;                          // 50 ms 定时中断
    TCCR1B = 0x00;                         // 关闭定时器 Timer1

    count = 0;                             // 初始没有输入密码,计数器设为 0
    enterflag = 0;                         // 没有按下确认键
    pwflag = 0;                            // 密码标志先置为 0
```

```c
GREEN_PORT = 0x40;                          // 绿灯不亮
RED_PORT = 0x80;                            // 红灯不亮
// 假设内定密码为 876523
pw[0] = 8;
pw[1] = 7;
pw[2] = 6;
pw[3] = 5;
pw[4] = 2;
pw[5] = 3;
showflag = 1;                               // 打开数码管显示
// 刚加电时,显示 888888
for ( j = 0; j< 6; j++ )
        wordbuf[j] = 8;
digbit = 0x01;                              // 从第一位数码开始动态扫描
while ( 1 )
{
        key = keyscan ();                   // 调用键盘扫描函数
        switch ( key )
        {
                case 0x11 :                 //1行1列,数字0
                    if ( count < 6 )
                    {
                        wordbuf [ count ] = 0x0f;  // 对应密码位显示"F"
                        pwbuf [ count ] = 0;
                        count ++ ;
                    }
                    break;
                case 0x21 :                 //1行2列,数字1
                    if ( count < 6 )
                    {
                        wordbuf [ count ] = 0x0f;  // 对应密码位显示"F"
                        pwbuf [ count ] = 1;
                        count ++ ;
                    }
                    break;
                case 0x41 :                 //1行3列,数字2
                    if ( count < 6 )
                    {
```

```c
            wordbuf[count] = 0x0f;          // 对应密码位显示"F"
            pwbuf[count] = 2;
            count ++;
        }
        break;
    case 0x81:                              // 1行4列,数字3
        if (count < 6)
        {
            wordbuf[count] = 0x0f;          // 对应密码为显示"F"
            pwbuf[count] = 3;
            count ++;
        }
        break;
    case 0x12:                              // 2行1列,数字4
        if (count < 6)
        {
            wordbuf[count] = 0x0f;          // 对应密码位显示"F"
            pwbuf[count] = 4;
            count ++;
        }
        break;
    case 0x22:                              // 2行2列,数字5
        if (count < 6)
        {
            wordbuf[count] = 0x0f;          // 对应密码位显示"F"
            pwbuf[count] = 5;
            count ++;
        }
        break;
    case 0x42:                              // 2行3列,数字6
        if (count < 6)
        {
            wordbuf[count] = 0x0f;          // 对应密码位显示"F"
            pwbuf[count] = 6;
            count ++;
        }
        break;
    case 0x82:                              // 2行4列,数字7
        if (count < 6)
        {
```

```c
            wordbuf [ count ] = 0x0f;          // 对应密码位显示"F"
            pwbuf [ count ] = 7;
            count ++ ;
        }
        break;
    case 0x14 :                                 // 3 行 1 列,数字 8
        if ( count < 6 )
        {
            wordbuf [ count ] = 0x0f;          // 对应密码位显示"F"
            pwbuf [ count ] = 8;
            count ++ ;
        }
        break;
    case 0x24 :                                 // 3 行 2 列,数字 9
        if ( count < 6 )
        {
            wordbuf [ count ] = 0x0f;          // 对应密码位显示"F"
            pwbuf [ count ] = 9;
            count ++ ;
        }
        break;
    case 0x44 :                                 // 3 行 3 列,确认键
        enterflag = 1;                          // 确认键按下
            if ( count == 6 )                   // 只要输入 6 个密码后按确认键才作密码比较
            pwflag = pwcmp ();
        else
            pwflag = 0;                         // 否则直接 pwflag 赋 0
        break;
    case 0x84 :                                 // 3 行 4 列,取消键
        count = 0;                              // 密码计数器清零
        for ( j = 0; j < 6; j ++ )
        {
            wordbuf [ j ] = 8;                  // 数码管显示 888888
            pwbuf [ j ] = 0x0f;                 // 用 FFFFFF 清除已经输入的密码
        }
        break;
    default : break;
    }
}
if ( enterflag == 1 )                           // 如果按下确认键
```

```c
            {
                enterfalg = 0;                    // 标志位置回 0
                count = 0;                        // 密码位计数器清零
                for ( j = 0; j < 6; j++ )         // 用 FFFFFF 清除已经输入的密码
                {
                    pwbuf[ j ] = 0x0f;
                }
                    showflag = 0;                 // 关闭数码管显示
                TCCR1B = 0x0B;                    // 启动 Timer1
                t1count = 0;
                if ( pwflag == 1 )
                {
                    GREEN_PORT &= 0xBF;           // 绿灯亮
                }
                    else
                {
                    RED_PORT &= 0x7F;             // 红灯亮
                }
            }
        }
}
//****************按键消抖函数***********************//
void delay ( void )
{
    uchar i;
    for ( i = 300; i > 0; i-- );
}
//****************按键扫描函数***********************//
uchar keyscan ( void )
{
    uchar scancode, tmpcode;
    KEY_DDR = 0x0F;                               // 发全 0 行扫描码
    KEY_PORT = 0xF0;
      if ( ( KEY_PIN & 0xf0 ) != 0xf0 )           // 若有键按下
    {
        delay ();                                 // 延时去抖动
        if ( ( KEY_PIN & 0xf0 ) != 0xf0)          // 延时后再判断,去除抖动影响
```

```c
            {
                scancode = 0xfe;
                while ( ( scancode & 0x10 ) != 0)          // 逐行扫描
                {
                    KEY_DDR = ~ scancode;                   // 输出行扫描码
                    KEY_PORT = scancode ;
                    if ( KEY_PIN & 0xf0 ) != 0xf0 )         // 本行有键按下
                    {
                        tmpcode = ( KEY_PIN & 0xf0 ) | 0x0f;
                                                            // 返回特征字节码,为 1 的位即对应于行和列
                        return ( ( ~ scancode ) + ( ~ tmpcode );
                    }
                    else
                    {
                        scancode = ( scancode << 1 ) | 0x01;  // 行扫描码左移一位
                    }
                }
            }
        }
        return ( 0 );                                       // 无键按下,返回值为 0
}
// * * * * * * * * * * * * *定时器 0 中断服务函数* * * * * * * * * * * * * * * * * *//
interrupt [TIM0_COMP] void timer0_compare(void)
{
    if ( showflag == 1)
    {
        display ();                                         // 调用显示函数
    }
}
// * * * * * * * * * * * * *定时器 1 中断服务函数* * * * * * * * * * * * * * * * * *//
interrupt [TIM1_COMPA] void timer1_compare(void)
{
    uchar k;
    if ( t1count < 20 )
    {
        t1count ++ ;
    }
    else                                                    // 计时到 1 s
```

```c
        {
            TCCR1B = 0x00;                              // 关闭 Timer1
            T1count = 0;
            GREEN_PORT = 0x40;                          // 绿灯不亮
            RED_PORT = 0x80;                            // 红灯不亮
            showflag = 1;                               // 打开数码管显示
            digbit = 0x01;                              // 从数码管第1位开始动态显示
            for ( k = 0; k < 6; k ++ )                  // 显示 888888
                wordbuf [ k ] = 8;
        }
}
// * * * * * * * * * * * * * 获取数码管字形代码函数 * * * * * * * * * * * * * //
uchar getcode ( uchar i )
{
    uchar p;
    switch ( i )
    {
        case 0  :       p = 0x3f;       break;      // 0
        case 1  :       p = 0x06;       break;      // 1
        case 2  :       p = 0x5B;       break;      // 2
        case 3  :       p = 0x4F;       break;      // 3
        case 4  :       p = 0x66;       break;      // 4
        case 5  :       p = 0x6D;       break;      // 5
        case 6  :       p = 0x7D;       break;      // 6
        case 7  :       p = 0x07;       break;      // 7
        case 8  :       p = 0x7F;       break;      // 8
        case 9  :       p = 0x67;       break;      // 9
        case 10 :       p = 0x77;       break;      // A
        case 11 :       p = 0x7C;       break;      // B
        case 12 :       p = 0x39;       break;      // C
        case 13 :       p = 0x5E;       break;      // D
        case 14 :       p = 0x79;       break;      // E
        case 15 :       p = 0x71;       break;      // F
        default :                       break;
    }
    return ( p );
}
// * * * * * * * * * * * * * 数码管函数 * * * * * * * * * * * * * * * * * * //
void display ( void )
```

```c
{
    uchar i;
    switch ( digbit )
    {
        case 1 :      i = 0;     break;
        case 1 :      i = 0;     break;
        case 1 :      i = 0;     break;
        case 1 :      i = 0;     break;
        case 1 :      i = 0;     break;
        case 1 :      i = 0;     break;
        case 1 :      i = 0;     break;
    }

    LED_COM_DDR  = 0xFF;
    LED_COM_PORT = 0x00;                          // 关闭显示
    LED_SEG_DDR  = 0xFF;
    LED_SEG_PORT = getcode( wordbuf[i] );         // 送字形码
    LED_COM_PORT = digbit;                        // 送字位码
    if ( digbit < 0x20 )                          // 共6位
    {
        digbit = digbit << 1;                     // 左移1位
    }
    else
    {
        digbit = 0x01;
    }
}
// * * * * * * * * * * * * * 密码比较函数 * * * * * * * * * * * * * * * * * * * * * * * //
bit    pwcmp ( void )
{
    bit    flag;
    uchar i;
    for ( i = 0; i < 6; i ++ )
    {
        if ( pw[ i ] == pwbuf[ i ] )
            flag = 1;
        else
        {
            flag = 0;
```

```
            i = 6;
        }
    }
    return ( flag );
}
```

5.4 LED 点阵显示

5.4.1 概 述

LED 点阵电子显示屏制作简单,安装方便,被广泛应用于各种公共场合,如汽车报站器、广告屏以及公告牌等。图 5.7 所示为一个 8 行 8 列结构的 LED 点阵。

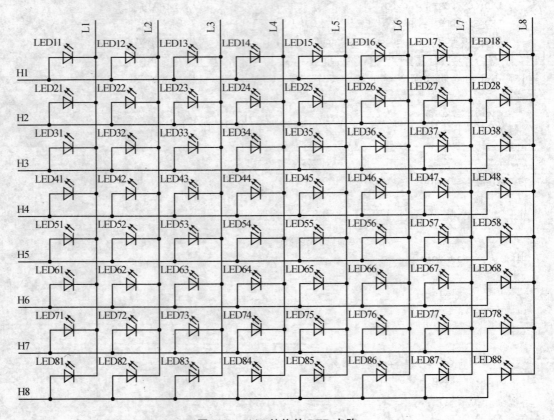

图 5.7 8×8 结构的 LED 点阵

LED 点阵将 LED 发光二极管按行列布置，驱动时也就按行列驱动。在扫描驱动方式下可以按行扫描、按列控制，当然也可以按列扫描、按行控制。所谓"扫描"的含义，就是指一行（列）一行（列）地循环接通整行（列）的 LED 器件，而不问这一行（列）的哪一列（行）的 LED 器件是否应该点亮。某一列（行）的 LED 器件是否应该点亮，由所谓的列（行）"控制"电路来负责。

图 5.7 中，当采用行扫描列控制的驱动方式时，从 H1 到 H8 轮流将高电位接通各行线，使连接到各行的全部 LED 器件接通正电源，但具体哪一个 LED 导通，还要看它的负电源是否接通，这就是列控制的任务了。例如在点阵上需要 LED11 点亮、LED21 熄灭，在扫描到 H1 行时，L1 列的电位就应该为低；而扫描到 H2 行时 L1 列的电位就应该为高。这样行线只管一行一行地轮流导通，列线上进行通断控制，即实现了行扫描列控制的驱动方式。

5.4.2 应用举例

下面以一个简易广告屏为例，介绍 LED 点阵的工作原理。简易广告屏采用 8×8 大点阵，循环显示汉字"欢迎光临"。LED 点阵的驱动芯片采用 MAX7219。

MAX7219 是一种集成化的串行输入/输出共阴极显示驱动器，它连接微处理器与 8 位数字的 7 段数字 LED 显示，也可以连接 64 个独立的 LED。四线串行接口可以方便地连接所有通用的微处理器。

简易广告屏的电路原理图如图 5.8 所示。MAX7219 通过串行接口和 ATmega32 连接，单片机的 PB4、PB5、PB7 分别接 MAX7219 的 CS 脚、DIN 脚和 CLK 脚，MAX7219 的位驱动引脚和段驱动引脚分别和 8×8 LED 点阵的位、段相连。

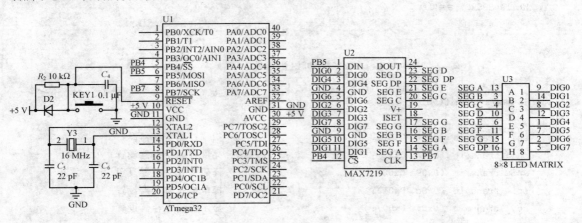

图 5.8 简易广告屏原理图

简易广告屏的源程序如下：

//
// //   简易广告屏程序
// //   本程序的文件名是 Advert_Screen.c
//

```c
# include "mega32.h"
# include "delay.h"
unsigned char table [] =
{
  0x4c,0x34,0x4c,0x87,0x7c,0x44,0x8c,0x00,         // 欢
  0x84,0x7e,0x84,0xbe,0x95,0xfc,0xbc,0x00,         // 迎
  0x88,0x8a,0x7c,0x0f,0x7c,0x8a,0xc8,0x00,         // 光
  0xbe,0x7f,0xf4,0x93,0xf6,0x92,0xf2,0x00          // 临
};
// * * * * * * * * * * * * *SPI 初始化函数* * * * * * * * * * * * * * * * * * * * *//
void spi_transmit(char addr, char data)
{
  DDRB = 0xBF;                                     // 端口初始化
  SPCR = 0x5E;                                     // SPI 控制寄存器设置
  PORTB.4 = 0;                                     // 选中芯片
  SPDR = addr;                                     // 发送数据
  While(SPSR.7 == 0);                              // 清状态寄存器
  SPDR = data;
  While(SPSR.7 == 0);
  PORTB.4 = 1;
}

// * * * * * * * * * * * * *MAX7219 初始化函数* * * * * * * * * * * * * * * * * * * * * * //
void max7219_init(void)
{
  spi_ transmit (0x0b, 0x07);                      // 扫描控制寄存器设置
  spi_ transmit (0x0a, 0x02);                      // 亮度控制寄存器设置
  spi_ transmit (0x09, 0x00);                      // 译码模式寄存器设置
  spi_ transmit (0x0c, 0x01);                      // 掉电模式寄存器设置
  spi_ transmit (0x0f, 0x00);                      // 显示检测寄存器设置
}

void main( void )
{
```

```
  unsigned char i,j;
  max7219_init ();                                // MAX7219 初始化
  while(1)
  {
    for( j = 0; j<24; j++)                        // 显示数据
    {
      for(i = 0; i<8; i ++)
      {
        spi_ transmit (i + 1, table[i + j]);
      }
      delay_ms(400);
    }
  }
```

5.5　LCD 显示

5.5.1　概　述

　　液晶显示是通过液晶显示模块实现的。液晶显示模块是一种将液晶显示器件、连接件、集成电路、PCB、背光源、结构件装配在一起的组件。

　　根据显示方式和内容的不同,液晶显示模块可以分为笔段型液晶显示模块、点阵字符液晶显示模块和点阵图形液晶模块 3 种。

　　就显示功能最完整的点阵图形液晶模块而言,液晶显示可分为线段的显示、字符的显示和汉字的显示。下面分别介绍线段、字符和汉字显示的工作原理。

1. 线段的显示

　　点阵图形液晶由 M 行×N 列个显示单元组成。假设液晶显示屏有 64 行,每行有 128 列,每 8 列对应 1 字节的 8 位,即每行有 16 字节,共 $16×8=128$ 个点组成。屏上 $64×16$ 个显示单元与显示 RAM 区 1 024 字节相对应,每一字节的内容和屏上相应位置的亮暗对应。例如,屏的第一行的亮暗由 RAM 区的 000H～00FH 的 16 字节内容决定,当(000H)= FFH 时,则屏上的左上角显示一条短亮线,长度为 8 个点;当(3FFH)= FFH 时,则屏上的右下角显示一条短亮线,长度为 8 个点。这就是线段的显示,它也是液晶显示的基本原理。

2. 字符的显示

　　线段的显示比较简单,而用液晶显示字符就较为复杂了。一个字符由 6×8 或 8×8 这样的点阵组成,要正确显示,必须要找到与屏上某几个位置对应的显示 RAM 区的 8 字节,并且要使每个字节不同的位为"1",其他的位为"0";为"1"的点亮,为"0"的点暗,通过明暗的变化显示某个字符。现在很多内置控制器的液晶显示模块都有自己的字符发生器,对于这种内带字符发生器的控制器来说,显示字符就变得比较简单。可以让控制器工作在文本方式,根据在液晶上开始显示的行列号及每行的列数找出显示 RAM 对应的地址,设立光标,在此送上该字符对应的代码即可。

3. 汉字的显示

汉字的显示一般采用图形方式。首先需要获得待显示汉字的点阵码,每个汉字占 32 字节,分左右两半部分,各占 16 字节,左边为 1,3,5,…,右边为 2,4,6,…。根据在液晶上开始显示的行列号以及每行的列数可找出显示 RAM 所对应的地址,然后设立光标,送上要显示的汉字的第一字节;光标位置加 1,送第二字节;换行按列对齐,送第三字节……直到 32 字节显示完成,这样就可以在液晶上得到一个完整的汉字。

5.5.2 应用举例

下面以一款简易的电子时钟设计来对 LCD 显示进行具体说明。简易电子时钟利用 MAX 公司的 DS1302 时钟芯片来产生时间信息,并将时间信息显示在 LCD 显示模块 LCD1602 上。

LCD1602 是内含 SPLC780 控制器的点阵字符液晶显示模块,它是一种采用低功耗 CMOS 技术实现的字符 LCD 模块,有 8 位微处理器接口,通过内部的 80×8 位映射 DDRAM 实现 2 行×16 个字符的显示,可以满足本设计的要求。

DS1302 是 DALLAS 公司推出的涓流充电时钟芯片,内含一个实时时钟/日历和 31 字节静态 RAM,实时时钟/日历电路提供秒、分、时、日、月、年的信息,每月的天数和闰年的天数可自动调整,时钟操作可通过 AM/PM 指示决定采用 24 或 12 小时格式。DS1302 与单片机之间能简单地采用同步串行的方式进行通信,仅需用到三个口线:RES(复位)、I/O(数据线)、SCLK(串行时钟)。

简易电子时钟的硬件电路原理图如图 5.9 所示。LCD1602 的 BL+、BL- 引脚用于背光,本例中为简化处理,直接接 VCC 和 GND。数据线 D0~D7 和 ATmega32 的 PB 口相连。RS 为寄存器选择,高电平时选择数据寄存器,低电平时选择指令寄存器。RW 为读/写信号线,高电平时进行读操作,低电平时进行写操作。当 RS 和 RW 共同为低电平时,可以写入指令或者显示地址;当 RS 为低电平、RW 为高电平时,可以读忙信号;当 RS 为高电平、RW 为低电平时,可以写入数据。E 端为使能端,当 E 端由高电平跳变成低电平时,液晶模块执行命令。控制线 RS、R/W 和使能线分别与 ATmega32 的 PA4、PA5、PA6 引脚相连。DS1302 的时钟线 SCLK 接单片机的 PD2 脚,数据线 I/O 接单片机的 PD3 脚,复位线 RST 接单片机的 PD4 脚。

AVR 单片机典型外部电路 5

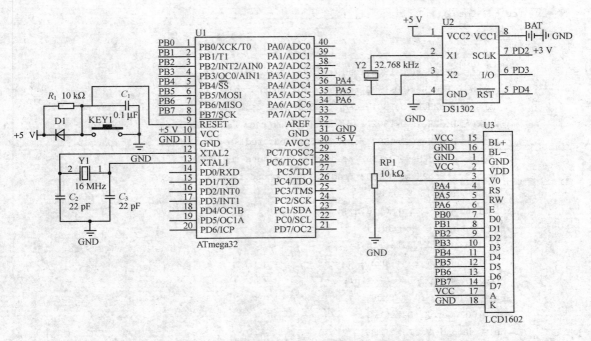

图 5.9 简易电子时钟的硬件电路原理图

简易电子时钟的源程序如下:

```c
/////////////////////////////////////////////////
////        简易电子时钟程序
////        本程序的文件名是 Digital_Clock.c
/////////////////////////////////////////////////
#include "Lcd1602.h"
#include "Ds1302.h"

// 函数声明
unsigned char Bcd2Hex(unsigned char data);

void main(void)
{
    unsigned char n;

    Init_Devices();                    // 单片机初始化
    Ds1302_initral();                  // ds1302 初始化
    Lcd1602_Initial();                 // lcd1602 初始化
    Lcd1602_GotoXY(0,0," digital clock");
```

```c
        Lcd1602_GotoXY(1,0,"time:   :   ");
    while(1)
    {
        year = Bcd2Hex( Ds1302_read (ds1302_year_reg) );
        month = Bcd2Hex( Ds1302_read (ds1302_month_reg) );
        date = Bcd2Hex( Ds1302_read( ds1302_date_reg) );
        week = Bcd2Hex( Ds1302_read(ds1302_week_reg) );
        hour = Bcd2Hex( Ds1302_read( ds1302_hour_reg) );
        minute = Bcd2Hex( Ds1302_read( ds1302_minute_reg) );
        second = Bcd2Hex( Ds1302_read(ds1302_second_reg) );
        n = hour % 10 + 0x30;
        Lcd1602_GotoXY_Data(1,6,n);
        n = hour / 10 + 0x30;
        Lcd1602_GotoXY_Data(1,5,n);
        n = minute % 10 + 0x30;
        Lcd1602_GotoXY_Data(1,9,n);
        n = minute / 10 + 0x30;
        Lcd1602_GotoXY_Data(1,8,n);
        n = second % 10 + 0x30;
        Lcd1602_GotoXY_Data(1,12,n);
        n = second / 10 + 0x30;
        Lcd1602_GotoXY_Data(1,11,n);
        Delay_Ms(500);
    }
// * * * * * * * * * * * *BCD码转十六进制函数* * * * * * * * * * * * * * * * *//
unsigned char Bcd2Hex(unsigned char data)
{
    Byte y;
    y = ( (data & 0XF0) >> 4 ) * 10 + ( data & 0x0f);
    return(y);
}
//////////////////////////////////////////////////////////////////
// //     LCD1602驱动程序
// //       本程序的文件名是LCD1602.c
//////////////////////////////////////////////////////////////////
#include "delay.h"

// 单片机端口定义
```

```c
#define  LCD1602_DATAPORT    PORTB            // 数据输出端口
#define  LCD1602_DATAPIN     PINB             // 数据输入端口
#define  LCD1602_DATADDR     DDRB             // 数据方向
#define LCD1602_CTRLPORT    PORTA
#define  RS1602              PA4              // 数据命令选择
#define  RW1602              PA5              // 读/写选择
#define  E1602               PA6              // 使能
// * * * * * * * * * * * *LCD 显示等待函数* * * * * * * * * * * * * * * * * * * *//
void Lcd1602_Wait(void)
{
    LCD1602_DATADDR = 0;                         // 数据设为输入
    LCD1602_CTRLPORT  &= ~ BIT(E1602);           // 使能置低
    Delay_1us();
    LCD1602_CTRLPORT &= ~ BIT(RS1602);
    Delay_1us();
    LCD1602_CTRLPORT |=  BIT(RW1602);
    Delay_1us();
    LCD1602_CTRLPORT  |=  BIT(E1602);            // 使能置高
    Delay_1us();                                 // 读数据必须建立在 E 上升沿 100 ns 以后
    while(LCD1602_DATAPIN & 0x80);
    LCD1602_DATADDR = 0xff;                      // 数据设为输出
}
// * * * * * * * * * * * *LCD 写命令字节函数* * * * * * * * * * * * * * * * * *//
void Lcd1602_WriteCmd(unsigned char command)
{
    Lcd1602_Wait();
    LCD1602_CTRLPORT  &= ~ BIT(E1602);           // 使能置低
    Delay_1us();
    LCD1602_CTRLPORT  &= ~ BIT(RS1602);          // RS 置低表示写控制字
    Delay_1us();
    LCD1602_CTRLPORT  &= ~ BIT(RW1602);          // RW 置低表示写
    Delay_1us();
    LCD1602_DATAPORT = command;
    Delay_1us();
    LCD1602_CTRLPORT  |=  BIT(E1602);            // 使能置高
    Delay_1us();
    LCD1602_CTRLPORT  &= ~ BIT(E1602);           // 使能置低
    Delay_1us();
}
```

// * * * * * * * * * * * * LCD 写数据字节函数 * * * * * * * * * * * * * * * * * * * //
```c
void Lcd1602_WriteData(unsigned char data)
{
    Lcd1602_Wait();
    LCD1602_CTRLPORT   &=  ~ BIT(E1602);            // 使能置低
    Delay_1us();
    LCD1602_CTRLPORT   |=   BIT(RS1602);            // RS 置低表示写控制字
    Delay_1us();
    LCD1602_CTRLPORT   &=  ~ BIT(RW1602);           // RW 置低表示写
    Delay_1us();
    LCD1602_DATAPORT = data;
    Delay_1us();
    LCD1602_CTRLPORT   |=   BIT(E1602);             // 使能置高
    Delay_1us();
    LCD1602_CTRLPORT   &=  ~ BIT(E1602);            // 使能置低
    Delay_1us();
}
```

// * * * * * * * * * * * * LCD 读数据字节函数 * * * * * * * * * * * * * * * * * * * //
```c
unsigned char Lcd1602_ReadData(void)
{
    Lcd1602_Wait();
    LCD1602_DATADDR = 0;                            // 数据设为输入
    LCD1602_CTRLPORT   |=   BIT(RS1602);            // RS 置低表示写控制字
    Delay_1us();
    LCD1602_CTRLPORT   |=   BIT(RW1602);            // RW 置低表示写
    Delay_1us();
    LCD1602_CTRLPORT   |=   BIT(E1602);             // 使能置高
    Delay_1us();                                    // 读数据必须建立在 E 上升沿 100 ns 以后
    LCD1602_DATADDR = 0xff;                         // 数据设为输出
    return(LCD1602_DATAPIN);
}
```

// * * * * * * * * * * * * LCD1602 初始化函数 * * * * * * * * * * * * * * * * * * //
```c
void Lcd1602_Initial(void)
{
    Delay_Ms(20);
    Lcd1602_WriteCmd(0x38);
    Delay_Ms(10);
    Lcd1602_WriteCmd(0x38);
    Delay_Ms(10);
```

```c
    Lcd1602_WriteCmd(0x38);
    Delay_Ms(10);
    Lcd1602_WriteCmd(0x38);
    Delay_Ms(10);
    Lcd1602_WriteCmd(0x08);
    Lcd1602_WriteCmd(0x01);                    // 清屏
    Lcd1602_WriteCmd(0x06);
    Lcd1602_WriteCmd(0x0c);
}
// * * * * * * * * * * * 在 LCD1602 指定位置显示字符串函数 * * * * * * * * * * //
void Lcd1602_GotoXY(unsigned char y, unsigned char x, unsigned char * str)
{
    if( y == 0)
    {
      Lcd1602_WriteCmd( 0x80 | x);
    }
    if( y == 1)
    {
      Lcd1602_WriteCmd( 0x80 | (x - 0x40) );
    }
    while( * str != '\0')
    {
        Lcd1602_WriteData( * str);
        str ++ ;
        Delay_1us();
    }
}
// * * * * * * * * * * * * 在 LCD1602 指定位置显示字符函数 * * * * * * * * * * * * * //
void Lcd1602_GotoXY_Data(unsigned char y,unsigned char x,unsigned char data)
{
    if( y == 0)
    {
      Lcd1602_WriteCmd( 0x80 | x);
    }
    if( y == 1)
    {
      Lcd1602_WriteCmd( 0x80 | ( x - 0x40) );
    }
    Lcd1602_WriteData(data);
```

```c
}
//////////////////////////////////////////////////////////////////
////        DS130202 驱动程序
////        本程序的文件名是 Ds1302.c
//////////////////////////////////////////////////////////////////
typedef    unsigned char    Byte;

// 函数声明
void Ds1302_writebyte(Byte data);                           // DS1302 数据的写字节
void Ds1302_write(Byte reg,Byte data);                      // DS1302 数据的字节写
Byte Ds1302_read(Byte reg);                                 // DS1302 数据的字节读
void Ds1302_write_time(void);                               // DS1302 时间的设置
void Ds1302_read_time(void);                                // DS1302 时间的读取
Byte Check_ds1302(void);                                    // DS1302 设备的检查
void Delay1302(void);                                       // sclk 延时
void Ds1302_initral(void);                                  // 初始化 DS1302
void Ds1302_Set(Byte y,Byte m,Byte d,Byte h,Byte f,Byte s); // DS1302 设置程序
// * * * * * * * * * * * *DS1302 写数据字节函数* * * * * * * * * * * * * * *//
void Ds1302_writebyte(Byte data)
{
    unsigned char   i;
    for(i = 0; i<8;i++)
    {
        if( data & BIT(i) )
        {
            Set_ds1302_io();
        }
        else
        {
            Clr_ds1302_io();
        }
        Set_ds1302_sclk();
        Delay1302();
        Clr_ds1302_sclk();
        Delay1302();
    }
}

// * * * * * * * * * * * *在 DS1302 指定位置写数据字节函数* * * * * * * * * * *//
```

```c
void Ds1302_write(unsigned char ucAddr, unsigned char ucDa)
{
    Clr_ds1302_rst();                               // 复位线拉低
    Clr_ds1302_sclk();                              // 时钟线置低
    Delay1302();
    Set_ds1302_rst();                               // 复位线置高
    Delay1302();
    Ds1302_writebyte(ucAddr);                       // 地址,命令
    Delay1302();
    Ds1302_writebyte(ucDa);                         // 写1字节数据
    Delay1302();

    Set_ds1302_sclk();
    Clr_ds1302_rst();
}
//************ds1302读数据字节函数****************//
unsigned char Ds1302_readbyte(void)
{
    unsigned char i,k,AA = 0;

    Clr_ds1302_io_ddr();
    for(i = 0; i<8; i++)
    {
        k = (DS1302_INPORT & BIT(DS1302_IO));       // 读数据,从低位开始
        if( k )
        {
            AA |= BIT(i);
        }
        else
        {
            AA &= ~ BIT(i);
        }
        Set_ds1302_sclk();
        Delay1302();
        Clr_ds1302_sclk();
        Delay1302();
    }
    Set_ds1302_io_ddr();
    return(AA);
```

```c
}
// * * * * * * * * * * * * 从 DS1302 指定位置读函数 * * * * * * * * * * * * * * * //
unsigned char Ds1302_read(unsigned char ucAddr)
{
    unsigned char ucData,AA;
    ucAddr |= BIT(0);
    Clr_ds1302_rst();
    Clr_ds1302_sclk();
    Delay1302();
    Set_ds1302_rst();
    Delay1302();
    Ds1302_writebyte(ucAddr);                              // 地址,命令
    Delay1302();
    ucData = Ds1302_readbyte();                            // 读1字节数据
    Delay1302();

    Set_ds1302_sclk();
    Clr_ds1302_rst();
    return(ucData);
}
// * * * * * * * * * * * * DS1302 检查函数 * * * * * * * * * * * * * * * * * //
Byte Check_ds1302(void)
{
    Ds1302_write(ds1302_control_reg,0x80);
    if(Ds1302_read(ds1302_control_reg) == 0x80)
    {
        return 1;
    }
    else
    {
        return 0;
    }
}
// * * * * * * * * * * * * DS1302 初始化函数 * * * * * * * * * * * * * * * * //
void Ds1302_initral(void)
{
    Ds1302_write(ds1302_control_reg,0x00);                 // 关闭写保护
    second = Ds1302_read(ds1302_second_reg);               // 先读出 second,处理完之后再回送回去
                                                           // 这样保证秒不丢失
```

```c
    Ds1302_write(ds1302_second_reg,0x80);           // 暂停
    Ds1302_write(ds1302_charger_reg,0xa9);          // 涓流充电 2 个二极管和 2 kΩ 电阻
    Ds1302_write(ds1302_second_reg,second&0x7f);    // 启动振荡
    Ds1302_write(ds1302_control_reg,0x80);          // 打开写保护
}

// * * * * * * * * * * * DS1302 时间设置函数 * * * * * * * * * * * * * * * //
void Ds1302_Set(Byte y,Byte m,Byte d,Byte h,Byte f,Byte s)
{
    Ds1302_write(ds1302_control_reg,0x00);          // 关闭写保护
    s = Ds1302_read(ds1302_second_reg);             // 先读出 second,处理完之后再回送回去
                                                    // 这样保证秒不丢失
    Ds1302_write(ds1302_second_reg,0x80);           // 暂停
    Ds1302_write(ds1302_charger_reg,0xa9);          // 涓流充电 2 个二极管和 2 kΩ 电阻

    Ds1302_write(ds1302_year_reg,y);                // 年
    Ds1302_write(ds1302_month_reg,m);               // 月
    Ds1302_write(ds1302_date_reg,d);                // 日
    Ds1302_write(ds1302_hour_reg,h);                // 时
    Ds1302_write(ds1302_minute_reg,f);              // 分
    Ds1302_write(ds1302_second_reg,s);              // 秒

    Ds1302_write(ds1302_second_reg,s&0x7f);         // 启动振荡
    Ds1302_write(ds1302_control_reg,0x80);          // 打开写保护
}

// * * * * * * * * * * * DS1302 延时函数 * * * * * * * * * * * * * * * //
void Delay1302(void)
{
    NOP();
    NOP();
    NOP();
    NOP();
    NOP();
    NOP();
    NOP();
    NOP();
    NOP();
    NOP();
    NOP();
```

```
        NOP();
        NOP();
        NOP();
        NOP();
}
```

5.6 本章小结

以上介绍了关于 AVR 单片机的典型外部接口电路,并结合实例,给出了具体的应用。

单片机的典型外部接口电路主要有键盘接口电路、LED 显示接口电路和 LCD 显示接口电路等,在键盘接口电路设计中,分别对独立式键盘和矩阵式键盘按键扫描和识别作了详细的介绍,并介绍了在键盘按键扫描过程中消抖的常用方法。LED 显示接口电路设计中主要介绍了 LED 数码管显示接口设计和 LED 点阵显示接口设计。在 LED 数码管显示接口设计中,以一个简易密码锁为例介绍了 7 段 LED 数码管电路设计及动态扫描方法的运用;在 LED 点阵显示中,选用了 8×8 点阵来介绍其工作原理,并给出运用此点阵设计的简易广告屏。最后给出了 LCD 显示接口设计,完成了一个简易电子钟的设计。随着嵌入式技术的发展,越来越多的设备开始采用 LCD 作为显示输出,其中点阵字符式的 LCD,由于其较高的性价比、灵活方便的接口设计而应用广泛。

以上所有的实例都是以 ATmega32 单片机为控制器,辅以较少的元器件,构成一个独立系统,结合实例介绍了上述接口的工作原理、具体设计方法,并且对元件的选用、硬件电路的设计和程序的设计给出了参考。读者在实际应用中,可参考上述接口设计方法和程序。

第 6 章

办公室自动灭火系统

自动灭火系统在许多场合都有应用需求。本章讲述的自动灭火系统主要应用于办公室灭火。本系统主要由烟雾检测单元、火焰检测单元、电子阀门单元、步进电机单元和单片机单元5大部分组成。与一般的自动灭火系统不同的是，本系统能够对火焰进行自动定位，使喷水头对准着火区域进行灭火，从而减少了办公室电子设备和其他不具有防水功能的物品的损坏。本章介绍了项目的研究背景和设计需求，详细分析了系统的硬件和软件设计，给出了硬件原理图和完整软件代码；给出了系统测试结果，并讨论了下一步可能的改进。

6.1 系统概述

6.1.1 项目背景

在当前众多的自动灭火技术中，常用的灭火剂包括惰性气体、压缩泡沫和水。其中最常用的是水，因为水的价格相对较低、无毒而且环保。此时，喷水系统是灭火系统中的重要一环。通常的喷水系统是受到控制后四散喷水，这样在灭火的同时，也可能会造成办公室电子设备及其他不具有防水功能的物品的损坏。

一种可能的解决办法是采用惰性气体灭火。惰性气体不会对办公室电子设备造成损坏，而且对人体健康没有副作用。但是惰性气体灭火通常在不通风的封闭环境中才有较好的效果，而且封闭环境中惰性气体达到 40% 以上才能完全将火熄灭。此时，用于灭火的惰性气体的储存是一个不好解决的问题，而且代价昂贵。

另一种可能的解决办法是采用压缩泡沫灭火。压缩泡沫同样不会对办公室电子设备造成损坏，但这种方式需要仔细设计管道和喷头以防止泡沫退化，而且价格同样不菲。

由上述分析可以看出，在办公室自动灭火系统中，采用喷水系统是最合适的一种灭火方式，但必须对现有喷水系统进行改进才能更好地满足需求。本章讲述的办公室自动灭火系统正是在这种背景下开展研究的结果。本系统中，两个独立的喷水头在单片机的控制下可以实现精确的定位喷水，这样就可以更迅速地灭火，并最大限度地减少办公室电子设备及其他不具有防水功能的物品的损失。同时，该系统还利用电子阀门，在灭火后自动控制喷水系统停止喷水,可进一步提高经济效益。

6.1.2 系统功能

本系统的设计目标是能够准确而有效地对着火区域进行灭火,同时保持办公室其他区域的干燥。总的来说,本系统要实现的功能包括:

① 自动检测火灾并触发灭火系统。
② 精确定位着火区域,转动喷水头,瞄准着火区域并对火源喷水。
③ 在灭火完成后自动停止喷水。

6.2 系统方案设计

6.2.1 功能组成框图

从功能上讲,办公室自动灭火系统由五大主要部分组成:火焰检测单元、烟雾检测单元、步进电机单元、电子阀门单元和单片机控制单元,其相互关系如图 6.1 所示。

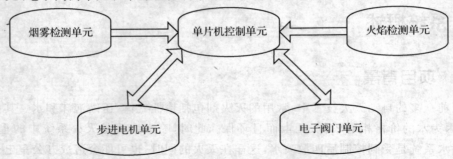

图 6.1 办公室自动灭火系统功能组成框图

当烟雾检测器检测到办公室有烟后,给单片机发送一个告警信号,触发灭火系统。单片机收到告警信号后,给电机发送控制信号,由电机调整和控制喷水头对准着火点。为了使喷水头一直对准着火点,在单片机、电机及火焰传感器之间应构成一个控制反馈环。当单片机判断喷水头已对准着火点之后,给电子阀门发送一个控制信号,打开开关,对着火点进行喷水。当系统判断着火点熄灭后,单片机自动给电子阀门发送控制信号,关闭喷水头。

6.2.2 总体结构

办公室自动灭火系统控制反馈框图如图 6.2 所示。

从结构上讲,办公室自动灭火系统包括如下 4 大主要组成部分:系统控制盒、机械臂、火焰传感单元和喷水头。

系统控制盒内部是整个系统的控制电路,外部是包裹塑料的铁盒,以保护控制电路。控制盒

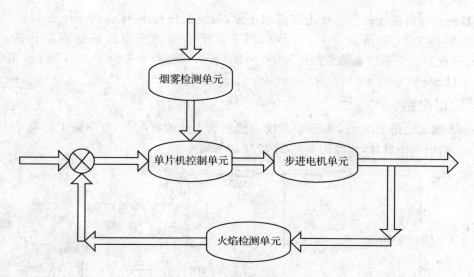

图 6.2　系统控制反馈框图

安装在天花板上。控制盒内部的电路是整个自动灭火系统的核心部分,是本章讨论的主要内容。

机械臂主要用来调整喷水头的方向。机械臂水平方向能在 360°范围内自由旋转,而在垂直方向则只要求在 180°范围内旋转。机械臂主要由两部分组成:水平旋转关节和垂直旋转关节。每个旋转关节对应一个电机来控制。机械臂悬挂在天花板下。

火焰传感单元放置在防水的塑料盒内,主要包括火焰传感器及其驱动电路。系统中总共有两个火焰传感单元,一个用来确定大体上的着火区域,另一个则用来确定精确的着火点。火焰传感单元安装在机械臂底部,主要用于感应火焰,帮助机械臂调整角度以更好地对准着火点。

喷水头包括电子阀门和喷水头两大组成部分,主要用于对着火点进行喷水。电子阀门的驱动电路在系统控制盒内,喷水头则安装在机械臂的前端。

6.3　硬件设计

由前面的讨论可知,从结构上讲,本系统由系统控制盒、机械臂、火焰传感单元和喷水头 4 大部分构成。控制核心在系统控制盒内。从功能上讲,系统由火焰检测单元、烟雾检测单元、步进电机单元、电子阀门单元和单片机控制单元 5 大部分构成。这里讨论的主要就是这五大功能模块的硬件电路设计问题。

6.3.1　火焰检测单元

1. 器件选型

在本系统中,火焰传感器不仅要能有效地检测火焰,同时还要对可见光不敏感;另外,还要求传感器的感应角度比较大。由上述需求出发,最终选择日本 Hamamatsu 公司生产的紫外线火焰传感器 UV Tron R2868。该传感器是基于金属的光电效应原理工作的,长度为 4.4 cm,质量为 1.5 g,波长感应范围为 185～260 nm,不在可见光的 390～720 nm 范围内,探测距离超过 5 m。

2. 驱动电路

R2868 驱动电路如图 6.3 所示。在没有感应到火焰的情况下,电路输出低电平。在感应到火焰时,输出一个脉冲,幅度为 5 V,脉宽为 10 ms。

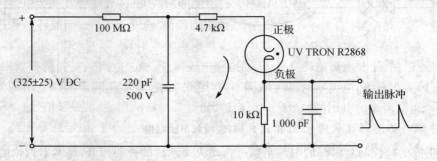

图 6.3 火焰传感器 R2868 驱动电路

图 6.3 所示驱动电路要求的供电电源为 325 V。有些场合可能无法提供,这时可购买 Hamamatsu 公司提供的驱动电路板 C3704,该电路板的组成框图如图 6.4 所示。与图 6.3 所示的驱动电路相比,C3704 的供电电压可以降低到 5V,输出脉冲的宽度也可以根据需要进行调整。

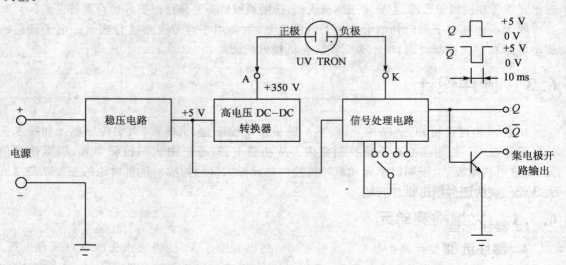

图 6.4 C3704 电路组成框图

6.3.2 烟雾检测单元

当前市面上的烟雾传感器主要有两大类型:光电式烟雾传感器和离子式烟雾传感器。光电式传感器通常由光源、光电元件和电子开关组成。按照光源不同,可分为一般光电式、激光光电式、紫外光光电式和红外光光电式 4 种。其中应用较为广泛的是红外光光电式,当光源发出红外线脉冲时,正常情况下红外线不会到达接收管;当环境中有烟雾时,烟雾的颗粒对红外线产生漫反射,于是被接收管检测到按特定规律闪烁的红外线,经进一步处理输出一个报警信号。

离子式烟雾传感器是由两个内含 Am241 放射源的串联室、场效应管及开关电路组成的。内电离室即补偿室,是密封的,烟不易进入;外电离室即检测室,是开孔的,烟能够顺利进入。在串联两个电离室的两端直接接入 24 V 直流电源。当火灾发生时,烟雾进入检测电离室,Am241 产生的 α 射线被阻挡,使其电离能力降低,因而电离电流减少,检测电离室空气的等效阻抗增加,而补偿电离室因无烟进入,电离室的阻抗保持不变,因此,引起施加在两个电离室两端分压比的变化,在检测电离室两端的电压增加量达到一定值时,开关电路动作,发出报警信号。

这两种烟雾传感器在火灾初期都能有良好表现,它们的灵敏度、稳定性都很高。但相对而言,光电式传感器对黑烟灵敏度很低,对白烟灵敏度较高,而大部分的火情早期所发出的烟都为黑烟,因此,光电式烟雾传感器在火灾初期阶段的可靠性相对离子式烟雾传感器要低一些。基于上述理由,本系统选用离子式烟雾传感器。

NIS-09C 是日本 NEMOTO 公司生产的一种高灵敏度离子式烟雾传感器,广泛应用于火灾报警系统中,其典型参数如表 6.1 所列,能很好地满足本系统的要求,因此选用 NIS-09C 作为烟雾传感器。该传感器可以不需要驱动电路直接连接到单片机引脚。

表 6.1 NIS-09C 典型参数

电源电压(DC)/V	9
输出电压/V	5.6+0.4
电流损耗/pA	27+3
灵敏度/V	0.6+0.1
尺寸	22.0 mm×42 mm
质量/g	12

6.3.3 步进电机单元

1. 器件选型

在本系统中,需要用两个电机来旋转火焰传感器和喷水头,使得喷水头能够对准着火点。电机通常分为液压电机和电磁电机两大类。电磁电机能够将电能转化为驱动力,本系统适合采用这类电机。

由于单片机的驱动电流一般都不大,如本系统中采用的 ATmega32 单片机最大驱动电流为 20 mA,无法直接驱动电机,因此,在单片机与电机之间还要有相应的驱动电路。目前,对步进电机的控制主要有由分散器件组成的环形脉冲分配器、软件环形脉冲分配器、专用集成芯片环形脉冲分配器等。分散器件组成的环形脉冲分配器体积比较大,同时由于分散器件的延时,其可靠性大大降低;软件环形分配器要占用主机的运行时间,降低了速度;专用集成芯片环形脉冲分配器集成度高,可靠性好。本系统采用专用集成芯片的驱动方式。

(1) 步进电机

在电机选型过程中,最重要的是要考虑其输出转矩和旋转精度是否能满足系统要求;此外,电机的控制方式和规格尺寸也必须考虑。本系统中,要求电机在开环条件下能够很容易地实现精确控制,质量尽可能轻,体积尽可能小;另外,价格及供货也是一个重要的考虑因素。

根据上面的要求,永磁式步进电机非常适合本系统。步进电机与直流电机非常类似,只是它受输入脉冲信号的激励而前进一个固定的角度,即一步。如接收到一串脉冲,步进电机将连续运转一段相应距离。由于每步的精度与电机的定子有关,每步的误差不会积累,因此,不需要反馈即可很容易地实现步进电机的精确旋转。在各种类型的步进电机中,永磁式电机的动态性能好,输出力矩大。

STP-MTR-17048 是一款经济型的永磁式步进电机,其主要性能参数如表 6.2 所列,能满足本系统的应用需求。

表 6.2 STP-MTR-17048 典型参数

参　数	数　值
保持转矩/(N·m)	0.59
转动惯量/(kg·cm^2)	0.082
额定电流/A	2
阻抗/Ω	1.4
固有步距角/(°)	1.8
质量/kg	0.3
尺寸	4.22 cm×4.22 cm×4.80 cm

(2) H 桥驱动芯片

本系统采用专用集成芯片的驱动方式来驱动电机,其中主要分为控制部分和电流方法部分。电流方法部分通常采用 H 桥驱动芯片来实现。

H 桥实际上是一组晶体管开关,典型电路如图 6.5 所示,因其形状酷似字母 H 而得名。在本系统中,由于所选步进电机的额定电流为 2 A,因此要求 H 桥电路的额定电流达到 2 A。

另外,还要求 H 桥电路有比较好的抗干扰性。

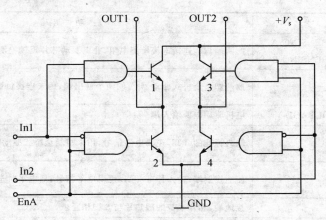

图 6.5 典型 H 桥电路

L298N 是 SGS 公司生产的一种高电压、大电流电机驱动芯片。该芯片的主要特点是:工作电压高,最高工作电压可达 46 V;输出电流大,瞬间峰值电流可达 3 A,持续工作电流为 2 A;内含两个 H 桥的高电压大电流全桥式驱动器,可以用来驱动直流电动机和步进电动机、继电器、线圈等感性负载;采用标准 TTL 逻辑电平信号控制;具有两个使能控制端,在不受输入信号影响的情况下允许或禁止器件工作;有一个逻辑电源输入端,使内部逻辑电路部分在低电压下工作;可以外接检测电阻,将变化量反馈给控制电路。

L298N 的引脚图如图 6.6 所示。各引脚功能如表 6.3 所列。本系统采用该芯片作为电机驱动电路的电流放大芯片。

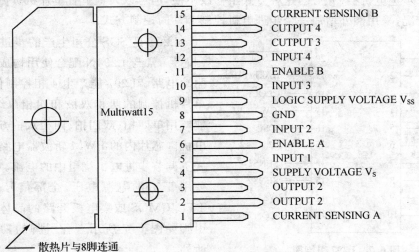

图 6.6 L298N 引脚图

表 6.3 L298N 引脚功能表

引脚	符号	功能
1 15	CURRENT SENSING A CURRENT SENSING B	此两端与地连接电流检测电阻,并向驱动芯片反馈检测到的信号
2 3	OUTPUT 1 OUTPUT 2	此两脚是全桥式驱动器 A 的两个输出端,用来连接负载
4	SUPPLY VOLTAGE Vs	电机驱动电源输入端
5 7	INPUT 1 INPUT 2	输入标准的 TTL 逻辑电平信号,用来控制全桥式驱动器 A 的开关
6 11	ENABLE A ENABLE B	使能控制端,输入标准 TTL 逻辑电平信号;低电平时全桥式驱动器禁止工作
8	GND	接地端,芯片本身的散热片与 8 脚相通
9	LOGIC SUPPLY VOLTAGE Vss	逻辑控制部分的电源输入端口
10 12	INPUT 3 INPUT 4	输入标准的 TTL 逻辑电平信号,用来控制全桥式驱动器 B 的开关
13 14	OUTPUT 3 OUTPUT 4	此两脚是全桥式驱动器 B 的两个输出端,用来连接负载

(3) 步进电机控制芯片

L298N 可以直接与单片机相连,这时 H 桥的控制输入完全由单片机产生。这种方式的优点在于修改灵活,缺点在于占用单片机资源过多。另外一种方式是在单片机与 H 桥电路之间再加入一个步进电机控制芯片,这种方式虽修改不便,但可以大量节省单片机资源。综合本系统的实际情况,采用额外增加一个步进电机控制芯片的控制方式。

L297 是 SGS 公司生产的步进电机专用控制芯片,常与 L298N 配合使用构成步进电机的驱动电路。L297 能产生 4 相控制信号,可用于单片机控制的两相双极和四相单级步进电机,能够用单四拍、双四拍、四相八拍方式控制步进电机。芯片内的 PWM 斩波器电路可在开关模式下调节步进电机绕组中的电流。该集成电路使用 5 V 的电源电压,全部信号的连接都与 TTL/CMOS 或集电极开路的晶体管兼容。其引脚如图 6.7 所示。各引脚的功能如表 6.4 所列。

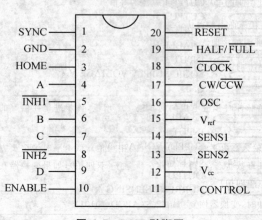

图 6.7 L297 引脚图

表 6.4　L297 引脚功能表

引脚	符号	功能
1	SYNC	斩波器输出端。如多个 L297 同步控制,则所有的 SYNC 端都要连在一起,共用一套振荡元件。如果使用外部时钟源,则时钟信号接到此引脚上
2	GND	接地端
3	HOME	集电极开路输出端。当 L297 在初始状态(ABCD＝0101)时,此端有指示。当此引脚有效时,晶体管开路
4	A	A 相驱动信号
5	$\overline{INH1}$	控制 A 相和 B 相的驱动级。当此引脚为低电平时,A 相、B 相驱动控制被禁止;当线圈绕组断电时,双极性桥对这个信号使负载电流快速衰减。当 CONTROL 端输入是低电平时,用斩波器调节负载电流
6	B	B 相驱动信号
7	C	C 相驱动信号
8	$\overline{INH2}$	控制 C 相和 D 相的驱动级。作用与 $\overline{INH1}$ 相同
9	D	D 相驱动信号
10	ENABLE	L297 的使能输入端。当它为低电平时,$\overline{INH1}$、$\overline{INH2}$、A、B、C、D 都为低电平。当系统被复位时用来阻止电机驱动
11	CONTROL	斩波器功能控制端。低电平时使 $\overline{INH1}$ 和 $\overline{INH2}$ 起作用,高电平时使 A、B、C、D 起作用
12	V_{CC}	＋5 V 电源输入端
13	SENS2	C 相、D 相绕组电流检测电压反馈输入端
14	SENS1	A 相、B 相绕组电流检测电压反馈输入端
15	V_{ref}	斩波器基准电压输入端。加到此引脚的电压决定绕组电流的峰值
16	OSC	斩波频率输入端。一个 RC 网络接至此引脚以决定斩波频率,在多个 L297 同步工作时,其中的一个接到 RC 网络,其余的此引脚接地
17	CW/$\overline{CCW}$	方向控制端。步进电机实际旋转方向由绕组的连接方法决定。当改变此引脚的电平状态时,步进电机反向旋转
18	$\overline{CLOCK}$	步进时钟输入端。该引脚输入负脉冲时步进电机向前步进一个增量,该步进是在信号的上升沿产生
19	HALF/$\overline{FULL}$	半步、全步方式选择端。此引脚输入高电平时为半步方式(四相八拍),低电平时为全步方式。如选择全步方式时变换器在奇数状态,会得到两相全步顺序(双四拍);如果变换器在偶数状态,会得到单相工作方式(单四拍)
20	$\overline{RESET}$	复位输入端。此引脚输入负脉冲时,变换器恢复初始状态(ABCD＝0101)

(4) 光电耦合芯片

为提高系统的稳定性和抗干扰性,在单片机和电机驱动电路之间还需要用光电耦合电路分隔开。光电耦合电路选用 CNY17F-2 芯片,该芯片的引脚及内部电路如图 6.8 所示。1 脚为正极,2 脚为负极,4 脚为发射极,5 脚为集电极,3 脚和 6 脚没有使用。

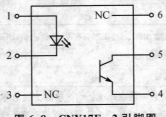

图 6.8　CNY17F-2 引脚图

2. 驱动电路

步进电机驱动电路组成框图如图 6.9 所示。单片机的控制信号通过光电耦合器发送到步进电机控制芯片 L297,经处理后送往电流放大芯片 L298N。经放大后的信号再去驱动步进电机的旋转。本系统中在水平方向和垂直方向各需要一个电机,相应地也需要两路驱动电路,每路的组成完全一样。

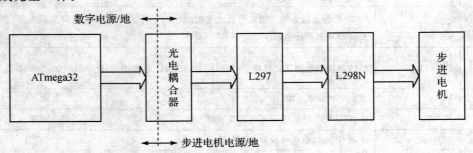

图 6.9　步进电机驱动电路组成框图

水平方向的步进电机驱动电路原理图如图 6.10 所示。通过光电耦合器,单片机 PA.0 连接到 L297 的 RESET 引脚,PA.4 连接到 RESET 引脚,PA.5 连接到 CLOCK 引脚,PA.6 连接到 CW/CCW 引脚,PA.7 连接到 ENABLE 引脚。R_1 和 C_1 组成一个 RC 振荡网络,为 L297 提供斩波频率。C_2 和 C_3 分别用于滤除 L297 和 L298N 供电电源中的高频干扰,C_4 则用于滤除 L298N 供电电源中的低频干扰。R_{s1} 和 R_{s2} 为电流检测电阻,这两个电阻上的电压被反馈到 L297,并与 V_{ref} 相比较,如果反馈电压大于 V_{ref},L297 将利用内部的斩波器调节电机绕组中的电流。R_2 和 R_3 构成一个分压电路,用于确定斩波器基准输入电压。该电路中,$V_{ref} = 0.9$ V,这样电机的电流是 1.8 A。

垂直方向的步进电机驱动电路与水平方向的完全一样,唯一不同的是单片机的控制端口变为 PA.0~PA.3,其电路图不再重复。

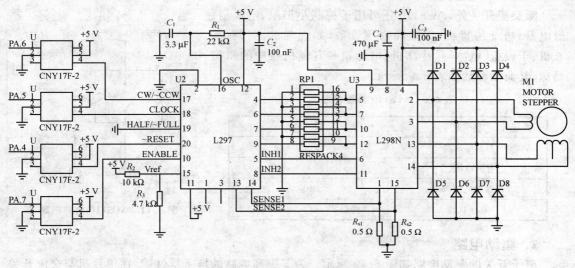

图 6.10 水平方向步进电机驱动电路原理图

6.3.4 电子阀门单元

1. 器件选型

在本系统中,需要一个阀门来实现喷水头的开关,电子阀门适合本系统的应用。同样由于单片机的驱动能力有限,还需要专门的驱动电路实现对阀门的控制。对于电子阀门,驱动主要是指交流开关。

(1) 阀 门

本系统选用 SRV-100G 作为喷水头的控制阀门,该阀门为螺纹塑料直通阀,无流量控制,其典型工作参数如表 6.5 所列。

表 6.5 SRV-100G 典型参数

参 数	数 值
流量/(m³·h⁻¹)	0.23~6.8
压力/(kg·cm⁻²)	1.4~10.3
电压/V	24(在 50/60 Hz 下)
激活电流/A	0.4
吸持电流/A	0.27
尺寸	13 cm×11 cm×6 cm

(2) 交流开关

本系统选用 ST 公司的 ACS110 作为控制电子阀门的交流开关。ACS110 是一种双向可控硅开关,有 SOT-223 和 DIP-8 两种封装形式,其内部电路如图 6.11 所示。COM 引脚通常用于连接到零线上,G 引脚与数字控制器相连,OUT 引脚与负载相连。

除交流开关外,ACS110还可用于控制小型泵、电风扇、继电器、自动售货机、门锁和家用设备,如洗碗机、空调、洗衣机、干燥机、电冰箱、冷冻机、电烤箱和其他机器中的微型马达,其典型参数如表6.6所列。

表6.6 ACS110典型参数

参　数	数　值
负载电压/V	+/−700
导通电流/A	1
门触发电流/mA	10
抗干扰性	静态 $dV/dt > 500\ V/\mu s$

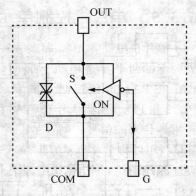

图6.11 ACS110内部电路

2. 驱动电路

电子开关的驱动电路如图6.12所示。为了提高电路的抗干扰性能,在单片机与交流开关之间要加入一个光电耦合器。除此之外,光电耦合器还能防止交流开关的高电压连接到单片机上,从而保护系统不受损坏。需要特别注意的是,ACS110为负脉冲触发,即输入为低电平时交流开关开启。但系统要求单片机输出为低电平时交流开关关闭,因此,在驱动电路中,要将光电耦合器的集电极作为ACS110的输入。

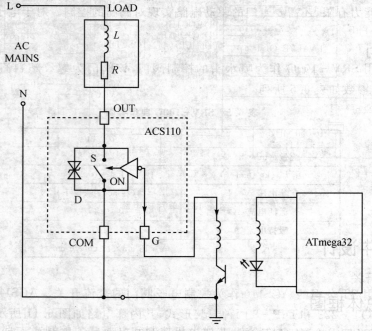

图6.12 电子开关驱动电路

6.3.5 单片机控制单元

单片机电路如图 6.13 所示。单片机 PA 口的 8 个引脚都为输出口,用于控制水平和垂直方向上的两个步进电机。前面已经提到,PA.0～PA.3 用于控制垂直方向的步进电机,PA.4～PA.7 用于控制水平方向的电机。PD.7 引脚为输出端口,用于电子阀门的控制。PD.2 和 PD.3 引脚工作在输入状态,作为外部中断 INT0 和 INT1 的输入引脚,用于接收火焰传感器传来的信号。烟雾传感器的输出信号作为单片机外部中断 INT2 的输入信号连接到 PB.2,用以将单片机从省电模式唤醒。此外,单片机电路还包括了时钟电路和复位电路,为了便于系统调试,单片机还增加了 ISP 电路。

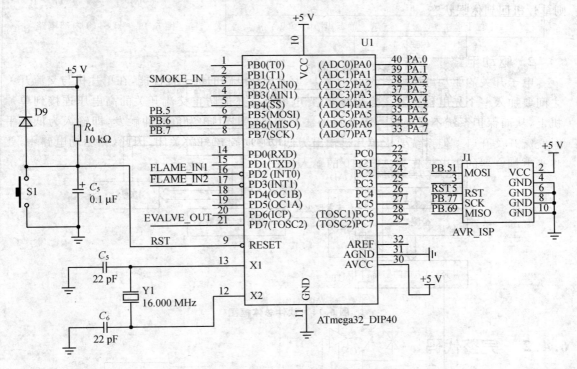

图 6.13 单片机电路

6.4 软件设计

6.4.1 总体框图

软件主要由烟雾检测、火焰检测、步进电机控制和电子开关控制 4 大部分组成,软件总体框图如图 6.14 所示。当烟雾检测器检测到烟雾后,给单片机发送一个告警信号,将单片机唤醒。单片机将会控制水平方向的步进电机在水平方向(X)进行 360°旋转扫描,以帮助火焰传感器确定火焰在水平方向的位置。当确定水平方向的精确着火点后,单片机停止这个方向步进电机的转动,开始旋转垂直方向(Y)的步进电机。垂直方向的步进电机在垂直方向 90°旋转,以便更精确地确定火焰的二维位置。当水平与垂直两个方向都精确确定着火点位置后,单片机将给电子阀门发出打开喷水头的命令。当喷水头在 Y 方向灭火完毕后,步进电机将会在 Y 方向继续扫描以寻找是否还有着火点,如果没有发现另外的着火点,则停止 Y 方向的扫描。然后 X 方向继续在 360°范围内扫描,以确定水平方向也没有其他的着火点。在灭火完毕后,单片机还会检测办公室内是否还有烟雾,如果有,则继续在 X 和 Y 方向进行扫描;如果没有,则单片机回到休眠状态。

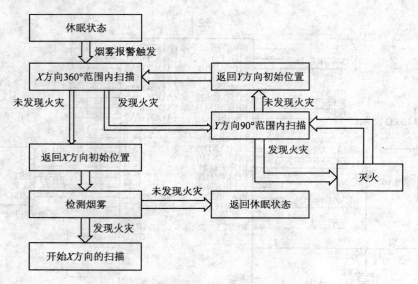

图 6.14 软件总体框图

6.4.2 完整代码

软件利用从顶向下的设计思想进行模块化设计,用 CVAVR 进行软件的编程开发。除主程序外,主要的功能模块包括:火焰检测函数 checkflame、步进电机初始化函数 initialize、步进电机方向控制函数 direction、步进电机顺时针旋转函数 cw 和步进电机逆时针旋转函数 ccw。完整程序代码如下:

```
/****************************************************
File name : ch6_code.c
Chip type : ATmega32
```

```
Program type : Application
Clock frequency : 16.000000 MHz
Memory model : Small
External SRAM size : 0
Data Stack size : 512
* * * * * * * * * * * * * * * * * * * * * * * * * * * * * * * * * * * * * */
#include <mega32.h>
#include <delay.h>

int read = 0;
int flameflag = 0;
/////////////////////////////////////////
// 自定义函数:initialize /////////////////
// 功能:用于初始化步进电机 ////////////////
/////////////////////////////////////////
// PORT A 用于步进电机的控制
// 7 6 5 4 => En,CW/~ccw ~clock ~reset,X 方向步进电机
// 3 2 1 0 => En,CW/~ccw ~clock ~reset,Y 方向步进电机
void initialize( int motor )
{
  switch( motor )
  {                              // X 方向步进电机
    case 1:
      PORTA.7 = 1;               // 使能 L297
      delay_ms(1);
      PORTA.4 = 0;               // 复位 L297
      delay_ms(1);
      PORTA.4 = 1;
      delay_ms(1);
      PORTA.6 = 1;               // 开始时顺时针旋转
      PORTA.5 = 0;               // 开始时步进电机固定不动
      break;
    case 2:                      // Y 方向步进电机
      PORTA.3 = 1;               // 使能 L297
      delay_ms(1);
      PORTA.0 = 0;               // 复位 L297
      delay_ms(1);
      PORTA.0 = 1;
      delay_ms(1);
      PORTA.2 = 1;               // 开始时顺时针旋转
```

```c
      PORTA.1 = 0;                              // 开始时步进电机不动
        break;
     default:
        break;
  }
  delay_ms(1); // stablizing signals
}
/////////////////////////////////////////////
// 自定义函数:direction //////////////////
// 功能:步进电机方向控制 //////////////////
/////////////////////////////////////////////
void direction( int motor, int dir) // DIRECTION
{ switch ( motor )
  {
    case 1:                                    // X 方向步进电机方向改变
       switch( dir )
       {
         case 0:                               // 改为顺时针旋转
           PORTA.7 = 1;
           PORTA.6 = 1;
           PORTA.5 = 0;                        // 前进一步
           PORTA.4 = 1;
           break;
         case 1:                               // 改变为逆时针旋转
           PORTA.7 = 1;
           PORTA.6 = 0;
           PORTA.5 = 0;                        // 前进一步
           PORTA.4 = 1;
           break;
         default:
           break;
       }
    case 2:                                    // Y 方向步进电机方向改变
       switch( dir )
       {
         case 0:                               // 改为顺时针旋转
           PORTA.3 = 1;
           PORTA.2 = 1;
           PORTA.1 = 0;                        // 前进一步
```

```c
        PORTA.0 = 1;
        break;
      case 1:                          // 改为逆时针旋转
        PORTA.3 = 1;
        PORTA.2 = 0;
        PORTA.1 = 0;                   // 前进一步
        PORTA.0 = 1;
        break;
      default:
        break;
      }
    default:
      break;
  }
  delay_ms(1);
}
/////////////////////////////////////////////////
// 自定义函数:cw/////////////////////////////////
// 功能:顺时针旋转控制///////////////////////////
/////////////////////////////////////////////////
void cw( int motor)
{
  switch ( motor )
  {
    case 1:                            // X方向步进电机
      PORTA.7 = 1;
      PORTA.6 = 1;
      PORTA.5 = 1;                     // 前进一步
      PORTA.4 = 1;
      delay_ms(1);                     // 稳定
      PORTA.5 = 0;
      break;
    case 2:                            // Y方向步进电机
      PORTA.3 = 1;
      PORTA.2 = 1;
      PORTA.1 = 1;                     // 前进一步
      PORTA.0 = 1;
      delay_ms(1);                     // 稳定
      PORTA.1 = 0;
```

```c
            break;
        default:
            break;
    }
    delay_ms(1);                              // stablizing clock
}
////////////////////////////////////////////
// 自定义函数:ccw /////////////////////////
// 功能:逆时针旋转控制 ////////////////////
////////////////////////////////////////////
void ccw( int motor)
{
    switch ( motor )                          // X方向步进电机
    {
        case 1:
            PORTA.7 = 1;
            PORTA.6 = 0;
            PORTA.5 = 1;                      // 前进一步
            PORTA.4 = 1;
            delay_ms(1);                      // 稳定
            PORTA.5 = 0;
            break;
        case 2:                               // Y方向步进电机
            PORTA.3 = 1;
            PORTA.2 = 0;
            PORTA.1 = 1;                      // 前进一步
            PORTA.0 = 1;
            delay_ms(1);                      // 稳定
            PORTA.1 = 0;
            break;
        default:
            break;
    }
    delay_ms(1);
}
////////////////////////////////////////////
// 自定义函数:checkflame //////////////////
// 功能:检测火焰 //////////////////////////
////////////////////////////////////////////
```

```c
int checkflame ( int sensor)
{
  #asm("cli")                                     // 禁止中断
  flameflag = sensor;                             // 设置中断标志位
  read = 0;
  #asm("sei")                                     // 中断使能
  delay_ms(100);
  #asm("cli")                                     // 关闭中断
  flameflag = 0;                                  // 打开火焰标志位
  if (read >= 150)                                // 脉宽是否大于 9.5 ms
  {
    #asm("sei")
    return 1;                                     // 返回值为 1
  }
  #asm("sei")
  return 0;
}
//////////////////////////////////////////////////
// / INTERRUPT // /
//////////////////////////////////////////////////
// INT0 中断服务函数
interrupt [EXT_INT0] void ext_int0_isr(void)
{
  if (flameflag == 1)                             // 火焰检测标志位 flameflag 为 1
  {
    switch (PIND.2)
    {
      case 1:                                     // 上升沿
      {
        TCNT0 = 0;
        break;
      }
      case 0:                                     // 下降沿
      {
        read = TCNT0;
        break;
      }
    }
  }
}
```

```
    }
// INT1 中断服务函数
interrupt [EXT_INT1] void ext_int1_isr(void)
{
  if (flameflag == 2)                                   // 火焰检测标志位为 2
  {
    switch (PIND.3)
    {
      case 1:                                           // 上升沿
      {
        TCNT0 = 0;
        break;
      }
      case 0:                                           // 下降沿
      {
        read = TCNT0;
        break;
      }
    }
  }
}
// INT2 中断服务函数
interrupt [EXT_INT2] void ext_int2_isr(void)
{
}
// // // // // // // // // // // // // // // // // //
// / MAIN // /
// // // // // // // // // // // // // // // // //
void main(void)
{
int i;
int j;
int k;
// // // // // // // // // // // // // // // // // // // //
// / INPUT/OUTPUT // /
// // // // // // // // // // // // // // // // // // //
// 输入/输出口初始化
// Port A 初始化
// PA.0~PA.7 均为输出方式
```

```c
// PA.0~PA.7 初始值均为 0
PORTA = 0x00;
DDRA = 0xFF;
// Port B 初始化
// PB.0~PB.7 均为输入方式
PORTB = 0x00;
DDRB = 0x00;
// Port C 初始化
// PC.0~PC.7 均为输入方式
PORTC = 0x00;
DDRC = 0x00;
// Port D 初始化
// PD.7 为输入方式,其余引脚为输入方式
PORTD = 0x00;
DDRD = 0x80;
// // // // // // // // // // // // // // // // // // // // // // //
// / TIMER // /
// // // // // // // // // // // // // // // // // // // // // // //
// T/C0 初始化
// 时钟源:系统时钟
// 时钟频率: 15.625 kHz
// 模式: Normal top = FFh
// OC0 输出:未连接
TCCR0 = 0x05;
TCNT0 = 0x00;
OCR0 = 0x00;

// // // // // // // // // // // // // // // // // // // // // // //
// / INTERRUPT SETUPT // /
// // // // // // // // // // // // // // // // // // // // // // //
// 外部中断初始化
// INT0:开
// INT0 模式:任何变化
// INT1:开
// INT1 模式:任何变化
// INT2:开
// INT2 模式:上升沿
GICR| = 0xE0;
MCUCR = 0x05;
MCUCSR = 0x40;
```

```c
GIFR = 0xE0;
// 定时器/计数器中断初始化
TIMSK = 0x00;
// 全局中断使能
#asm("sei")
initialize(1);                              // 步进电机初始化
initialize(2);
i = 0;                                      // 移动步进电机到合适的位置
while( i <= 76)
{
  direction(1,1);
  ccw(1);
  delay_ms(150);
  i++;
}
while (1)
{
  void sleep_enable(void)                   // 休眠使能
  void powersave(void)                      // 进入休眠模式
  // 从 INT2 唤醒单片机
  void sleep_disable(void)                  // 禁止休眠
  if ( PINB.2 == 1 )                        // 如果检测到烟雾
  {
    // PART 1
    //////////////////////////////////////////
    i = 0;
    k = 999;
    direction(2,0);                         // Y 方向步进电机,顺时针
    while (i <= 100)                        // X 方向扫描,顺时针
    {
      if( k == i )
      {
        j= 0;
        direction(1,1);                     // X 方向步进电机,逆时针
        while (j <= 35)                     // Y 方向扫描,逆时针
        {
          if( checkflame(1) == 1 )          // 发现着火点
          {
```

```
            PORTD.7 = 1;                    // 喷水
            delay_ms(4000);
            PORTD.7 = 0;
        }
        j++;                                // 没有发现着火点,继续
        ccw(1);
        delay_ms(150);
    }
    j = 0;
    direction(1,0);                         // X方向步进电机,顺时针
    while( j <= 35 )                        // Y方向步进电机回到初始位置
    {
        if( checkflame(1) == 1 )            // 发现着火点
        {
            PORTD.7 = 1;                    // 喷水
            delay_ms(4000);
            PORTD.7 = 0;
        }
        j++;                                // 没有发现着火点,继续
        cw(1);
        delay_ms(150);
    }
}
if( checkflame(2) == 1 )
{
    // 如果X方向发现着火点
    k = i+1;
}                                           // 如果没有发现着火点
i++;                                        // 继续
cw(2);
delay_ms(150);
}
////////////////////////////////////////
// END PART 1 /////////////////////////
/////// 电机返回原点////////////////////
i = 0;                                      // 复位值
k = 999;
direction(2,1);
while ( i <= 100)
```

```c
{
  if( k == i )
  {
    j= 0;
    direction(1,1);                    // X 方向电机逆时针旋转
    while ( j <= 35 )                  // Y 方向逆时针旋转
    {
      if( checkflame(1) == 1 )         // 如果发现着火点
      {
        PORTD.7 = 1;
        delay_ms(4000);
        PORTD.7 = 0;
      }
      j++;
      ccw(1);
      delay_ms(150);
    }
    j= 0;
    direction(1,0);                    // X 方向电机顺时针旋转
    while( j <= 35 )                   // 返回 Y 方向原点
    {
      if( checkflame(1) == 1 )         // 如果发现着火点
      {
        PORTD.7 = 1;
        delay_ms(4000);
        PORTD.7 = 0;
      }
      j++;
      cw(1);
      delay_ms(150);
    }
  }
  if( checkflame(2) == 1 )
  {
    // 如果发现着火点
    k = i+1;
  }
  ccw(2);
  i++;
```

```c
      delay_ms(150);
};
///////////////////////////////////////////////
// PART 2///////////////////////////////////////
///////////////////////////////////////////////
i = 0; // 复位值
k = 999;
while ( i <= 100)                              // X 方向逆时针旋转
{
  if( k == i )
  {
    j = 0;
    direction(1,1);                            // X 方向电机逆时针旋转
    while ( j <= 35 )                          // Y 方向逆时针旋转
    {
      if( checkflame(1) == 1 )                 // 如果发现着火点
      {
        PORTD.7 = 1;
        delay_ms(4000);
        PORTD.7 = 0;
      }
      j++;
      ccw(1);
      delay_ms(150);
    }
    j = 0;
    direction(1,0);                            // X 方向电机逆时针旋转
    while( j <= 35 )                           // 返回 Y 方向原点
    {
      if( checkflame(1) == 1 )                 // 如果发现着火点
      {
        PORTD.7 = 1;
        delay_ms(4000);
        PORTD.7 = 0;
      }
      j++;
      cw(1);
      delay_ms(150);
    }
```

```
    }
    if( checkflame(2) == 1 )
    {
      // 如果发现着火点
      k = i+1;
    } // 如果没有发现着火点
    i++;
    ccw(2);
    delay_ms(150);
  }
//////////////////////////////////////////////////
////////电机返回原点//////////////////
i = 0;                                              // 复位值
k = 999;
direction(2,0);
while ( i <= 100 )
{
  if( k == i )
  {
    j = 0;
    direction(1,1);                                 // X方向电机顺时针旋转
    while ( j <= 35 )                               // Y方向顺时针旋转
    {
      if( checkflame(1) == 1 )                      // 如果发现着火点
      {
        PORTD.7 = 1;
        delay_ms(4000);
        PORTD.7 = 0;
        // ext(0);
      }
      j++;
      ccw(1);
      delay_ms(150);
    }
    j = 0;
    direction(1,0);                                 // X方向电机逆时针旋转
    while( j <= 35 )                                // 返回Y方向原点
    {
      if( checkflame(1) == 1 )                      // 如果发现着火点
```

```
                {
                    PORTD.7 = 1;
                    delay_ms(4000);
                    PORTD.7 = 0;
                }
                j++;
                cw(1);
                delay_ms(150);
            }
        }
        if( checkflame(2) == 1 )
        {
          k = i+1;
        }
        cw(2);
        i++;
        delay_ms(150);
    }
    //////////////////////////////////////////////
}// 返回休眠状态
}
}
```

6.5 系统测试

系统设计完成之后,为确保系统满足各项设计要求,对系统进行了如下一些项目的测试。

1. 测试项目 1:有烟雾,无火焰

目的:用于观察有烟雾、无火焰情况时系统的反应,确保系统在没有检测到火焰的情况下不喷水。例如,香烟的烟雾以及开水所冒出的水蒸气不会触发系统喷水。

期望的性能:系统在检测到烟雾之后应该在水平及垂直方向旋转机械臂以寻找火焰。系统应该不喷水。

实际的性能:与期望的完全一样,系统在水平和垂直方向旋转机械臂寻找火焰。在搜寻之后系统没有喷水。

2. 测试项目 2:无烟雾,有火焰

目的:用于观察仅有火焰情况时系统的反应,确保系统在没有检测到烟雾的情况下不喷水,因为这种情况下并没有出现火灾。例如,在办公室点燃蜡烛不能触发系统喷水。

期望的性能:系统不做任何事情。

实际的性能:与期望的完全一样,系统没有任何动作。

3. 测试项目 3:小的火灾

目的:用于观察有小火灾的情况时系统的反应,确保系统喷水以便有效而精确地灭火。火灾范围为 6 cm×6 cm×6 cm,并且有烟雾。测试所需的小火灾由点燃报纸所产生。

期望的性能:在检测到由于火灾产生的烟雾后,系统应该能够在水平和垂直方向旋转机械臂搜索着火点。系统应该能对着火点进行精确定位,并使机械臂对准着火点,控制电子阀门对着火点进行喷水灭火。喷出的水足够将火熄灭而不破坏其他的东西。

实际的性能:由于测试是在室外进行的,烟雾传感器不能获得浓度足够高的烟雾,因此需要人工触发烟雾传感器。系统如期望的一般有效地灭火。

4. 测试项目 4:大的火灾

目的:用于观察有大火灾的情况时系统的反应,确保系统喷水以便有效而精确地灭火。火灾范围为 30 cm×30 cm×35 cm,并且有烟雾。测试所需的大火灾由点燃一堆报纸所产生。

期望的性能:在检测到由于火灾产生的烟雾后,系统应该能够在水平和垂直方向旋转机械臂搜索着火点。系统应该能对着火点进行精确定位,并使机械臂对准着火点,控制电子阀门对着火点进行喷水灭火。喷出的水足够将火熄灭而不破坏其他的东西。

实际的性能:与期望的完全一致,系统有效地扑灭了大火。

5. 测试项目 5:两处或多处大的火灾

目的:用于观察有两处或多处大的火灾的情况时系统的反应,确保系统喷水以便能一处接一处地灭火。

期望的性能:与前面的情况一样,在检测到由于火灾产生的烟雾后,系统应该能够在水平和垂直方向旋转机械臂搜索着火点。系统应该能控制机械臂一个接一个地对准着火点并进行灭火。系统应该能扑灭其首先发现的着火点,如果检测还有烟雾存在,继续搜索下一个着火点。当系统检测到第二个着火点时,同样将其扑灭,这样一直检测下去,直到没有烟雾为止,也就是说所有的大火都被扑灭。

实际的性能:与期望的一样,系统一个接一个地扑灭了所有的大火。

6.6 进一步的分析

在系统设计和调试的过程中,也发现了系统还可能改进和提高的一些方面,主要包括:

① 系统不仅要能够检测到火灾并进行灭火,还应该在发现三处及三处以上的着火点时自动向消防部门报告火灾,以表明火灾较大,不采取另外的措施可能会失去控制。

② 应该在系统中增加一个报警器,以便在火灾失去控制时进行报警。

③ 烟雾传感器和火焰传感器的探测距离和精度还应该更高一些，以便减少办公室中自动灭火系统的个数。

④ 还应该进一步减轻系统的质量并减小系统的尺寸，因为在天花板上安装较重的物品危险性更大。

这些问题要在下一代的办公室自动灭火系统中重点考虑，以不断提高系统性能和实用性。

6.7 本章小结

本章介绍了一个办公室自动灭火系统的设计和实现。该系统能够精确地探测着火点位置并直接对着火点喷水进行灭火。在灭火完毕后，能自动关闭喷水头，最大限度地节约用水。

系统硬件主要由烟雾传感单元、火焰传感单元、步进电机单元、电子阀门单元和单片机控制单元5大部分组成。给出了相关单元电路主要芯片的选型过程及所选芯片的主要特点和性能。给出了各单元电路的原理电路图及有关的设计考虑。

系统软件主要包括火焰检测函数、步进电机初始化函数、步进电机方向控制函数、步进电机顺时针旋转函数及步进电机逆时针旋转函数等主要功能模块。主程序通过调用这些功能模块完成整个系统的控制。给出了软件流程图，完整的程序代码也一并给出。

为验证设计的有效性，还给出了5种情况下的测试结果。作为扩展课题，最后还讨论了办公室自动灭火系统下一步可能的改进。

第 7 章

手持式电子血压计

现代人注重健康。由于生活水平的提高,加上工作的压力,心血管疾病患者呈现低龄化趋势。血压是最重要的健康指标,如果能经常测量自己的血压,做到对自己的健康状况心里有数,早期发现问题,就能得到较好的治疗效果。为了便于客户方便快捷地测量自己的血压和心率,我们设计出了一款手持式血压计。

传统的检测仪器大多由模拟电路来完成,不仅功能单一,而且开发周期长,不易维护。随着微电子技术和信息技术的高速发展,医学检测仪器正向组合式、多功能、智能化和微型化方向发展。现代数字部件的快速发展为医学检测仪提供了强有力的支持,医学检测仪器都无一例外地采用了微处理器来增强其功能。广泛地应用微处理器芯片能增强仪器的智能化程度,提高其稳定性和数据处理的精确性,使医学信号的采集、处理、通信一体化,并具有自诊断、自校验等一系列优点。

我们设计的手持式血压计操作简单,显示清晰,无需听诊器,血压、心率测量一次完成,液晶显示,美观便携,低耗电设计,双弧流线型机体,体积小,质量轻。电子血压计由以下 3 个主要部分组成:外部硬件(如气袖、电动气泵、电磁气阀、液晶显示器等)、模拟电路和微控制器。模拟电路将袖套的压力值转换成可用的脉搏波。微控制器采样脉搏波并进行模/数转换,以便后续计算。此外,MCU 还控制按键和 LCD 显示。

7.1 系统概述

7.1.1 项目背景

高血压在我国的发病率呈逐年上升的趋势,18 岁及以上居民高血压患病率达 18.8%,约 1.6 亿。但是公众对高血压的知晓率仅为 30.2%,控制率仅为 6.1%。这样的数据不能不让我们担忧。对于一个高血压或低血压的患者来说,怎样正确地测量血压,自我监测,自我管理,才能达到预防和治疗疾病的目的呢?医疗电子设备的家庭化逐渐成为了趋势。其中家用电子血压计就是典型的家庭医疗检测设备之一。

一般医院使用的水银血压计,是基于柯氏法,专业医生可以用听诊器听到动脉血管的不同声音,来判断收缩压和舒张压的值。但科氏法存在一些固有的缺点:一是确定舒张压比较困难;二是此法凭人的视觉和听觉,带有主观因素,除非专业医生,一般人很难测准血压,且肉眼观察误差极大,主观性强,体积较大,不易携带。20世纪70年代出现了多种科氏法电子血压计,试图实现血压的自动检测,但人们很快发现这类血压计未能克服柯氏法的固有缺点,误差大,重复性差。目前,国外大多数无损自动血压检测仪器都采用示波法。我们设计的手持式血压计也采用示波法。

示波法的测量过程与柯氏法类似,仍采用充气袖套来阻断上臂动脉血流。由于心搏的血液动力学作用,在气袖压力上将重叠与心搏同步的压力波动,即脉搏波。当气袖压力远高于收缩压时,脉搏波消失。随着袖套压力下降,脉搏开始出现。当袖套压力从高于收缩压降到收缩压以下时,脉搏波会突然增大,到平均压时达到最大值,然后又随袖套压力下降而衰减。当小于舒张压后,动脉管壁的舒张期已充分扩张,管壁刚性增强,而波幅维持比较小的水平。示波法血压测量就是根据脉搏波振幅与气袖压力之间的关系来估计血压的。与脉搏波最大值对应的是平均压,收缩压和舒张压分别以对应脉搏波最大振幅的比例来确定。

7.1.2 需求分析

电子式血压计使用简易,可一人独自操作;测量值便于记录,体积小,轻巧,便于携带。电子式血压计具备了诸多优点,越来越受到普通家庭的欢迎。手持式电子血压计作为测量血压心率的设备,根据其使用要求,应具有如下的功能特点:

① 能自动完成充气、放气、血压心率测量等一系列测试过程,测量结果需有较好的精度;
② 快速测量,能有效减轻腕部压力,令测量过程更舒适;
③ 友好的人机接口,方便用户使用;
④ 人性化设计,考虑到测试过程中用户的安全,可以随时终止测试。

7.2 系统方案设计

7.2.1 系统结构设计

根据7.1节所述的需求分析,手持式电子血压计要完成信号的采集、处理和显示3种功能。整个系统的结构框图如图7.1所示。

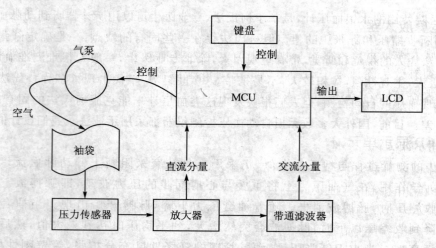

图 7.1 手持式电子血压计结构框图

7.2.2 设备选型

Atmel 公司新推出的 ATmega 系列 AVR 单片机是很引人注目的一款微处理器。这种芯片基于新的 RISC(Reduced Instruction Set Computer)结构,在设计上采用了流水线的结构,在执行前一条指令时,同时取出下一条指令,它的 Flash 以及强大的外围接口能力使它成为目前最流行的单片机之一。本设计采用 ATmega 系列的 ATmega32 作为控制系统的核心。

如图 7.1 所示,控制系统主要由单片机模块、血压检测模块、LCD 显示单元、电源管理模块、气泵气阀控制模块等组成。其中血压检测模块是电子血压计的核心部分。

按照图 7.1 所确定的系统结构,选择合适的功能部件,以构成完整的系统控制电路设计。

1. 气泵气阀

气泵气阀系统主要实现袖袋内充、放气功能。充、放气时要与压力传感器配合。当气体压力充到一定阈值时停止充气;放气动作则会在以下两种状态启动:紧急情况下(如压力过大)和测量结束时,放气可将袖袋压降至大气压。

2. 压力传感器

压力传感器负责将袖袋的气压转换成电压信号,以供后续处理。为保证气压测量的准确,压力传感器的选择尤为重要。首先,其线性度要比较好,测量范围要宽;其次价格不能太贵。综合以上两点,在此选择 Motorola 公司的 MPX2050 压力传感器。MPX2050 具有线性度好、外围电路简单和灵敏度高的优点。

3. 运算放大器

运算放大器负责将传感器输出的小信号不失真地放大成微控制器可以处理的信号，同时还必须有效去除信号中的噪声。考虑到传感器输出信号的特点，在此选用 AD 公司的仪用放大器 AD620 来构造放大电路，选用 TI 公司的高精度运放 OP2277 来构造带通滤波器。

4. LCD 显示单元

在单片机应用系统中，通常要进行信息显示。液晶显示器（LCD）由于具有众多优点，日益成为单片机应用系统的首选显示器件。

根据显示方式和内容的不同，液晶显示模块可以分为笔段型液晶显示模块、点阵字符液晶显示模块和点阵图形液晶显示模块 3 种。

笔段型液晶显示模块是一种由段型液晶显示器件与专用的集成电路组装成一体的功能部件，只能显示数字和一些标识符号；点阵字符液晶显示模块是由点阵字符液晶显示器件和专用的行列驱动器、控制器，以及必要的连接件、结构件装配而成的，可以显示字母、数字和符号，但不能显示图形；点阵图形液晶显示模块的点阵像素连续排列，行和列在排布中均没有空隔，不仅可以显示字符，而且也可以显示连续、完整的图形。

显然，点阵液晶图形模块是三种液晶显示模块中功能最全面也最为复杂的一种，相比较，点阵字符液晶模块功能较均衡，使用也广泛。在我们的实例中，选用的就是 LCD1602 点阵字符液晶显示模块。

7.3 硬件设计

手持式电子血压计的硬件电路如图 7.2 所示。下面对个单元电路分别予以说明。

7.3.1 传感器电路

传感器电路主要包括传感器、放大电路部分和带通滤波电路，其电路原理图如图 7.3 所示。袖套通过气管连接到压力传感器 MPX2050 上，MPX2050 将压力线性地转化为模拟电压信号。模拟信号通过医用放大器 AD620 进行第一级放大，放大后的模拟电压信号通过电容将直流参量和交流分离。直流参量连接到 ATmega32 的模/数转换通道 AD1 口上，其测量的是袖套中的平均压力；交流参量通过 OPA2277 组成的带通滤波电路。交流参量得到足够大的放大增益并且有效减小噪声干扰。放大后的交流信号再接入一个交流耦合电路。经过处理的信号连接到 ATmega32 的模/数转换通道 AD1 口上，用于测量脉搏波的振幅。

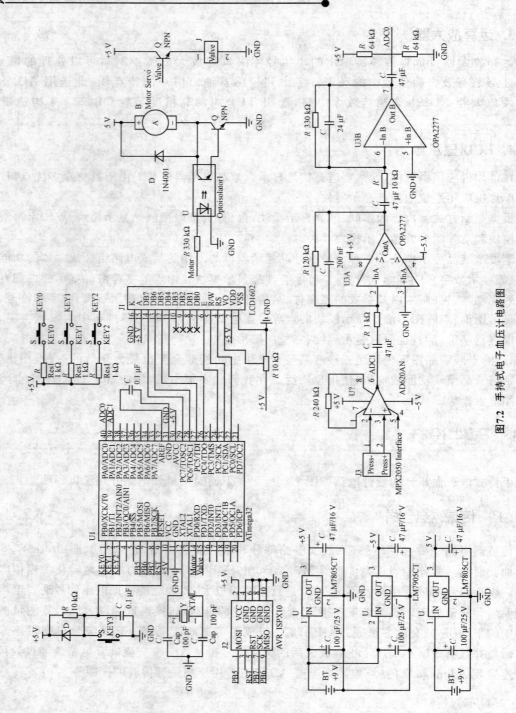

图 7.2 手持式电子血压计电路图

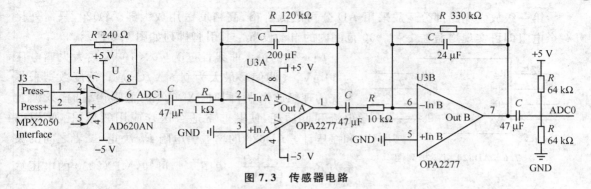

图 7.3 传感器电路

传感器采用 Motorola 公司的 MPX2050 压力传感器,MPX2050 器件是一款硅压阻式压力传感器,提供准确度极高的线性电压输出,与应用的压力直接成比例。该传感器是采用变形测量器和片上集成薄膜电阻器网络的单个单块集成电路。芯片采用激光修正,实现精确的扫描、偏置校准和温度补偿。其结构框图如图 7.4 所示。

线性度是传感器的一个重要考核指标,它表示实测的检测系统输入-输出曲线与拟合直线之间最大偏差与满量程输出的百分比。MPX2050 的线性度为 0.25%,测量范围为 0~50 kPa,图 7.5 为 25° 时 MPX2050 的最小、最大和典型输出特性图。

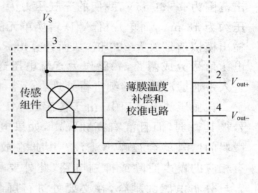

图 7.4 MPX2050 结构框图

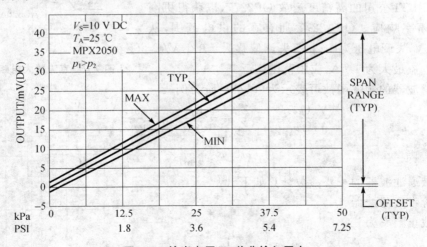

图 7.5 输出电压 V_S 差分输入压力

第一级放大电路部分运放采用 AD 公司的低价格、高精度医用放大器 AD620，只需外接一个电阻即可实现增益在 1～1 000 范围内的自动设置。其引脚排列如图 7.6 所示。

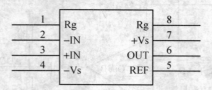

图 7.6　AD620 引脚排列图

AD620 的最大非线性度为 40×10^{-6}，最大失调电压为 50 μV，失调偏移最大为 0.6 V/C，是高精度数据采集系统的理想放大器；同时，AD620 的低噪声、低输入偏置电流和低功耗，使其非常适合医疗应用领域，比如 EGG 和血压计。AD620 的增益由电阻 R_G 决定，二者之间的关系为 $R_G=\dfrac{49.4\ \text{k}\Omega}{G-1}$。由图 7.5 可知，MPX2050 的电压输出范围为 0～40 mV，我们的充气压力为 160 mmHg（约为 21.33 kPa），此压力对应的输出电压约为 18 mV，而单片机 A/D 转换单元的输入电压范围为 0～4 V，所以在此将 MPX2050 的输出模拟信号放大 200 倍，从而计算出 R_G 为 240 Ω，其线路原理图如图 7.7 所示。放大后的电压信号分成两路，一路作为直流电压送至 ATmega32 的模/数转换通道 AD0 口上，另一路进入带通滤波环节继续进行处理。

在血压测量过程中，由于传感器 MPX2050 输出的信号极其微弱，而且混有高频噪声，如果电路设计不合理，微弱的信号就会被噪声淹没。因此在放大电路中，必须有相应的噪声滤除或抑制电路，此外要尽量消除分布电容与分布电感的耦合，在必要处进行屏蔽。如图 7.8 所示，采用有源带通滤波器，有效地滤除频段外的噪声，并适当放大信号。带通滤波部分采用二阶有源带通滤波器，运放采用 TI 公司的高精度运放 OP2277，以获得更高的增益和频率响应。OPA2277 拥有宽的供电范围，从 ±2～±18 V，失调电压为 10 μV，失调偏移为 ±0.1 V/C，输入偏置电流最大为 1 nA，应用范围广泛。

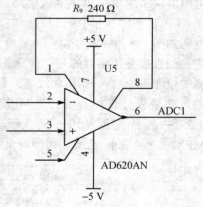

图 7.7　直流放大电路原理图

带通滤波器的频率函数可表示为（以第一阶为例）：

$$\frac{V_o(j\omega)}{V_i(j\omega)}=-\frac{Z_f}{Z_i}=-\frac{R_7\ //\ (1/j\omega C_5)}{R_{11}+(1/j\omega C_9)}=-\omega C_9 R_7 \times \frac{1}{\omega R_{11}C_9-j}\times\frac{1}{\omega R_7 C_5-j}$$

二阶带通滤波器的主要参数计算如下。
第一阶带通滤波器：
低点截止频率为

$$f_{\text{low}}=\frac{1}{2\pi(47\ \mu\text{F})(10\ \text{k}\Omega)}=0.338\ \text{Hz}$$

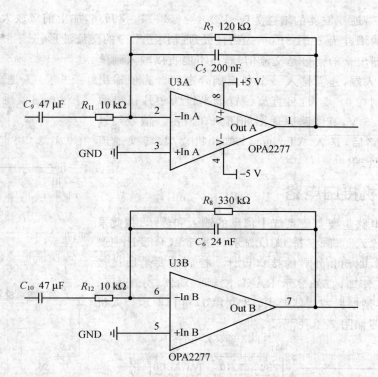

图 7.8 二阶有源带通滤波器电路

高点截止频率为

$$f_{high} = \frac{1}{2\pi(200 \text{ nF})(120 \text{ k}\Omega)} = 6.631 \text{ Hz}$$

通带内的增益为

$$A = -\frac{120 \text{ k}\Omega}{10 \text{ k}\Omega} = -12$$

第二阶带通滤波器：
低点截止频率为

$$f_{low} = \frac{1}{2\pi(47 \text{ μF})(10 \text{ k}\Omega)} = 0.338 \text{ Hz}$$

高点截止频率为

$$f_{high} = \frac{1}{2\pi(24 \text{ nF})(333 \text{ k}\Omega)} = 19.91 \text{ Hz}$$

通带内的增益为

$$A = -\frac{333 \text{ k}\Omega}{10 \text{ k}\Omega} = -33.3$$

所以,整个二阶带通滤波器的增益为$(-12)\times(-33.3)=399.6$,加上前级放大电路的增益,则整个交流通道的增益为8.51×10^4,为后续处理提供了干净的交流波形。

带通滤波器出来的信号是交流信号,还不能直接输入到单片机的 A/D 输入端,还需接入一个交流耦合电路。为使输出的电压范围控制在 0~5 V,将直流偏置电平定为单片机电源值的一半,即 2.5 V,其线路原理图如图 7.9 所示。信号经过此交流耦合电路后,送入 ATmega32 单片机模/数转换通道 AD0 口上进行处理。

7.3.2 人机接口电路

人机接口电路主要负责系统中信息的输入和显示,在此采用独立式键盘输入,点阵字符 LCD 显示。进行 LCD 设计主要是 LCD 的控制/驱动和外界的接口设计。控制主要是通过接口与外界通信,管理内/外显示 RAM,控制驱动器,分配显示数据;驱动主要是根据控制器要求,驱动 LCD 进行显示。人机接口电路原理图如图 7.10 所示。

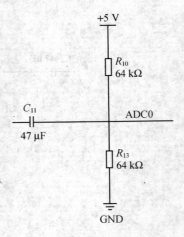

图 7.9 交流耦合电路

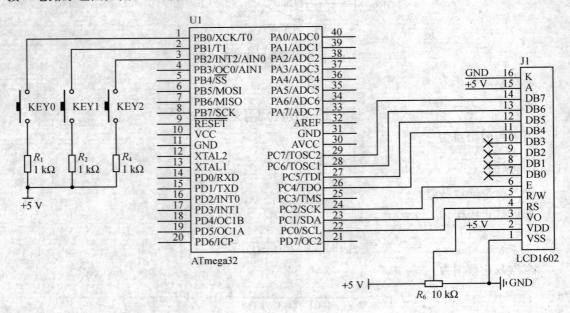

图 7.10 人机接口电路

如图 7.10 所示,键盘 KEY0、KEY1、KEY2 接在 PB0~PB2 上。LCD1602 接在

ATmega32 的 PC 口上,数据线采用四位数据线(DB4～DB7),其他四位数据线未连接。

LCD1602 是一款 16×2 字符型液晶显示模块,内置显示驱动控制器 KS0066U。对 LCD1602 的控制也就是如何对 KS0066U 控制。KS0066U 和 8 位 MPU 接口的总线操作时序如图 7.11 所列。

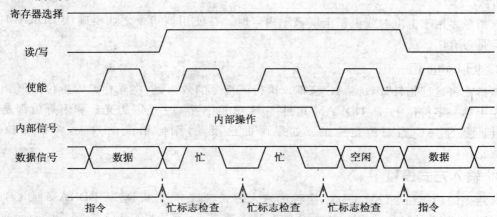

图 7.11　KS0066U 接口部的总线操作时序图

KS0066U 有 8 条指令,指令非常简单。指令一览表如表 7.1 所列。

表 7.1　KS0066U0 指令一览表

指令名称	控制信号		控制代码							
	RS	R/W	D7	D6	D5	D4	D3	D2	D1	D0
清屏	0	0	0	0	0	0	0	0	0	1
归 home 位	0	0	0	0	0	0	0	0	1	*
输入方式设置	0	0	0	0	0	0	0	1	I/D	S
显示状态设置	0	0	0	0	0	0	1	D	C	B
光标画面滚动	0	0	0	0	0	1	S/C	R/L	*	*
工作方式设置	0	0	0	0	1	DL	N	F	*	*
CGRAM 地址设置	0	0	0	1	A5	A4	A3	A2	A1	A0
DDRAM 地址设置	0	0	1	A6	A5	A4	A3	A2	A1	A0
读 BF 和 AC	0	1	BF	AC6	AC5	AC4	AC3	AC2	AC1	AC0
写数据	1	0	数据							
读数据	1	1	数据							

注:"*"表示任意值,在实际应用时一般认为是"0"。

下面对表 7.1 的指令作较详细的解释。

1. 清　屏

该指令完成下列功能：将空码(20H)写入 DDRAM 的全部 80 个单元内；将地址指针计数器 AC 清零，光标或闪烁归 home 位；设置输入方式参数 I/D＝1，即地址指针 AC 为自动加一输入方式。

该指令多用于上电时或更新全屏显示内容时。在使用该指令之前要确认 DDRAM 的当前内容是否有用。

2. 归 home 位

该指令将地址指针计数器 AC 清零。执行该指令的效果是：将光标或闪烁位返回到显示屏的左上第一字符位上，即 DDRAM 地址 00H 单元位置。这是因为光标和闪烁位都是以地址指针计数器 AC 当前值定位的。如果画面已滚动，则撤销滚动效果，将画面拉回到 home 位。

3. 输入方式设置

该指令的功能在于设置了显示字符的输入方式，即在计算机读/写 DDRAM 或 CGRAM 后，地址指针计数器 AC 的修改方式，反映在显示效果上，就是当写入一个字符后画面或光标的移动。该指令的两个参数位 I/D 和 S 确定了字符的输入方式。

I/D 表示当计算机读/写 DDRAM 或 CGRAM 的数据后，地址指针计数器 AC 的修改方式，由于光标位置也是由 AC 值确定，所以也是光标移动的方式。S 表示在写入字符时，是否允许显示画面的滚动。I/D 和 S 的配置方法如表 7.2 所列。

表 7.2　I/D 和 S 的配置方法

参　数	配置值	说　明
I/D	0	AC 为减 1 计数器，光标左移一个字符位
	1	AC 为加 1 计数器，光标右移一个字符位
S	0	禁止滚动
	1	允许滚动

4. 显示状态设置

该指令控制着画面、光标及闪烁的开关。该指令有三个状态位 D、C、B，这三个状态位分别控着画面、光标和闪烁的显示状态。

D 画面显示状态位。当 D＝1 时为开显示，当 D＝0 时为关显示。注意关显示仅是画面不出现，而 DDRAM 内容不变。这与清屏指令截然不同。

C 光标显示状态位。当 C＝1 时光标显示，当 C＝0 时为光标消失。光标为底线形式(5×1 点阵)，出现在第 8 行或第 11 行上。光标的位置由地址指针计数器 AC 确定，并随其变动而移动。当 AC 值超出了画面的显示范围时,光标将随之消失。

B 闪烁显示状态位。当 B=1 时为闪烁启用,当 B=0 时为闪烁禁止。闪烁是指一个字符位交替进行正常显示态和全亮显示态,闪烁频率在控制器工作频率为 250 kHz 时为 2.4 Hz。闪烁位置同光标一样受地址指针计数器 AC 的控制。

闪烁出现在有字符或光标显示的字符位时,正常显示态为当前字符或光标的显示;全亮显示态为该字符位所有点全显示。若出现在无字符或光标显示的字符位时,正常显示态为无显示,全亮显示态为该字符位所有点全显示。这种闪烁方式可以设计成块光标,如同计算机 CRT 上块状光标闪烁提示符的效果。

5. 光标或画面滚动

执行该指令将使画面或光标向左或向右滚动一个字符位。如果定时间隔地执行该指令,则将使画面或光标平滑滚动。

当未开光标显示时,执行画面滚动指令时不修改地址指针计数器 AC 值;有光标显示时,由于执行任意一条滚动指令时都将使光标产生位移,所以地址指针计数器 AC 都需要被修改。光标的滚动功能可以用于搜寻需要修改的显示字符。

该指令有两个参数位:S/C 滚动对象的选择和 R/L 滚动方向的选择。S/C=1,画面滚动;S/C=0,光标滚动。R/L=1,向右滚动;R/L=0,向左滚动。

该指令与输入方式设置指令都可以产生光标或画面的滚动,区别在于该指令专用于滚动功能,执行一次,显示呈现一次滚动效果;而输入方式设置指令仅是完成了一种字符输入方式的设置,仅在计算机对 DDRAM 等进行操作时才能产生滚动的效果。

6. 工作方式设置

该指令设置了控制器的工作方式,包括控制器与计算机的接口形式和控制器显示驱动的占空比系数等。该指令有三个参数 DL、N 和 F。DL 设置控制器与计算机的接口形式,N 设置显示的字符行数,F 设置显示字符的字体。三个参数的配置方法如表 7.3 所列。

表 7.3 DL、N 和 F 的配置方法

参 数	配置值	说 明
DL	0	数据总线为 8 位长度,即 DB7~DB0 有效
	1	数据总线为 4 位长度,即 DB7~DB4 有效
N	0	一行字符行
	1	两行字符行
F	0	5×7 点阵字符体
	1	5×10 点阵字符体

该指令可以说是字符型液晶显示控制器的初始化设置指令,也是唯一的软件复位指令。KS0066U虽然具有复位电路,但为了可靠地工作,KS0066U要求计算机在征作KS0066U时首先对其进行软件复位,也就是说在控制字符型液晶显示模块工作时首先要进行软件复位。

7. CGRAM 地址设置

该指令将6位的CGRAM地址写入地址指针计数器AC内,随后计算机对数据的操作是对CGRAM的读/写操作。

8. DDRAM 地址设置

该指令将7位的DDRAM地址写入地址指针计数器AC内,随后计算机对数据的操作是对DDRAM的读/写操作。

9. 读"忙"标志和地址指针值

计算机对指令寄存器通道读操作(RS=0,R/W=1)时,将读出此格式的"忙"标志BF值和7位地址指针计数器AC的当前值。计算机随时都可以对KS0066U读"忙"操作。

10. 写数据

计算机向数据寄存器通道写入数据,KS0066U根据当前地址指针计数器AC值的属性及数值将该数据送入相应的存储器内AC所指的单元中。如果AC值为DDRAM地址指针,则认为写入的数据为字符代码并进入DDRAM内AC所指的单元中;如果AC值为CGRAM的地址指针,则认为写入的数据是自定义字符的字模数据,并送入CGRAM内AC所指的单元中。

11. 读数据

在KS0066U内部运行时序的操作下,地址指针计数器AC的每一次修改,包括新的AC值的写入,光标滚动位移所引起的AC值的修改或由计算机读/写数据操作后所产生的AC值的修改,KS0066U都会把当前AC所指单元的内容送到接口部数据输出寄存器内,供计算机读取。如果AC值为DDRAM地址指针,则认为接口部数据输出寄存器的数据为DDRAM内AC所指单元的字符代码;如果AC值为CGRAM的地址指针,则认为数据输出寄存器的数据是CGRAM内AC所指单元的自定义字符的字模数据。

7.3.3 单片机电路

单片机电路是整个系统的核心,它负责数据的处理和显示、按键的响应和电机启动的控制等,其电路原理图如图7.12所示。

如图7.12所示,ATmega32采用外接16 MHz晶振方式,程序下载接口采用JTAG-ISP方式。ATmega32的A/D通道0接传感器电路输出的DC电压信号,A/D通道1接传感器电路输出的AC电压信号。ATmega32的PB0、PB1、PB2分别接按键KEY1、KEY2、KEY3。

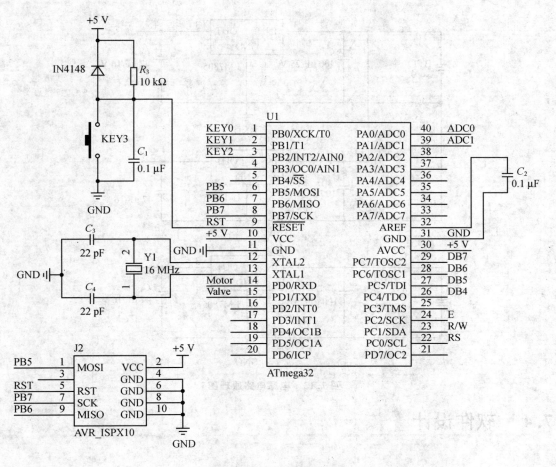

图 7.12 单片机电路原理图

ATmega32 的 PORTC 和 LCD1602 连接,具体的口线连接方式为 RS—PC0、RD—PC1、EN—PC2、DB4—PC4、DB5—PC5、DB6—PC6、DB7—PC7。ATmega32 的 PD0 接电机控制端,PD1 接电磁阀控制端。

7.3.4 电源电路

本系统的电源共有+9 V、+5 V、-5 V 三种。其中+9 V 电源由电池输出,用来作为单片机及系统其他电源的输入。系统的+5 V 电源用于运算放大器、电机和单片机的供电,它由三端稳压电源器件 LM7805 对+9 V 电压进行降压得到。系统的-5 V 电源用于提供运算放大器的负电源,它由三端稳压电源器件 LM7905 对+9 V 电压进行降压得到。系统电源电路的原理图如图 7.13 所示。

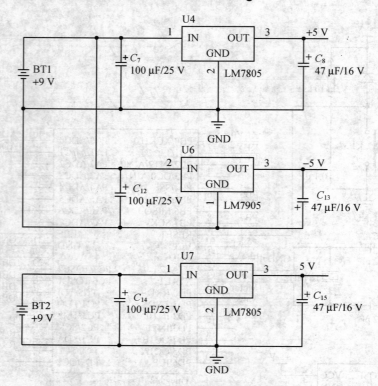

图 7.13　电源电路原理图

7.4　软件设计

7.4.1　软件框图

电子血压计软件系统采用时序状态机方式来实现,将整个工作过程分为 6 个状态,主程序通过查询当前所处状态,执行相应的程序。下面给出主程序和测量处理子程序的流程图。

1. 主程序

主程序主要完成系统初始化,键盘输入与处理、LCD 显示、气泵和阀门控制等。系统主程序的流程图如图 7.14 所示。

如图 7.14 所示,初始状态为 START 状态,此时用户按下设备上的测试按钮,则启动测量过程,袖袋开始充气。在袖袋充气过程中,如果用户感到不舒服或者有强烈的疼痛感,则可以按下终止按钮停止气泵,袖袋快速放气,从而结束测量。这主要是为了确保用户在使用设备时的安全。如果袖袋充气过程正常,则袖袋内的压力将持续增加,直至 160 mmHg。达到

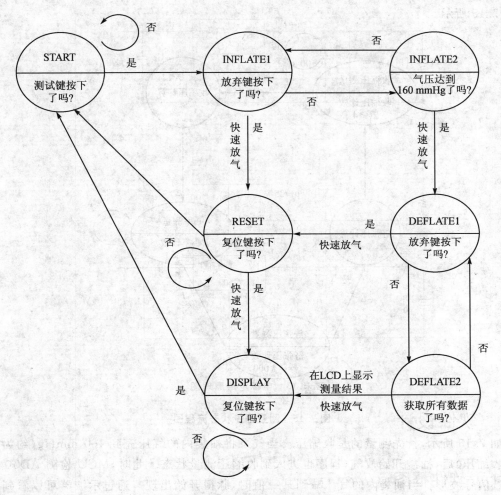

图 7.14 系统软件状态流程图

160 mmHg 后,气泵将停止,袖袋内的气体将慢慢被放出。在此过程中,用户也可以按下终止按钮,放弃本次测量。一旦 MCU 检测到舒张压、收缩压和心率后,将打开气阀,使袖袋全部放气,完成一次测量过程,并把测量结果显示在 LCD 上。此时按下复位按钮,则设备返回 START 状态,等待启动下一次测量。

2. 测量处理子程序

测量处理子程序是主程序的一部分。若袖袋内的气压超过 160 mmHg,则气泵停止充气,袖袋内的气体通过气阀慢慢放出,袖袋内的气压约成线性递减,此时程序进入测量模式,MCU 检测 ADC0 通道上的 AC 信号,来确定用户的收缩压、舒张压和心率。测量过程的软件流程图如图 7.15 所示。

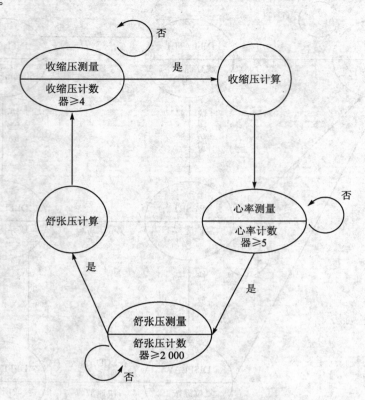

图 7.15 测量程序状态流程图

如 7.15 所示，首先测量的是收缩压。当气泵将袖袋内的气压充到 160 mmHg(约为正常人的收缩压)后，袖袋开始放气，程序也进入到收缩压测量状态。此时，MCU 检测 ADC0 通道的 AC 信号波形。当袖袋内的气压减到某一值时，脉搏开始出现。通过示波器可以看到脉搏波。此点的血压即为收缩压。

收缩压测量的程序实现过程为：将 AC 波形的阈值设为 4 V。一开始，ADC0 通道上没有脉冲，ADC0 上的电压稳定在 2.5 V 左右。当袖袋内的压力从高于收缩压降到收缩压以下时，脉搏波会逐渐变大。统计超过阈值电压的最大波峰脉冲的个数。如果个数达到 4，则程序进入收缩压计算状态。程序记录 ADC1 通道上的 DC 电压，按照公式

$$\text{pressure\_mmHg} = \frac{\text{DC\_output}}{\text{DC\_gain}} \times 9.375$$

计算出袖袋内的气压，从而获得用户的收缩压。

当程序完成收缩压计算后，进入心率测量。选择在测量收缩压时测量心率，因为此时脉搏波的振幅最大。程序每 40 ms 采样一次脉搏波。记录下前后两次脉搏波幅值超过 2.5 V 的时

间间隔,这样连续记录 5 次,取平均值作为最终值。

心率测量程序完成后,进入舒张压测量。程序仍然是 40 ms 采样一次脉搏波。先设置好舒张压的阈值。在袖袋放气的过程中,袋内气压在达到舒张压之前的某些点时,脉搏波的幅值会减小。为获得舒张压,应监测脉搏波幅值低于阈值的那些点。如果在 2 s 之内,脉搏波的幅值都低于阈值,则认为此时袖袋的气压即是舒张压,计算公式和收缩压的一样。

7.4.2 代码详解

主程序如下:

```c
// * * * * * * * * * * * * * * * * * * * blood prssure montor.c * * * * * * * * * * * * * *
//
#include <Mega32.h>
#include <delay.h>
#asm
    .equ __lcd_port = 0x15          // LCD 接口使用 ATmega32 的 PC 口
#endasm

#include <math.h>
#include <lcd.h>
#include <stdio.h>
#include <stdlib.h>
// 电机控制状态变量定义
#define startState 0
#define inflate1State 1
#define inflate2State 2
#define deflateState 3
#define displayState 4
#define resetState 5

// 测量状态变量定义
#define Sys_Measure 6
#define Sys_Cal 7
#define Rate_Measure 8
#define dias_Measure 9
#define dias_Cal 10

#define LCDwidth 16

extern void timer0_initialize(void);
interrupt [TIM0_COMP] void timer0_compare(void);
// 声明初始化函数
void initialize(void);
```

```c
// 电机控制函数声明
void start_state(void);
void inflate1_state(void);
void inflate2_state(void);
void deflatestate(void);
void display_state(void);
void reset_state(void);
// 测量控制函数声明
void pressuremeasure(void);          // 压力测量函数
void sysmeasure(void);               // 收缩压测量函数
void syscal(void);                   // 收缩压计算函数
void ratemeasure(void);              // 心率测量函数
void diasmeasure(void);              // 舒张压测量函数
void diascal(void);                  // 舒张压计算函数
// 电机控制变量定义
unsigned char Maybe0;                // 按键 0 按下标志
unsigned char Maybe1;                // 按键 1 按下标志
unsigned char Maybe2;                // 按键 2 按下标志
unsigned char countlcd;
unsigned char currentState;          // 系统当前状态
unsigned int timepress0;             // 按键 0 按下的时间
unsigned int timepress1;             // 按键 1 按下的时间
unsigned int timepress2;             // 按键 2 按下的时间
unsigned int timelcd;
char lcd_output[17];
// 测量和计算所需变量定义
float DC_gain;                       // 直流增益
unsigned char meas_state;            // 定义测量状态变量
unsigned int timing, timerate, timerun_dias, timecount, timedeflate, timedisplay;
float   maxpressure;                 // 最大压力值
float   pressure;                    // 当前压力值
float   accum_data;                  // 收缩压的累加值
float   press_data;                  // 收缩压的平均值
unsigned char count;
unsigned char stop_count;
// ADC 转换变量定义
float Vref;                          // A/D 转换的参考电压
unsigned char data;                  // 存储 8 位 A/D 转换值
```

```c
    float adc_data;                             // 存储 A/D 转换结果(转换成电压)
    float former;                               // 存储前一次 A/D 转换结果
    // 计数器定义
    unsigned char sys_count;
    unsigned char count_average;                // 心率测量用计数器
    unsigned char countpulse;                   // 心率测量用标志
    // 定义心率测量变量
    float time_pulse,pulse_period, total_pulse_period;
    float pulse_per_min;                        // 每分钟脉搏数

    float systolic;                             // 收缩压
    float diastolic;                            // 舒张压

    float TH_sys;                               // 收缩压阈值
    float TH_rate;                              // 心率阈值
    float TH_dias;                              // 舒张压阈值

    void main(void)
    {
        initialize();
        while(1)
        {
            switch(currentState)
            {
                case startState:
                    start_state();
                    break;
                case inflate1State:
                    inflate1_state();
                    break;
                case inflate2State:
                    inflate2_state();
                    break;
                case deflateState:
                    deflatestate();
                    break;
                case displayState:
                    display_state();
                    break;
                case resetState:
                    reset_state();
```

```c
                    break;
            }
        }
}
// * * * * * * * * * * * * * * * * * * * * * * * * * * * * * * * * * * * * *
void start_state(void)
{   sys_count = 0;
    pressure = 0;
    accum_data = 0;
    press_data = 0;
    count = 0;
    stop_count = 0;

    maxpressure = 160;
    meas_state = Sys_Measure;
    former = TH_sys - 0.01;

    timerun_dias = 0;
    time_pulse = 0;
    timerate = 0;

    timing = 40;

    total_pulse_period = 0;
    systolic = 0;
    diastolic = 0;
    pulse_per_min = 0;

    sys_count = 0;
    count_average = 0;
    countpulse = 0;

    if(((~PINB & 0x01) && (timepress0 > 30)))          // 按键 0 有效按下
            Maybe0 = 1;
        if(Maybe0 && (PINB == 0xff))                   // 按键 0 释放
        {
            countlcd = 1;
            timelcd = 0;
            lcd_clear();
            lcd_gotoxy(0,0);
            lcd_putsf("Inflating");
            currentState = inflate1State;
```

```c
            Maybe0 = 0;
            timepress0 = 0;
            timecount = 0;

            PORTD = 0x03;                        // 启动电泵,关闭阀门
    }
}
// * * * * * * * * * * * * * * * * * * * * * * * * * * * * * * * * * *
// * * * * * * * * * * * 第一阶段充气 * * * * * * * * * * * * * * * * *
// * * * * * * * * * * * * * * * * * * * * * * * * * * * * * * * * * *
void inflate1_state(void)
{
if(timecount >= 200)
{
timecount = 0;
sprintf(lcd_output," % - i",(int)pressure);
lcd_gotoxy(0,1);
lcd_puts(lcd_output);
}
if((~PINB & 0x02) && (timepress1 > 30))        // 按键 1 有效按下
    Maybe1 = 1;
if(Maybe1 && (PINB == 0xff))                   // 按键 1 释放
{
        lcd_clear();
        lcd_gotoxy(0,0);
        lcd_putsf("Emergency Stop");
        sprintf(lcd_output," % - i",(int)pressure);
        lcd_gotoxy(0,1);
        lcd_puts(lcd_output);                  // 显示压力值

        PORTD = 0;                             // 关闭气泵,打开阀门
        currentState = resetState;
        Maybe1 = 0;
        timepress1 = 0;
        countlcd = 0;
}
else
{
        currentState = inflate2State;
```

```c
    }
}
// ************************************************
// ***************第二阶段充气*********************
// ************************************************
void inflate2_state(void)
{
    ADMUX = 0b00100001;                         // 选择 AD 通道 1,使能 ADC,预分频系数为 128

    ADCSR = 0b11000111;
    data = ADCH;
    adc_data = (float)(((float)data)/256 * Vref);  // 计算 A/D 转换结果
    pressure = (adc_data/DC_gain) * 9375;          // 计算压力值

    if(pressure>=maxpressure) stop_count ++;
    else stop_count = 0;

    if(stop_count>=5)                            // 若 5 次超过最大压力,则停止充气
    {
    lcd_clear();
    lcd_gotoxy(0,0);
    lcd_putsf("Deflating");
    sprintf(lcd_output,"%-i",(int)pressure);
    lcd_gotoxy(0,1);
    lcd_puts(lcd_output);
    PORTD = 0x02;                                // 关闭气泵,打开阀门
    delay_ms(1000);
    currentState = deflateState;
    timedeflate = 0;
    sprintf(lcd_output,"%-i",(int)pressure);
    lcd_gotoxy(0,1);
    lcd_puts(lcd_output);                        // 显示气压值
    }
    else
    {
    currentState = inflate1State;
    }
}
// ************************************************
// *****************放气阶段***********************
```

```c
// ***********************************************************
void deflatestate(void)
{
        if((~PINB & 0x02) && (timepress1 > 30))        // 按键1有效按下
            Maybe1 = 1;
        if(Maybe1 && (PINB == 0xff))                   // 按键1释放
        {
            lcd_clear();
            lcd_gotoxy(0,0);
            lcd_putsf("Emergency Stop");
            sprintf(lcd_output," % - i",(int)pressure);
                lcd_gotoxy(0,1);
                lcd_puts(lcd_output);                  // 显示气压值
                PORTD = 0;                             // 关闭气泵,打开阀门
                currentState = resetState;
                Maybe1 = 0;
                timepress1 = 0;
        }

        if(currentState == deflateState)               // 如果未按按键1,则进入测量状态
            pressuremeasure();
}
// ***********************************************************
// ************************* 显示测量结果 *********************
// ***********************************************************
void display_state(void)
{
    if(timedisplay< = 1000)
    {
            if(timecount> = 200)
            {
                lcd_clear();
                timecount = 0;
                lcd_gotoxy(0,0);
                lcd_putsf("Sys");
                lcd_gotoxy(7,0);
                lcd_putsf("Dias");
                lcd_gotoxy(15,0);
                lcd_putsf("HR");
```

```c
                sprintf(lcd_output," %-i",(int)systolic);
                lcd_gotoxy(0,1);
                lcd_puts(lcd_output);

                sprintf(lcd_output," %-i",(int)diastolic);
                lcd_gotoxy(7,1);
                lcd_puts(lcd_output);

                sprintf(lcd_output," %-i",(int)pulse_per_min);
                lcd_gotoxy(14,1);
                lcd_puts(lcd_output);
            }
    }
    else if (timedisplay>1000&&timedisplay<2000)
    {
            if(timecount>=200)
            {
                lcd_clear();
            timecount = 0;
            lcd_gotoxy(0,0);
            lcd_putsf("Black: Resume");
            }
    }
    else
    {
            timedisplay = 0;
    }
        if((~PINB & 0x04) && (timepress2 > 30))
            Maybe2 = 1;
        if(Maybe2 && (PINB == 0xff))            // 如果按下按键2,则返回初始状态
        {
            lcd_clear();
            lcd_gotoxy(0,0);
            lcd_putsf("White: Start");
            lcd_gotoxy(0,1);
            lcd_putsf("Grey: Stop");
            currentState = startState;
            timepress2 = 0;
            Maybe2 = 0;
            systolic = 0;
```

```c
            diastolic = 0;
            pulse_per_min = 0;
        }
}
// * * * * * * * * * * * * * * * * * * * * * * * * * * * * * * * * * * * * * * * * *
// * * * * * * * * * * * * * * * * * * * *复位状态* * * * * * * * * * * * * * * * *
// * * * * * * * * * * * * * * * * * * * * * * * * * * * * * * * * * * * * * * * * *
void reset_state(void)
{
if(timedisplay< = 1000)
{
        if(timecount> = 200)
            {
                timecount = 0;
                lcd_clear();
                lcd_gotoxy(0,0);
                lcd_putsf("Emergency Stop");
            }
}
else if (timedisplay>1000&&timedisplay<2000)
{
            if(timecount> = 200)
            {
                lcd_clear();
                timecount = 0;

                lcd_gotoxy(0,0);
                lcd_putsf("Black: Resume");
            }
}
else
{
            timedisplay = 0;
}
        if((~PINB & 0x04) && (timepress2 > 30))        // 有效按键 2 按下
            Maybe2 = 1;
        if(Maybe2 && (PINB == 0xff))                   // 按键 2 释放
            {
                lcd_clear();
                lcd_gotoxy(0,0);
```

```c
                lcd_putsf("White: Start");
                lcd_gotoxy(0,1);
                lcd_putsf("Grey: Stop");
                currentState = startState;
                timepress2 = 0;
                Maybe2 = 0;
        }
}
// * * * * * * * * * * * * * * * * * * * * * * * * * * * * * * * * * * * * * *
// * * * * * * * * * * * * * * * * * * 压力测量状态 * * * * * * * * * * * * * *
// * * * * * * * * * * * * * * * * * * * * * * * * * * * * * * * * * * * * * *
void pressuremeasure(void)
{
    switch (meas_state)
    {
        case Sys_Measure:                   // 每 40 ms 采样一次
            if(timing == 0)
                sysmeasure();
            break;

        case Sys_Cal:
            if(timing == 0) syscal();
            break;

        case Rate_Measure:
            if(timing == 0)
                ratemeasure();
            break;

        case dias_Measure:
            diasmeasure();
            break;

        case dias_Cal:
            diascal();
            break;
    }
}
// * * * * * * * * * * * * * * * * * * * * * * * * * * * * * * * * * * * * * *
```

```c
// * * * * * * * * * * * * * * * * 启动收缩压测量 * * * * * * * * * * * * * * * * *
// * * * * * * * * * * * * * * * * * * * * * * * * * * * * * * * * * * * * * * * *
void sysmeasure(void)
{
        if(timing == 0)
        {
        ADMUX = 0b00100000;                       // 选择 A/D 通道 0
        ADCSR = 0b11001111;                       // 使能 ADC,预分频系数为 128,使能中断
    }
    if(sys_count >= 6)
    {
        meas_state = Sys_Cal;
        timecount = 0;
    }
    
    if(timecount >= 200)
    {
        lcd_clear();
        lcd_gotoxy(0,0);
        lcd_putsf("Measuring");
        timecount = 0;
    }
}

// * * * * * * * * * * * * * * * * * * * * * * * * * * * * * * * * * * * * * * * *
// * * * * * * * * * * * * * * * * * 收缩压计算 * * * * * * * * * * * * * * * * * *
// * * * * * * * * * * * * * * * * * * * * * * * * * * * * * * * * * * * * * * * *
void syscal(void)
{
    ADMUX = 0b00100001;                           // 选择 A/D 通道 0 和 1
    ADCSR = 0b11001111;                           // 使能 ADC,预分频系数为 128,使能中断
    
    if(timecount >= 200)
    {
       lcd_clear();
       lcd_gotoxy(0,0);
       lcd_putsf("Sys Cal");
       timecount = 0;
    }
}

// * * * * * * * * * * * * * * * * * * * * * * * * * * * * * * * * * * * * * * * *
```

```c
// * * * * * * * * * * * * * * * * * 启动心率测量 * * * * * * * * * * * * * * * * *
// * * * * * * * * * * * * * * * * * * * * * * * * * * * * * * * * * * * * * * * *
void ratemeasure(void)
{
        ADMUX = 0b00100000;                        // 选择 A/D 通道 0
        ADCSR = 0b11001111;                        // 使能 ADC,预分频系数为 128,使能中断

    if(count_average == 5)
    {
        pulse_period = total_pulse_period/5000;    // 计算心率
        pulse_per_min = 60/pulse_period;

        lcd_clear();
        lcd_gotoxy(0,0);
        lcd_putsf("Pulse Rate");
            sprintf(lcd_output," % - i",(int)pulse_per_min);
        lcd_gotoxy(0,1);
        lcd_puts(lcd_output);

        meas_state = dias_Measure;

        count_average = 0;                         // 变量清零
        timerun_dias = 0;
    }
}
// * * * * * * * * * * * * * * * * * * * * * * * * * * * * * * * * * * * * * * * *
// * * * * * * * * * * * * * * * * 启动舒张压测量 * * * * * * * * * * * * * * * * *
// * * * * * * * * * * * * * * * * * * * * * * * * * * * * * * * * * * * * * * * *
void diasmeasure(void)
{
    ADMUX = 0b00100000;                            // 选择 A/D 通道 1,读入 AC 值
    ADCSR = 0b11001111;                            // 使能 ADC,预分频系数为 128,使能中断
}
// * * * * * * * * * * * * * * * * * * * * * * * * * * * * * * * * * * * * * * * *
// * * * * * * * * * * * * * * * * * 舒张压计算 * * * * * * * * * * * * * * * * * *
// * * * * * * * * * * * * * * * * * * * * * * * * * * * * * * * * * * * * * * * *
void diascal(void)
{
    ADMUX = 0b00100001;                            // 选择 A/D 通道 1,读入 DC 值
    ADCSR = 0b11001111;
```

```c
        if(timecount >= 200)
        {
                lcd_clear();
                lcd_gotoxy(0,0);
                lcd_putsf("Dias_Cal");
                timecount = 0;
        }
}
// * * * * * * * * * * * * * * * * * * * * * * * * * * * * * * * * * * * * * * * *
// * * * * * * * * * * * * * * * * * LCD 初始化 * * * * * * * * * * * * * * * * *
// * * * * * * * * * * * * * * * * * * * * * * * * * * * * * * * * * * * * * * * *
void lcd_initialize(void)
{
        lcd_init(LCDwidth);
        lcd_clear();
        lcd_gotoxy(0,0);
        lcd_putsf("White: Start");
        lcd_gotoxy(0,1);
        lcd_putsf("Grey: Stop");
}
// * * * * * * * * * * * * * * * * * * * * * * * * * * * * * * * * * * * * * * * *
// * * * * * * * * * * * * * * * * * 端口初始化 * * * * * * * * * * * * * * * * *
// * * * * * * * * * * * * * * * * * * * * * * * * * * * * * * * * * * * * * * * *
void port_initialize(void)
{
        DDRB = 0x00;                            // PORT B 输入
        DDRD = 0xff;                            // PORT D 输出
        PORTD = 0x00;
        PORTB = 0xff;
        PORTA = 0x00;
}
// * * * * * * * * * * * * * * * * * * * * * * * * * * * * * * * * * * * * * * * *
// * * * * * * * * * * * * * * * * * 系统初始化 * * * * * * * * * * * * * * * * *
// * * * * * * * * * * * * * * * * * * * * * * * * * * * * * * * * * * * * * * * *
void initialize(void)
{
        lcd_initialize();
        timer0_initialize();
```

```c
        port_initialize();
        maxpressure = 160;
        meas_state = Sys_Measure;
        former = TH_sys - 0.01;
        TH_sys = 4.0;
        TH_rate = 2.5;
        TH_dias = 4.8;
        total_pulse_period = 0;
        systolic = 0;
        diastolic = 0;
        pulse_per_min = 0;
        Vref = 5.0;
        sys_count = 0;
        count_average = 0;
        countpulse = 0;
        DC_gain = 213;
        accum_data = 0;
        press_data = 0;
        count = 0;
        #asm
        sei
        #endasm
}
// * * * * * * * * * * * * * * * * * * * * timer0.c * * * * * * * * * * * * * *
#include <Mega32.h>
extern unsigned int timepress0, timepress1, timepress2;
extern unsigned int timing, timerate, timerun_dias, timecount,
timedeflate, timedisplay;
// * * * * * * * * * * * * * * * * * * * * * * * * * * * * * * * * * * * * * * *
// * * * * * * * * * * * * * timer 0 初始化 * * * * * * * * * * * * * * * * * * *
// * * * * * * * * * * * * * * * * * * * * * * * * * * * * * * * * * * * * * * *
void timer0_initialize(void)
{
    TIMSK = 2;                              // 打开定时器 0 比较匹配
    OCR0 = 250;                             // 设置比较寄存器值为 250
```

```
    TCCR0 = 0b00001011;                         // 预分频系数设为 64
    timecount = 0;
    timepress0 = 0;
    timepress1 = 0;
    timerun_dias = 0;
    time_pulse = 0;
    timerate = 0;
    timedisplay = 0;
    timing = 40;
}
// * * * * * * * * * * * * * * * * * * * * * * * * * * * * * * * * * * * * * * * *
// * * * * * * * * * * * * * timer 0 中断服务程序 * * * * * * * * * * * * * * * *
// * * * * * * * * * * * * * * * * * * * * * * * * * * * * * * * * * * * * * * * *
interrupt [TIM0_COMP] void timer0_compare(void)
{
    if(~PINB & 0x01) timepress0 ++ ;            // 按键 0 按下
    if(~PINB & 0x02) timepress1 ++ ;            // 按键 1 按下
    if(~PINB & 0x04) timepress2 ++ ;            // 按键 2 按下
    timecount ++ ;
    timedeflate ++ ;
    if(timing>0) - - timing;                    // 40 ms 采样一次
    if(timerate<6000) ++timerate;               // 心率测量用计数器
    if(timerun_dias<2000) ++timerun_dias;       // 舒张压用计数器
    if(timedisplay<2000) ++timedisplay;         // LCD 显示用计数器
}
```

7.5 系统测试

系统测试是系统设计的一个重要环节。由于 ATmega32 单片机具有在系统编程，这样完全可以在焊接好硬件电路后进行系统的仿真调试。ATmega32 的仿真调试见前面章节。

手持式电子血压计的系统测试分为 3 部分：ATmega32 主机电路测试、LCD 显示电路测试和传感器电路测试。对各部分的测试应该编写相应的测试程序。

对于单片机 ATmega32 的测试，读者可以参考前面相关章节编写简单的测试程序，如跑马灯，以测试单片机最小系统的可用性，确保在线仿真、程序下载等基本功能实现。

在主程序中给出了液晶显示模块 LCD1602 的底层驱动程序，读者可以参考这一部分的内容编写测试程序，比如在指定位置显示字符、清除显示等，来测试液晶显示部分基本功能是否实现。

对于传感器电路的测试，主要是测试放大电路和带通滤波电路功能是否实现，输出的信号是否符合设计要求。也可以编写简单的 A/D 测试程序,测试整个传感器电路的功能。

7.6 进一步的分析

手持式电子血压计的基本功能目前都已完成,可以满足基本测试需要,测量精度在预想范围之内,设备工作可靠。

读者可以在此基础上进行扩展功能的开发,比如加入通信接口,如串口或 485 接口等,将电子血压计测量的结果上传到 PC 上以备作进一步的处理。

如果想要电子血压计显示界面更美观,可以更换点阵字符 LCD 为较大尺寸的点阵图形 LCD,这样可以完成较复杂的图形显示。如在测量过程中显示脉搏波的波形图,在每个测量阶段显示相应的图形提示符号等,这样,整个测试界面内容显示更丰富,更具人性化。

考虑到视力不佳的老年使用者及盲人,可以加入人性化语音报数功能,实时有效地报出电子血压计测量的血压心率数据,从而大大方便血压计的使用者。

电子血压计作为手持式设备,对功耗要求比较严格,所以在系统设计阶段必须考虑低功耗设计,尽可能地降低系统的功耗,目前这方面考虑得还不是很周全,有待进一步的完善。

7.7 本章小结

本章以手持式电子血压计为例,从系统需求出发,对控制系统的组成结构、系统设备选型进行了分析。在硬件设计一节给出了详细的硬件电路设计图,并对各功能部件与单片机 ATmeg32 的连接进行了分析说明。在软件设计一节给出了控制系统的主程序流程图,同时对部分子程序进行了分析说明。最后给出了进一步的分析,以供读者思考。

手持式电子血压计系统从设计的角度来讲,硬件主要完成以下两部分的设计:模拟输入电路的设计,包括功能键盘的输入与识别、压力传感器信道的调理与检测;逻辑输出电路的设计,包括气泵的驱动电路设计、电磁阀的驱动电路设计、LCD 显示电路设计。整个系统的硬件电路构成比较简单,在系统设计过程中应该注意的是供电电压的分配。

一开始,我们使用一节 9 V 电池为 MCU 板供电,另一节为电路、电磁阀和气泵供电。但是,设备工作几次后,为电路、电磁阀和气泵供电的电池就没电了,电池无法输出稳定的直流电压。设备工作时,气泵消耗的功率比较大,导致电路供电电压过低,运算放大器等电路无法正常工作。

现在我们将电磁阀和气泵供电与电路供电分开,MCU 板和电路共用一节 9 V 电池供电,则气泵工作时造成的电池降压不会影响到电路,两节电池的能耗比较均衡,整个系统工作也更加可靠了。

系统软件设计中应该考虑低功耗设计、模块化设计,以便使整个系统的模块化程度更高,设备更节能。

第 8 章

带触摸屏的遥控机器人

智能机器人技术是在新技术革命中迅速发展起来的一门新兴学科,它在众多的科技领域与生产部门中得到了广泛的应用,并显示出强大的生命力。它是集精密机械、光学、电子学、自动控制、计算机和人工智能等技术于一体形成的一门综合性的新技术学科。

智能机器人在当今社会的应用越来越广泛。随着电子技术的发展,人们开发了各式各样的具有感知、决策、行动和交互能力的智能机器人,从普通的玩具机器人到工业控制机器人,从能够炒菜的机器人到可以进行太空探测的机器人,可以预见今后智能机器人的应用将更加广泛。

机器人技术综合了多学科的发展成果,代表了高新技术的发展前沿,同时随着应用领域的不断扩大,它给人们的生产和生活带来巨大的影响。在生活中,普通的无线遥控机器人大家都很熟悉,人们通过无线方式控制机器人的行走,其中路径识别是体现无线遥控机器人智能水平的一个重要标志。常见的路径识别是通过光电或 CMOS 图像传感器来识别特定的路径,从而实现机器人按指定路径行走。本章介绍了一种新的设计方式来实现机器人自由路线行走。

8.1 系统概述

8.1.1 项目背景

根据美国玩具协会的调查统计,近年来全球玩具销量增幅与全球平均 GDP 增幅大致相当。而全球玩具市场的内在结构比重却发生了重大变化:传统玩具的市场比重在逐步缩水,高科技含量的电子玩具则蒸蒸日上。美国玩具市场的高科技电子玩具的年销售额 2004 年较 2003 年增长 52%,而传统玩具的年销售额仅增长 3%。英国玩具零售商协会选出的 2001 年圣诞最受欢迎的 10 大玩具中,有 7 款玩具配有电子元件。从这些数字可以看出,高科技含量的电子互动式玩具已经成为玩具行业发展的主流。本章设计一个具有触摸控制功能的智能遥控机器人。该机器人小车与传统的遥控机器人,如路径识别机器人有很大的不同,它的路径来源于用户的输入,输入的路径经过触摸屏离散化坐标点,根据获得的坐标点程序推算出小车运行的速度和方向等,然后通过无线方式发送给小车,从而控制智能小车运行的路线和速度,实现小车的前进、后退、制动和转向等功能。

8.1.2 需求分析

带触摸屏的无线遥控机器人要实现的功能为:遥控端按照用户在触摸屏上画出的行进路线,推算出行进的速度和方向,通过无线方式发送到受控端,控制电机实现机器人的前进、后退、转向和制动等功能。图 8.1 所示为用户输入的路径经触摸屏量化后形成的无数个不同坐标的点,机器人实际的行进路线需尽可能精确地符合这个路径。

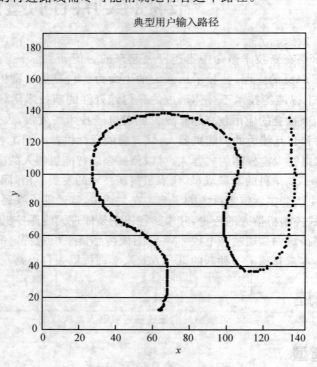

图 8.1 用户输入路径图

根据其具体功能可将实现过程分为以下两个部分。

1. 路径获取阶段

遥控端的触摸屏实现了用户输入路径的获取,获取后的路径经离散化成无数个点,遥控端的控制器根据这些点,推算出小车行进的速度和方向,然后经无线发送芯片发给受控端。路径获取的精确与否直接关系到小车最终的行车路线是否符合用户的预期和控制的精度。

2. 运动控制阶段

机器人的转向和直线行走,必须通过控制电机来实现。机器人的行走过程要求尽量平稳,避免速度过快或急转弯,否则容易发生控制失效或偏离用户指定的行走路径。本章的设计主要实现了机器人的前进、后退、制动和转向。

8.2 系统方案设计

8.2.1 系统结构设计

根据 8.1 节所述的需求分析,带触摸屏的无线遥控机器人需完成用户输入路径的识别,根据路径推算出行进的速度和方向,从而驱动电机实现机器人的前进、后退、制动和转向等功能。整个系统的结构框图如图 8.2 所示,它主要包括两大部分:遥控端和受控端。遥控端主要实现用户路径的识别、机器人行进速度和方向的确定等,并将最终的速度、方向计算结果通过无线方式发送到小车侧。受控端主要实现机器人行进的控制,机器人行进的速度、方向等数据来源于遥控端,受控端需要通过控制电机来实现机器人按照用户指定的路径行进。

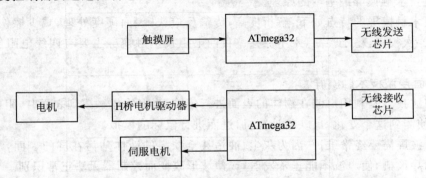

图 8.2 带触摸屏的无线遥控机器人结构框图

8.2.2 设备选型

如图 8.2 所示,无线遥控机器人系统主要由遥控端和受控端两部分组成。遥控端主要完成用户路径输入,推算出行进的速度和方向,并将计算结果通过无线发送给受控端;受控端根据接收到的计算结果,控制电机,实现机器人的前进、后退、制动和转向等功能。

遥控端和受控端的控制器选用 Atmel 公司新推出的 ATmega 系列 AVR 单片机 ATmega32 作为控制系统的核心。

按照图 8.2 所确定的系统结构,需要选择无线收发芯片、触摸板、驱动电机等功能部件,以构成完整的系统控制电路设计。

1. 无线收发芯片

无线收发芯片主要实现发送单元和接收单元的数据传输,将用户输入路径传送到接收单元,从而实现对接收单元的控制。在此选择 Radiotronix 公司的高性价比、短距离无线收发芯片 RCT-433 和 RCR-433。

2. 触摸屏

触摸屏以其易于使用、坚固耐用、反应速度快、节省空间等优点，在嵌入式系统中得到越来越广泛的应用。触摸屏主要分 3 大类：电阻技术触摸屏、表面声波技术触摸屏和电容技术触摸屏。每一类触摸屏都有各自的优缺点。

(1) 电阻技术触摸屏

电阻触摸屏的主要部分是一块与显示器表面非常配合的电阻薄膜屏，这是一种多层的复合薄膜，它以一层玻璃或硬塑料平板作为基层，表面涂有一层透明氧化金属导电层，上面再盖有一层外表硬化处理、光滑防擦伤的塑料层；它的内表面也涂有一层 ITO 涂层，在它们之间有许多细小的透明隔离点把两层导电层隔开绝缘。当手指触摸屏幕时，两层导电层在触摸点位置就有了接触，控制器检测到这一接触并计算出 (X,Y) 的位置，再根据模拟鼠标的方式运作，这就是电阻技术触摸屏最基本的原理。

电阻技术触摸屏的特点如下：解析度高，传输反应快；表面硬度处理，减少擦伤、刮伤及防化学处理；一次校正，稳定性高，永不漂移。目前电阻技术触摸屏主要有四线电阻屏和五线电阻屏。

(2) 表面声波技术触摸屏

表面声波技术是利用声波在物体的表面进行传输，当有物体触摸到表面时，阻碍声波的传输，换能器侦测到这个变化，反映给计算机，进而进行鼠标的模拟。

表面声波屏需要经常维护，因为灰尘、油污甚至饮料的液体玷污在屏的表面，都会阻塞触摸屏表面的导波槽，使声波不能正常发射，或使波形改变而控制器无法正常识别。

表面声波屏具有清晰度高、透光率好、高度耐久、抗刮伤性良好、一次校正不漂移和反应灵敏等特点。

(3) 电容技术触摸屏

电容技术触摸屏利用人体的电流感应进行工作。用户触摸屏幕时，由于人体电场，用户和触摸屏表面形成一个耦合电容。对于高频电流来说，电容是直接导体，于是手指从接触点吸走一个很小的电流。这个电流从触摸屏的四角上的电极中流出，并且流经这四个电极的电流与手指到四角的距离成正比，控制器通过对这四个电流比例的精确计算，得出触摸点的位置。

电容触摸屏对大多数的环境污物有抗力；但人体成为线路的一部分，因而漂移现象比较严重。

综合考虑，在此选择电容技术触摸屏，作为用户路径的输入设备。

3. 驱动电机

机器人由于其运动特性一般都采用电池系统供电，从而限制了交流电机在机器人领域的应用。人们更多的是使用直流电机或步进电机来驱动机器人。

直流电机具有优良的调速和启动性能。它具有调速范围广、平滑性和经济性较好、启动转矩大等优点,这种性能对机械拖动具有十分重要的作用。

步进电机也称为脉冲电机,它可以直接接收来自微处理器的脉冲信号,使电机旋转过固定的角度。步进电机的速度与给定脉冲的频率成正比,可以通过控制脉冲个数来控制角位移量,从而达到准确定位的目的。步进电机在要求快速启停和精确定位的场合得到了广泛的应用。

在带触摸屏的无线遥控机器人系统中,考虑定位精度和负载要求,本系统选用直流电机作为驱动机构。

8.3 遥控端硬件设计

遥控端主要完成用户路径输入,推算出行进的速度和方向,并将计算结果通过无线发送给受控端,其硬件原理图如图 8.3 所示。下面对各单元电路分别予以说明。

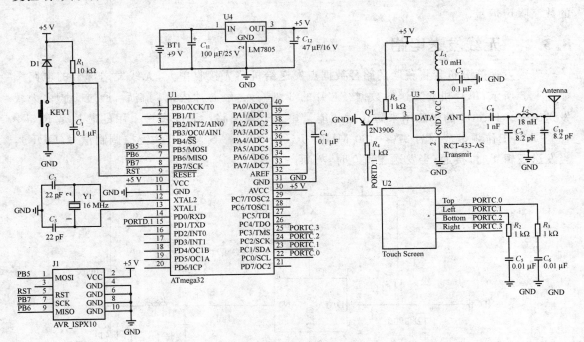

图 8.3 遥控端硬件原理图

8.3.1 触摸屏电路

路径识别是体现遥控机器人智能化水平的一个重要标志,触摸屏电路实现了路径的获取,它获取用户输入的路径图形,将其离散化成系列的坐标点以供单片机读取,从而实现用户输入路径图形的识别,其电路如图 8.4 所示。

如图 8.4 所示，触摸屏有 4 个引脚，分别代表触摸屏的顶部、右边、底部和左边，在此将触摸屏的 Top 引脚连接到 ATmega32 的 PORTC.0，Left 引脚连接到 PORTC.1，Bottom 引脚连接到 PORTC.2，Right 引脚连接到 PORTC.3。当需要读取 y 坐标时，只需将触摸屏的 Top 脚加 V_{CC} 信号，Bottom 脚加 GND 信号，此时触摸屏的 Left 脚和 Right 脚的电压等比例于 y 坐标；当需要读取 x 坐标时，则只需将触摸屏的 Left 脚加 V_{CC} 信号，Right 脚加 GND 信号，此时触摸屏的 Top 脚和 Bottom 脚的电压等比例于 x 坐标。RC 滤波电路主要用于滤除输入端的高于 159.155 Hz 的数字噪声信号。

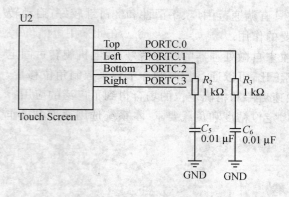

图 8.4　触摸屏电路图

8.3.2　无线发送电路

无线发送部分负责将获取的路径数据点发送给机器人接收单元，无线发送部分的电路图如图 8.5 所示，单片机要发送的数据经芯片的 3 脚输入，经芯片内部调制后，通过 1 脚由天线发送出去。10 mH 的电感用来防止射频能量串入电源回路。无线发送采用的芯片是 RCT-433-AS，工作频带范围为 270～460 MHz。RCT-433-AS 采用开关键控调制信号（OOK），当发送逻辑 1 时，接通；当发送逻辑 0 时，关断。

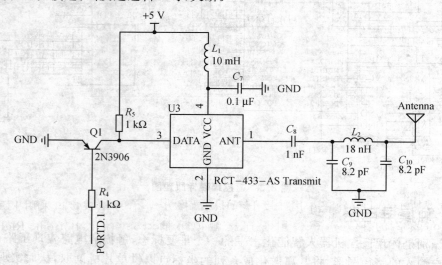

图 8.5　无线发送部分电路图

RCT-433-AS 非常适合对性价比要求比较高的远程控制类应用,发送器工作电压为 1.5～12 V,最大数据传输率为 4 800 baud,可用于电池供电的应用场合。在此采用电池供电,供电电压为 4.4 V,发射引脚上的 LC 滤波网络主要用于滤除谐波。

8.3.3 单片机电路

单片机电路是遥控端的核心,它负责用户输入路径的获取、推算机器人行进速度和方向等,其电路原理图如图 8.6 所示。

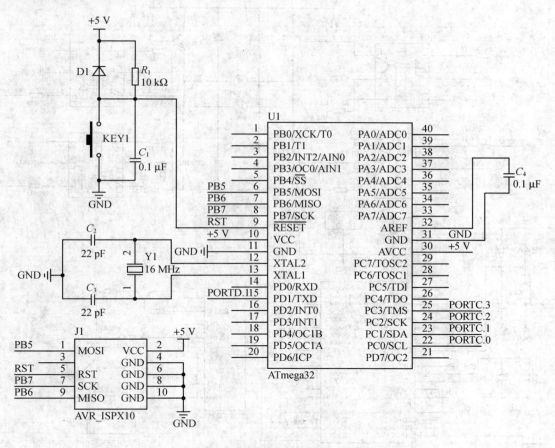

图 8.6 遥控端单片机电路原理图

如图 8.6 所示,ATmega32 采用外接 16 MHz 晶振方式,程序下载接口采用 JTAG-ISP 方式。ATmega32 的 PC0～PC3 用于连接触摸屏的 Top、Left、Bottom、Right 引脚。ATmega32 的 PD1 用于控制无线数据发送。

8.4 受控端硬件设计

受控端主要实现机器人行进的控制,机器人行进的速度、方向等数据来源于遥控端,受控端需要通过控制电机来实现机器人按照用户指定的路径行进,其硬件原理如图 8.7 所示。下面对各单元电路分别予以说明。

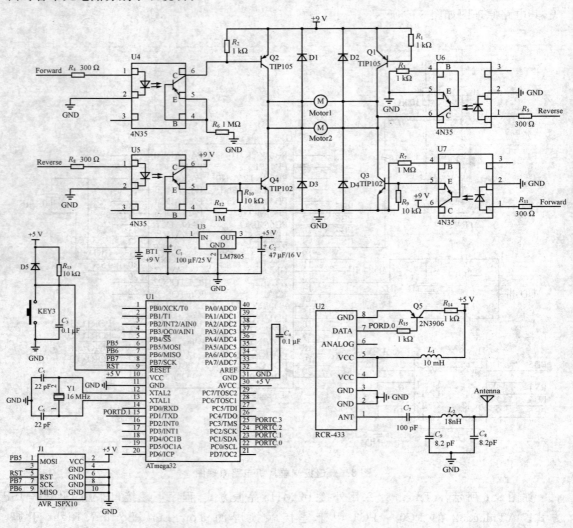

图 8.7 受控端硬件原理图

8.4.1 无线接收电路

无线接收部分负责接收路径数据点,并根据接收到的数据点推算出小车行进的速度和方向。无线接收部分的电路图如图 8.8 所示,RCR-433 天线接收到的数据经解调后,可由单片机通过 7 脚读取。

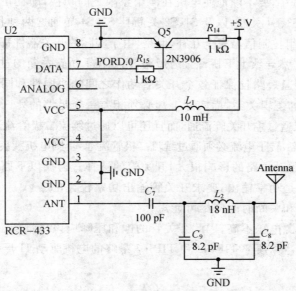

图 8.8 无线接收部分电路图

RCR-433 是用于短距离无线接收的一款低价芯片,内置的高性能幅值调制检测器能解调接收到的经过幅值调制的载波,解调后的数据可由芯片的 7 脚输出。芯片的 1 脚是 50 Ω 天线输入端,支持大部分天线类型,包括 PCB 天线。图 8.7 中的 LC 电路主要用于滤除谐波。

8.4.2 电机驱动电路

遥控机器人整体的运行性能,主要取决于电机驱动系统。机器人的驱动不但要求电机驱动系统具有高转矩重量比、宽调速范围、高可靠性,而且电机的转矩-转速特性受电源功率的影响,这就要求驱动具有尽可能宽的高效率区。我们所使用的电机一般为直流电机,直流电机驱动电路使用最广泛的就是 H 形全桥式电路,这种驱动电路可以很方便地实现直流电机的四象限运行,分别对应正转、正转制动、反转、反转制动。它的基本原理图如图 8.9 所示。

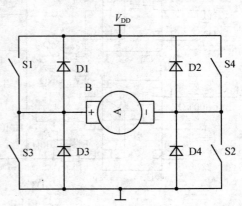

图 8.9 H 形全桥式电路原理图

如图 8.9 所示，全桥式驱动电路的 4 只开关管都工作在斩波状态，S1、S2 为一组，S3、S4 为另一组，两组的状态互补，一组导通则另一组必须关断。当 S1、S2 导通时，S3、S4 关断，电机两端加正向电压，可以实现电机的正转或反转制动；当 S3、S4 导通时，S1、S2 关断，电机两端为反向电压，电机反转或正转制动。

在小车动作的过程中，要不断地使电机在 4 个象限之间切换，即在正转和反转之间切换，也就是在 S1、S2 导通且 S3、S4 关断，以及 S1、S2 关断且 S3、S4 导通这两种状态之间转换。在这种情况下，理论上要求两组控制信号完全互补，但是，由于实际的开关器件都存在开通和关断时间，绝对的互补控制逻辑必然导致上下桥臂直通短路，比如在上桥臂关断的过程中，下桥臂导通了。

因此，为了避免直通短路且保证各个开关管动作之间的协同性和同步性，两组控制信号在理论上要求互为倒相的逻辑关系，而实际上却必须相差一个足够的死区时间。

驱动电流不仅可以通过主开关管流通，而且还可以通过续流二极管流通。当电机处于制动状态时，便工作在发电状态，转子电流必须通过续流二极管流通，否则电机就会发热，严重时烧毁。

开关管的选择对驱动电路的影响很大，开关管的选择宜遵循以下原则：

① 由于驱动电路是功率输出，要求开关管输出功率较大；
② 开关管的开通和关断时间应尽可能短；
③ 小车使用的电源电压不高，因此开关管的饱和压降应该尽量低。

在此，选用大功率达林顿管 TIP102 和 TIP105 最终的电机驱动 H 形全桥式电路，如图 8.10 所示。

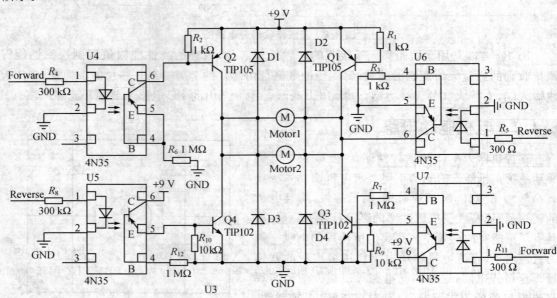

图 8.10　电机驱动电路图

由于电机在正常工作时对单片机部分的干扰很大,所以在控制部分和电机驱动部分之间用光电耦合器 4N35 隔开。

8.4.3 单片机电路

单片机电路是受控端的核心,它负责数据的接收、电机驱动的控制等,其电路原理图如图 8.11 所示。

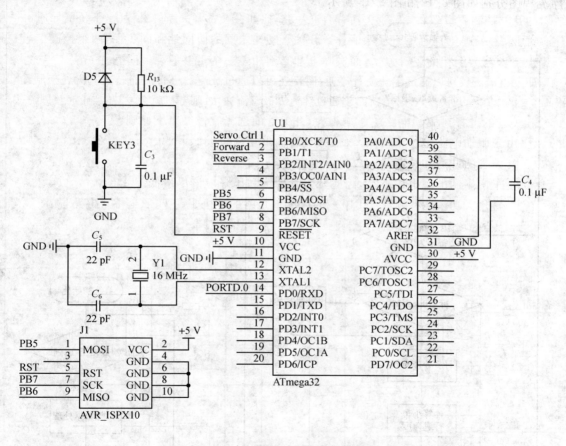

图 8.11 受控端单片机电路原理图

如图 8.11 所示,ATmega32 采用外接 16 MHz 晶振方式,程序下载接口采用 JTAG - ISP 方式。ATmega32 的 PB0 用于控制伺服电机,实现小车转向角度的控制;PB1、PB2 用于控制直流电机,实现小车的前进、后退功能;ATmega32 的 PD0 用于控制无线数据接收。

8.5 软件设计

无线遥控机器人的软件主要分为两大部分:遥控端的软件和受控端的软件。小车速度和方向的数学计算都是由用户侧的 ATmega32 单片机来完成的,受控端的单片机主要是接收通过无线方式发送过来的位置和速度数据,产生小车正常行进的操作。遥控端和受控端的主程序流程图分别如图 8.12 和图 8.13 所示。

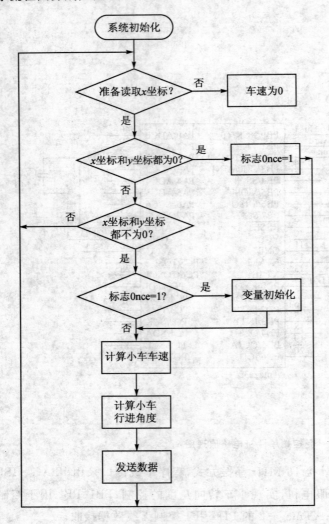

图 8.12 遥控端主程序流程图

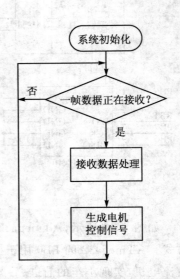

图 8.13 受控端主程序流程图

8.5.1 触摸屏坐标点捕获

用户输入路径的准确获取对机器人的最终行进路线影响很大,而时序在路径点的捕获中比较重要,在此通过中断,每秒采集 30 个点。触摸屏在同一个时刻只能输出 x 或者 y 坐标,所以触摸屏的 Top、Left、Bottom 和 Right 4 个引脚必须快速交换以获得 x、y 坐标值。读取 x、y 坐标点的程序流程图如图 8.14 所示。

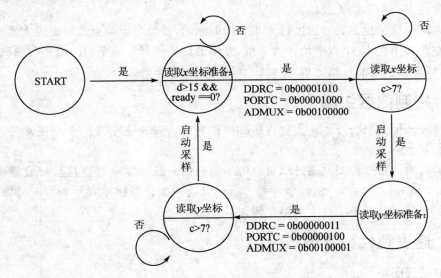

图 8.14 读取触摸屏 x、y 坐标点程序流程图

如图 8.14 所示,读触摸屏坐标点程序采用状态机设计方式,分 5 个状态,每个状态代表一个实际的操作过程。首先为读取 x 坐标作准备,将 PORTC.1 和 PORTC.3 设置为输出,引脚切换时有 7 ms 的等待时间,然后才从 ADC 中读取转换的结果,即可获取 x 坐标;y 坐标的获取与之类似。7 ms 的等待时间确保电压上升到峰值。

8.5.2 速度和方向计算

每秒采集 30 个点,即每 33.3 ms 采集一点,每采集完一点,就必须进行速度和方向的计算。速度和方向的计算涉及很多数学计算,如开平方、平方根和求正切等。点与点之间的时间间隔大约可以允许执行 532 800 条指令,所以必须找到优化方法来提高计算的速度。因为要计算开平方的数值不是很多,所以预先定义了个数组,存储了这些数值的开平方值,并将其存储到 Flash 中,从而在开平方运算中,只需简单地从 Flash 中读取值即可。对平方根的处理可以采取同样的方法。

根据输入数据点推算速度比较简单,只需计算两个连续点的距离即可。两个连续点的距离越长,则小车的速度越快。距离的计算采用数学上的勾股定理。由于大多数情况下,点与点之间的间隔太小,不超过1~2个像素,所以计算距离最好是0、1或者2,但这加大了速度计算的难度。在此通过将当前距离和前两次距离平均的方式解决这个问题。

　　根据输入数据点推算方向稍微麻烦些。最重要的不是基于当前点的绝对角度计算,而是为了确保小车按照用户的路径行走所需的对当前点的角度补偿。最终的输出角度就是小车必须行进的方向。为了确保小车可以有效转向,预先定义了最大的转向角度,超过此最大角度的角度输出将被视为小车的无效输入。

　　小车方向的计算也遇到和速度计算相类似的问题,就是当点与点之间距离太近时,不易计算方向。在此采用将15个点平均作为一组,方向的计算依据当前平均的组和前两次平均的组共3个点,根据数学上的正弦定理,由此3点即可确定小车的方向。

8.5.3　控制信号生成

　　小车速度的控制通过改变输入到直流电机信号的占空比来实现。小车正常行进时,占空比的范围为6/20~15/20。

　　小车的转向和角度控制是通过伺服电机来实现的。脉冲宽度是直接从接收帧中获得,范围为31/50 000~65/50 000每秒,脉冲每20 ms发起一次。当脉冲值为48/50 000时,小车直行,大于这个值则右转,小于这个值则左转。

8.5.4　遥控端代码详解

　　遥控端主程序如下:

```c
// * * * * * * * * * * * * * * * * * * transmitter.c * * * * * * * * * * * * * * * //
#include <Mega32.h>
#include <stdio.h>
#include <delay.h>
#include <math.h>
#include<txrx.h>
// 定义状态机的状态变量
#define prepareX 1
#define prepareY 2
#define takeX 3
#define takeY 4

#define data_length 2
#define tx_id 5
#define tx_id_stop 6
// 映射0~255的值为 x 坐标
flash char Xcoor[256] =
```

{
0,0,0,0,0,0,0,0,0,0,0,0,0,0,0,0,0,0,0,0,0,0,0,0,0,0,0,0,0,0,
0,0,0,0,0,0,0,0,0,1,2,3,3,4,5,6,7,8,9,9,10,11,12,13,14,
15,15,16,17,18,19,20,21,21,22,23,24,25,26,27,27,28,29,
30,31,32,33,33,34,35,36,37,38,39,39,40,41,42,43,44,45,
45,46,47,48,49,50,51,51,52,53,54,55,56,57,57,58,59,60,
61,62,63,63,64,65,66,67,68,69,69,70,71,72,73,74,75,76,
76,77,78,79,80,81,82,82,83,84,85,86,87,88,88,89,90,91,
92,93,94,94,95,96,97,98,99,100,100,101,102,103,104,105,
106,106,107,108,109,110,111,112,112,113,114,115,116,117,
118,118,119,120,121,122,123,124,124,125,126,127,128,129,
130,130,131,132,133,134,135,136,136,137,138,139,140,141,
142,142,143,144,145,255,255,255,255,255,255,255,255,255,
255,255,255,255,255,255,255,255,255,255,255,255,255,
255,255,255,255,255,255,255,255,255,255,255,255,255,
255,255,255,255,255,255,255,255,255,255,255,255
};

// 映射 y 坐标
flash char Ycoor[256] =
{
0,0,0,0,0,0,0,0,0,0,0,0,0,0,0,0,0,0,0,0,0,0,0,0,0,0,0,0,0,0,
0,1,2,3,4,5,6,7,8,9,10,11,12,13,14,15,16,17,18,19,20,21,
22,23,24,25,26,27,28,29,30,31,32,33,34,35,36,37,38,39,40,
41,42,43,44,45,46,47,48,49,50,51,52,53,54,55,56,57,58,59,
60,61,62,63,64,65,66,67,68,69,70,71,72,73,74,75,76,77,78,
79,80,81,82,83,84,85,86,87,88,89,90,91,92,93,94,95,96,97,
98,99,100,101,102,103,104,105,106,107,108,109,110,111,112,
113,114,115,116,117,118,119,120,121,122,123,124,125,126,
127,128,129,130,131,132,133,134,135,136,137,138,139,140,
141,142,143,144,145,146,147,148,149,150,151,152,153,154,
155,156,157,158,159,160,161,162,163,164,165,166,167,168,
169,170,171,172,173,174,175,176,177,178,179,180,181,182,
183,184,185,186,187,188,189,190,255,255,255,255,255,255,
255,255,255,255,255,255,255,255,255,255,255,255,255,
255,255,255,255,255,255,255,255,255,255,255,255,
255,255,255
};
    // 角度转换为控制伺服电机控制信号的查找表
flash char finalmovement[109] =

```
{
    51,51,52,52,52,53,53,53,54,54,54,54,55,55,55,56,56,56,
    57,57,57,58,58,58,59,59,59,60,60,60,60,61,61,61,62,62,
    62,63,63,63,64,64,64,65,65,65,65,66,66,66,67,67,67,68,
    68,68,69,69,69,70,70,70,71,71,71,71,72,72,72,73,73,73,
    74,74,74,75,75,75,76,76,76,77,77,77,77,78,78,78,79,79,
    79,80,80,80,81,81,81,82,82,82,82,83,83,83,84,84,84,85,
    85
};

// 开平方的查找表
flash unsigned int squared[101] =
{
    0,1,4,9,16,25,36,49,64,81,100,121,144,169,196,225,256,
    289,324,361,400,441,484,529,576,625,676,729,784,841,900,
    961,1024,1089,1156,1225,1296,1369,1444,1521,1600,1681,
    1764,1849,1936,2025,2116,2209,2304,2401,2500,2601,2704,
    2809,2916,3025,3136,3249,3364,3481,3600,3721,3844,3969,
    4096,4225,4356,4489,4624,4761,4900,5041,5184,5329,5476,
    5625,5776,5929,6084,6241,6400,6561,6724,6889,7056,7225,
    7396,7569,7744,7921,8100,8281,8464,8649,8836,9025,9216,
    9409,9604,9801,10000
};

// 最终车速查找表
flash char rootedSPEED[201] =
{
    0,4,6,7,8,9,10,10,10,10,10,10,10,10,10,10,10,10,10,10,
    10,10,10,10,10,10,10,10,10,10,10,10,10,10,10,10,10,10,
    10,10,10,10,10,10,10,10,10,10,10,10,10,10,10,10,10,10,
    10,10,10,10,10,10,10,10,10,10,10,10,10,10,10,10,10,10,
    10,10,10,10,10,10,10,10,10,10,10,10,10,10,10,10,10,10,
    10,10,10,10,10,10,10,10,10,10,10,10,10,10,10,10,10,10,
    10,10,10,10,10,10,10,10,10,10,10,10,10,10,10,10,10,10,
    10,10,10,10,10,10,10,10,10,10,10,10,10,10,10,10,10,10,
    10,10,10,10,10,10,10,10,10,10,10,10,10,10,10,10,10,10,
    10,10,10,10,10,10,10,10,10,10,10,10,10,10,10,10,10,10,
    10
};
```

```c
int c = 0;
int d = 0;
char i = 0;
unsigned char COORstate;                        // 读取坐标点的状态变量
int sum = 0;                                    // 存储15个坐标点的累加值
// 角度计算变量
int averagedX = 0;                              // 当前15个点的 x 坐标平均值
int averagedY = 0;                              // 当前15个点的 y 坐标平均值
int averagedX_p = 0;                            // 当前15个点之前的15个点的 x 坐标平均值
int averagedY_p = 0;                            // 当前15个点之前的15个点的 y 坐标平均值
int averagedX_pp = 0;                           // 当前15个点之前的15个点的 x 坐标平均值
int averagedY_pp = 0;                           // 当前15个点之前的15个点的 y 坐标平均值
char backingup = 0;
char validangle = 0;                            // 角度有效变量
int howmanypoints = 0;                          // 统计坐标点数变量
// 用于后备保护的角度变量
char Xang_12, Xang_23, Xang_13;                 // 两点之间 x 坐标差值
char Yang_12, Yang_23, Yang_13;                 // 两点之间 y 坐标差值
int dist_12,dist_23,dist_13;                    // 两点之间的距离
int signey = 0;                                 // 角度正负标志
unsigned char once = 1;                         // 读取一个有效坐标点标志
int slope = 0;                                  // 正切计算变量
signed char olddegree = 0;                      // 前一个角度
signed char degree = 0;                         // 当前角度
signed int moveangle = 0;                       // 行进角度
unsigned char final_tick = 0;
unsigned char data[2];                          // 存储发送数据
unsigned char spandd;
// 函数声明
void initialize(void);                          // 系统初始化函数
void coordinate(void);                          // 读取 x、y 坐标点函数
void getspeed(void);                            // 获取机器人行进速度函数
void getangle(void);                            // 获取机器人行进方向函数
unsigned char started = 0;                      // A/D 转换启动标志
unsigned char anglecoorX,anglecoorY,anglecoorX_p,
             anglecoorY_p,anglecoorX_pp,anglecoorY_pp;
// 存储前15个坐标点数据
unsigned char groupanglecoorX[15] = {0};
unsigned char groupanglecoorY[15] = {0};
```

```c
// 触摸屏 X、Y 坐标点变量
unsigned char Xcoord_ppp = 0;
unsigned char Ycoord_ppp = 0;
unsigned char Xcoord_pp = 0;
unsigned char Ycoord_pp = 0;
unsigned char Xcoord_p = 0;
unsigned char Ycoord_p = 0;
unsigned char Xcoord = 0;
unsigned char Ycoord = 0;
unsigned char packet_count = 0;
// 计算中间变量定义
char Xleast,Xmid,Xcur,Yleast,Ymid,Ycur,cur_speed,
   mid_speed, least_speed;
int final_speed = 0;
// * * * * * * * * * * * * timer 0 中断服务程序 * * * * * * * * * * * * * * * * * //
interrupt [TIM0_COMP] void sgen(void)
{
    ++c;
    ++d;
    coordinate();                                  // 读取触摸屏坐标点
}
// * * * * * * * * * * * * * 遥控端主函数 * * * * * * * * * * * * * * * * * * * * * //
void main(void)
{
    initialize();
    while (1)
    {
     if(ready == 1)                                // 读取了 x、y 坐标
     {
       if (Xcoord == 0 && Ycoord == 0)
        {
         once = 1;
        }
        else if( Xcoord != 0 && Ycoord != 0)
        {
          if(once == 1)                            // 是否已经读取一个有效的坐标点
    {
       PORTD.7 = PORTD.7 ^ 1;                      // 将 PORTD.7 取反
```

```
        once = 0;
        averagedX = Xcoord;
        averagedY = 4;
        averagedX_p = Xcoord;
        averagedY_p = 0;
        final_tick = 68;
        howmanypoints = 0;
        cur_speed = 0;
        mid_speed = 0;
        backup = 0;
        least_speed = 0;
        Xcur = Xcoord;
        Xmid = Xcoord;
        Xleast = Xcoord;
        Ycur = Ycoord;
        Ymid = Ycoord;
        Yleast = Ycoord;
    }
    getspeed();                          // 获取小车的速度
    if(howmanypoints > 15)               // 每 15 点计算一次
     {
      getangle();                        // 读取行进角度
      howmanypoints = 0;
     }
    if(backingup == 1)
    {
        spandd = 0b10000000 | final_speed;
    }
    else
    {
     spandd = final_speed;               // 如果有效,则发送
    }
    data[0] = spandd;
    data[1] = final_tick - 19;
    if(validangle == 1)
    {
     tx_me(data, data_length, tx_id);
    }
    else
```

```
            {
                data[0] = 0;                          // 当无效时,发送速度值为0,角度为中值
                data[1] = 48;
                tx_me(data, data_length, tx_id);     // 发送数据
            }
        }
        ready = 0;
    }
    else
    {
        final_speed = 0;
    }
  }
}
// * * * * * * * * * * * * 遥控端初始化函数 * * * * * * * * * * * * * * * * * * //
void initialize(void)
{
    DDRD.7 = 1;
    DDRC = 0b00001010;                               // 设置PORTC.1和PORTC.3为输出
    PORTC = 0b00001000;
    ADMUX = 0b00100000;
    ADCSRA = 0b11000101;                             // 启动转换
    TIMSK = 2;                                       // 定时器初始化设置
    OCR0 = 250;
    TCCR0 = 0b00001011;
    txrx_init(1,0,416,1);                            // 发送,波特率为4 000
    #asm
      sei
    #endasm
    COORstate = prepareX;                            // 状态机初始状态设置
    ready = 0;

    anglecoorX = 0;                                  // 角度计算变量初始化
    anglecoorY = 0;
    anglecoorX_p = 0;
    anglecoorY_p = 0;
    anglecoorX_pp = 0;
    anglecoorY_pp = 0;
}
```

```c
// * * * * * * * * * * * * * 读取触摸屏点坐标函数 * * * * * * * * * * * * * * * * //
void coordinate(void)
{
    switch(COORstate)
    {
    case prepareX :                                 // 切换端口,准备获取 x 坐标
        if(d > 15 && ready == 0)
        {
            DDRC = 0b00001010;                      // 设置 PORTC.1 和 PORTC.3 为输出
            PORTC = 0b00001000;
            ADMUX = 0b00100000;
            COORstate = takeX;
            c = 0;
        }
        break;
    case takeX :
        if(c>7)                                     // 延时 7 ms
        {
            if(started == 0)
            {
            ADCSR.6 = 1;
            started = 1;
            for(i = 0; i<14; i++)
            {
                groupanglecoorX[i+1] = groupanglecoorX[i];
            }
            }
            if(ADCSR.6 == 0)
            {
                started = 0;
                Xcoord_ppp = Xcoord_pp;
                Xcoord_pp = Xcoord_p;
                Xcoord_p = Xcoord;
                Xcoord = Xcoor[ADCH];
                groupanglecoorX[0] = Xcoord;
                COORstate = prepareY;
            }
        }
        break;
```

```
            case prepareY :                        // 切换端口,获取 y 坐标
                DDRC = 0b00000101;                  // 设置 PORTC.0 和 PORTC.2 为输出
                PORTC = 0b00000100;
                ADMUX = 0b00100001;
                COORstate = takeY;
                c = 0;
                break;
        case takeY :
            if(c>7)
            {
            if(started == 0)
            {
              started = 1;
              ADCSR.6 = 1;
              for(i = 0; i<14; i++)
               {
                  groupanglecoorY[i+1] = groupanglecoorY[i];
               }
            }
            if(ADCSR.6 == 0)
            {
              started = 0;
              Ycoord_ppp = Ycoord_pp;
              Ycoord_pp = Ycoord_p;
              Ycoord_p = Ycoord;
              Ycoord = Ycoor[ADCH];
              groupanglecoorY[0] = Ycoord;
              c = 0;
              COORstate = prepareX;
              d = 0;
              ready = 1;
              howmanypoints++;
             }
            }
          break;
       }
  }
// * * * * * * * * * * * * * *获取小车的速度* * * * * * * * * * * * * * * * * * * * * * //
```

```c
void getspeed(void)
{
    if(Xcoord > Xcoord_p)                // 当前点 x 坐标是否大于前个点 x 坐标
    {
        Xcur = Xcoord - Xcoord_p;
    }
    else
    {
        Xcur = Xcoord_p - Xcoord;
    }
    if(Ycoord > Ycoord_p)                // 当前点 y 坐标是否大于前个点 y 坐标
    {
        Ycur = Ycoord - Ycoord_p;
    }
    else
    {
        Ycur = Ycoord_p - Ycoord;
    }
    if(Xcoord_p > Xcoord_pp)
    {
        Xmid = Xcoord_p - Xcoord_pp;
    }
    else
    {
        Xmid = Xcoord_pp - Xcoord_p;
    }
    if(Ycoord_p > Ycoord_pp)
    {
        Ymid = Ycoord_p - Ycoord_pp;
    }
    else
    {
        Ymid = Ycoord_pp - Ycoord_p;
    }
    if(Xcoord_pp > Xcoord_ppp)
    {
        Xleast = Xcoord_pp - Xcoord_ppp;
    }
    else
```

```c
    Xleast = Xcoord_ppp - Xcoord_pp;
  }
  if(Ycoord_pp > Ycoord_ppp)
  {
    Yleast = Ycoord_pp - Ycoord_ppp;
  }
  else
  {
    Yleast = Ycoord_ppp - Ycoord_pp;
  }
  if(~(Xcur > 10 || Ycur > 10 || Xmid > 10 || Ymid > 10 ||
    Xleast > 10 || Yleast > 10))
{
  cur_speed = rootedSPEED[squared[Xcur] + squared[Ycur]];
  mid_speed = rootedSPEED[squared[Xmid] + squared[Ymid]];
  least_speed = rootedSPEED[squared[Xleast] + squared[Yleast]];
  final_speed = ((float)(cur_speed + mid_speed
    + least_speed))/3;
  if(final_speed != 0)
  {
    final_speed += 5;
  }
if(validangle != 1)                          // 角度是否有效?
  {
    final_speed == 0;
  }
}
// * * * * * * * * * * * * 获取小车行进的角度 * * * * * * * * * * * * * * * * * * * * //
void getangle(void)
{
sum = 0;
for(i = 0;i<15;i++)                          // 当前 15 个点 x 坐标的累加
{
  sum = sum + groupanglecoorX[i];
}
  averagedX_pp = averagedX_p;
  averagedX_p = averagedX;
```

```c
    averagedX = ((float)sum)/15;                    // 取当前15个点 x 坐标的平均值
    sum = 0;
for(i=0;i<15;i++)                                    // 当前15个点 y 坐标的累加
{
    sum = sum + groupanglecoorY[i];
}
averagedY_pp = averagedY_p;
averagedY_p = averagedY;
averagedY = ((float)sum)/15;                        // 取当前15个点 y 坐标的平均值
sum = 0;
olddegree = degree;
if((averagedY_p - averagedY) != 0)                  // 计算正切值
{
  slope = 1000 * (((float)(averagedX_p - averagedX))/
  ((float)(averagedY_p - averagedY)));

  signey = 0;
  if(slope < 0)                                      // 正切值是负值?
  {
    slope = (slope ^ 0xffff) + 1;
    signey = 1;
  }
}
else if(averagedY_p == averagedY && averagedX_p > averagedX)
{
  slope = 28001;
  signey = 1;
}
else
{
  slope = 28001;
}
if(slope < 35)
{
  degree = 0;
}
else if(slope < 87)
{
  degree = 5;
}
```

```
else if(slope < 141)
{
  degree = 8;
}
else if(slope < 194)
{
  degree = 11;
}
else if(slope < 249)
{
  degree = 14;
}
else if(slope < 306)
{
  degree = 17;
}
else if(slope < 364)
{
  degree = 20;
}
else if(slope < 424)
{
  degree = 23;
}
else if(slope < 488)
{
  degree = 26;
}
else if(slope < 554)
{
  degree = 29;
}
else if(slope < 625)
{
  degree = 32;
}
else if(slope < 700)
{
  degree = 35;
```

```
}
else if(slope < 781)
{
    degree = 38;
}
else if(slope < 869)
{
    degree = 41;
}
else if(slope < 966)
{
    degree = 44;
}
else if(slope < 1072)
{
    degree = 47;
}
else if(slope < 1192)
{
    degree = 50;
}
else if(slope < 1327)
{
    degree = 53;
}
else if(slope < 1483)
{
    degree = 56;
}
else if(slope < 1664)
{
    degree = 59;
}
else if(slope < 1881)
{
    degree = 62;
}
else if(slope < 2145)
{
```

```
    degree = 65;
}
else if(slope < 2475)
{
    degree = 68;
}
else if(slope < 2904)
{
    degree = 71;
}
else if(slope < 3487)
{
    degree = 74;
}
else if(slope < 4331)
{
    degree = 77;
}
else if(slope < 5671)
{
    degree = 80;
}
else if(slope < 8144)
{
    degree = 83;
}
else if(slope < 14300)
{
    degree = 86;
}
else
{
    degree = 90;
}
if(signey == 1)                    // 角度是负值？
{
    degree = (degree ^ 0xff) + 1;
}
// 计算 x 坐标方向的差值
```

```
if(averagedX > averagedX_p)
{
  Xang_23 = averagedX - averagedX_p;
}
else
{
  Xang_23 = averagedX_p - averagedX;
}
if(averagedX_p > averagedX_pp)
{
  Xang_12 = averagedX_p - averagedX_pp;
}
else
{
  Xang_12 = averagedX_pp - averagedX_p;
}
if(averagedX > averagedX_pp)
{
  Xang_13 = averagedX - averagedX_pp;
}
else
{
  Xang_13 = averagedX_pp - averagedX;
}
// 计算 y 坐标方向的差值
if(averagedY > averagedY_p)
{
  Yang_23 = averagedY - averagedY_p;
}
else
{
  Yang_23 = averagedY_p - averagedY;
}
if(averagedY_p > averagedY_pp)
{
  Yang_12 = averagedY_p - averagedY_pp;
}
else
{
```

```c
    Yang_12 = averagedY_pp - averagedY_p;
}
if(averagedY > averagedY_pp)
{
    Yang_13 = averagedY - averagedY_pp;
}
else
{
    Yang_13 = averagedY_pp - averagedY;
}
// 计算两点之间的距离
dist_12 = squared[Yang_12] + squared[Xang_12];
dist_23 = squared[Yang_23] + squared[Xang_23];
dist_13 = squared[Yang_13] + squared[Xang_13];
if(dist_13 < dist_12 || dist_13 < dist_23)
{
    backingup = backingup ^ 1;
}
moveangle = degree - olddegree;
if(backingup == 1)
{
    moveangle = (moveangle ^ 0xffff) + 1;
}
if(averagedY_p > averagedY_pp && averagedY_p > averagedY
    && backingup == 0)
{
    moveangle = (180 + degree) - olddegree;
}
if(moveangle < 55 && moveangle > -55)
{
    validangle = 1;
    final_tick = finalmovement[moveangle + 54];
}
else
{
    validangle = 0;
}
}
```

8.5.5 受控端代码详解

受控端程序如下:

```c
// * * * * * * * * * * * * * * * * * * receiver.c * * * * * * * * * * * * * * //
#include<mega32.h>
#include<delay.h>
#include<txrx.h>
#include <stdio.h>

// 宏预定义
#define begin
{
    #define end
}
#define MAX_RX_LENGTH 10
#define data_buffer 32

// 变量定义
char done;
char my_rx_data[MAX_RX_LENGTH];
char k;
int servoTime = 0;
int stopServo = 49;
char duty = 0;
char dcTime = 1;
char backup = 0;

// 函数声明
void goforward(void);                   // 机器人前进控制函数
void backsup(void);                     // 机器人后退控制函数
void stop(void);                        // 机器人制动控制函数
// * * * * * * * * * * * * timer 0 中断服务程序 * * * * * * * * * * * * * * //
interrupt [TIM0_COMP] void timer0_compare(void)
{
servoTime++;
    if(servoTime == stopServo)
    {
        PORTB.0 = 0;
    }
    if(servoTime == 1000)
```

```c
    {
      PORTB.0 = 1;
      servoTime = 0;
    }
}
// * * * * * * * * * * * * * timer 1 中断服务程序 * * * * * * * * * * * * * * * * //
interrupt [TIM1_COMPA] void timer1_compare(void)
{
dcTime++;
  if((dcTime == 20 && backup == 0) && duty != 0)
  {
    dcTime = 1;
    goforward();
  }
  if((dcTime == 20 && backup == 1) && duty != 0)
  {
    dcTime = 1;
    backsup();
  }
  if(duty == 0 || (dcTime == duty && duty != 20))
  {
    stop();
  }
}
// * * * * * * * * * * * * * * 小车前进控制程序 * * * * * * * * * * * * * * * * * * * //
void goforward(void)
{
    PORTB.2 = 0;
    PORTB.1 = 1;
}
// * * * * * * * * * * * * * * 小车后退控制程序 * * * * * * * * * * * * * * * * * * * //
void backsup(void)
{
    PORTB.1 = 0;
    PORTB.2 = 1;
}
// * * * * * * * * * * * * * * 小车停止控制程序 * * * * * * * * * * * * * * * * * * * //
void stop(void)
```

```c
{
    PORTB.1 = 0;
    PORTB.2 = 0;
}
// * * * * * * * * * * * * * 受控端初始化函数 * * * * * * * * * * * * * * * * * * * //
void init()
    begin
        DDRB = 0xff;                          // 设置电机控制端口
        PORTB.0 = 1;
        PORTB.1 = 1;
        DDRC = 0xff;
        PORTC.0 = 0;
// 设置 timer 0
TIMSK = 0b00010010;                           // 打开 timer 0 比较匹配中断
OCR0 = 4;
TCCR0 = 0b00001011;                           // 时钟 64 分频

// 设置 timer 1, 1/10 msec
TCCR1A = 0b00000000;
TCCR1B = 0b00001011;
    OCR1A =   25;

    txrx_init(0,1,249,1);                     // 接收初始化,波特率为 4 000
    PORTD.1 = 1;
    rx_reset(MAX_RX_LENGTH);                  // 接收复位
    done = 0;

    #asm("sei");
end
// * * * * * * * * * * * * * 受控端主函数 * * * * * * * * * * * * * * * * * * * //
void main()
{
    init();                                   // 小车侧初始化
    while(1)
    {
        if(rxdone() == 1)                     // 数据已经接收了
        {
            PORTB.3 = PORTB.3^1;
            k = 0;
```

```c
            init_getrx();                                      // 发送接收初始化
            while(rx_empty()!=1)                               // 数据未接收完？
            {
              my_rx_data[k] = get_next_rx_data();
              k++;
            }
            if((0b01111111 | my_rx_data[5]) == 0xff)
            {
              my_rx_data[5] = my_rx_data[5] & 0b01111111;      // 清除高位
              backup = 1;
            }
            else
            {
              backup = 0;
            }
            duty = my_rx_data[5];                              // 接收占空比值
            stopServo = my_rx_data[6];                         // 接收转向的最大角度值
            rx_reset(MAX_RX_LENGTH);
        }
    }
}
// * * * * * * * * * * * * * * * * * * * * * txrx.c * * * * * * * * * * * * * * * * * * * * * //
#include<mega32.h>
// 无线通信协议变量定义
#define MAX_LENGTH_RX 32
#define MAX_LENGTH_TX_PKT 32
#define MAX_LENGTH_TX_DATA 16
#define synch_char 0b10101010                                  // 帧同步字符
#define start_char 0b11001010                                  // 帧起始字符
#define end_char 0b11010100                                    // 帧结束字符
unsigned char txrx_i;                                          // 发送接收字节计数器
// 数据接收所需变量定义
unsigned char rx_, decoded_byte, rx_byte, rx_done, rx_length,
              buffer, rx_started, max_rx_length, rx_led;
char rx_data[MAX_LENGTH_RX];                                   // 接收缓冲器定义
// 数据发送所需变量定义
unsigned char tx_data_length, tx_pkt_length, tx_id, tx_byte,
              tx_ing, tx_pkt_byte, tx_data_byte, tx_led;
```

```c
char tx_data[MAX_LENGTH_TX_PKT];                    // 发送缓冲器定义
char in_data[MAX_LENGTH_TX_DATA];
// 编码表
Flash char code[16] =
{
    0b10001011,0b10001101,0b10010011,0b10010101,0b10010110,0b10011001,
    0b10011010,0b10011100,0b10100011,0b10100101,0b10100110,0b10101001,
    0b10101100,0b10110001,0b10110010,0b10110100
};
// * * * * * * * * * * * * *发送接收初始化函数* * * * * * * * * * * * * * * * * * * *//
void txrx_init(int tx, int rx, int baud_num, char led)
{
    // 发送接收寄存器设置
    UCSRB.0 = 0;    // Bit 0 - TXB8
    UCSRB.1 = 0;    // Bit 1 - RXB8
    UCSRB.2 = 0;    // Bit 2 - UCSZ2
    UCSRB.3 = tx;   // Bit 3 - TXEN
    UCSRB.4 = rx;   // Bit 4 - RXEN
    UCSRB.5 = tx;   // Bit 5 - UDRIE
    UCSRB.6 = 0;    // Bit 6 - TXCIE
    UCSRB.7 = rx;   // Bit 7 - RXCIE
    UBRRL = baud_num;
    tx_byte = MAX_LENGTH_TX_PKT;
    tx_ing = 0;
    tx_led = led;
    rx_done = 1;
    rx_led = led;
}
// * * * * * * * * * * * * *输入字符的解码函数* * * * * * * * * * * * * * * * * * * *//
char decodeOne(char msbyte)
{
    txrx_i = 0;
    buffer = start_char;
    while(txrx_i<16)
    {
        if(msbyte = = code[txrx_i])
        {
            buffer = txrx_i;
```

```c
        txrx_i++;
    }
    return buffer;
}
//*************输入两字符的解码函数******************//
char decode(char msbyte, char lsbyte)
{
    txrx_i = 0;
    while(txrx_i<16)
    {
        if(msbyte == code[txrx_i])
            buffer = txrx_i;
        txrx_i++;
    }
    txrx_i = 0;
    while(txrx_i<16)
    {
        if(lsbyte == code[txrx_i])
        {
            buffer = (buffer<<4);
            buffer = buffer | txrx_i;
        }
        txrx_i++;
    }
    return buffer;
}
//*************接收中断服务函数******************//
interrupt [14] void RX_complete(void)
{
    if(rx_done == 0)                          // 一帧数据接收完毕?
    {
        if (rx_byte == 0)                     // 接收第一个字节?
        {
            rx_data[rx_byte] = UDR;
            if(rx_data[0] == synch_char)      // 第一个字节是同步字符?
            {
                rx_started = 1;               // 接收开始变量置位
            }
```

```
      else
      {
        rx_started = 0;
      }
      if(rx_data[0] == synch_char & rx_started)
      {
        rx_byte ++ ;
        if(rx_led == 1) PORTD.7 = 0;
      }
    }
    else if (rx_byte == 1)                              // 开始接收第二个字节？
    {
      rx_data[rx_byte] = UDR;
      if(rx_data[0] == synch_char && rx_data[1] == start_char)
      {
        rx_byte ++ ;
      }
    }
    else
    {
      rx_data[rx_byte] = UDR;
      if (rx_byte == 4)
      {
        rx_length = decode(rx_data[3],rx_data[4]);
      }
      else if(rx_byte >= max_rx_length || rx_data[rx_byte] == 212)
      {
        if(rx_led == 1)                                 // 发送灯点亮？
        {
          PORTD.7 = 1;
        }
        rx_done = 1;
      }
      rx_byte ++ ;
    }
  }
}
// * * * * * * * * * * * * *接收复位函数* * * * * * * * * * * * * * * * * * * * * //
void rx_reset(char max_rx)
```

```c
    rx_done = 0;                                    // 帧接收完毕标志清零
    rx_started = 0;                                 // 帧接收开始标志清零
    rx_length = 0;                                  // 接收数据程度计数器清零
    rx_byte = 0;                                    // 已接收数据字节计数器清零
    max_rx_length = max_rx;
}
// * * * * * * * * * * * * * 接收完成函数 * * * * * * * * * * * * * * * * * * * * * * * //
char rxdone(void)
{
    return rx_done;                                 // 返回帧接收完成标志
}
// * * * * * * * * * * * * * 返回接收字节函数 * * * * * * * * * * * * * * * * * * * * * //
void init_getrx(void)
{
    rx_ = 0;                                        // 接收计数器清零
}
// * * * * * * * * * * * * * 接收帧中下一个字节函数 * * * * * * * * * * * * * * * //
char get_next_rx_data(void)
{
    if(rx_ <= 2)
    {
        return rx_data[rx_++];
    }
    else
    {
        decoded_byte = decode(rx_data[rx_],rx_data[(char)(rx_+1)]);
        rx_ = rx_ + 2;
        return decoded_byte;
    }
}
// * * * * * * * * * * * * * 帧接收完成函数 * * * * * * * * * * * * * * * * * * * * * * //
char rx_empty(void)
{
    return (rx_ < max_rx_length) ? 0 : 1;
}
// * * * * * * * * * * * * * 发送中断服务函数 * * * * * * * * * * * * * * * * * * * * * //
interrupt [15] void udr_empty(void)
```

```c
  {
    if(tx_byte < tx_pkt_length)                        // 数据未发送完?
    {
      UDR = tx_data[tx_byte];
      tx_byte++;
      if(tx_led == 1)
      {
        PORTC.7 = 0;
      }
    }

    if(tx_byte == tx_pkt_length)                       // 数据发送完毕?
    {
      if(tx_led == 1)                                  // 发送灯点亮?
      {
        PORTC.7 = 1;
      }
      tx_ing = 0;                                      // 正在发送标志清零
    }
  }
}
// * * * * * * * * * * * * *数据封装函数* * * * * * * * * * * * * * * * * * * * * //
void encode(void)
{
  tx_data[0] = synch_char;                             // 发送同步字符
  tx_data[1] = synch_char;
  tx_data[2] = synch_char;
  tx_data[3] = synch_char;
  tx_data[4] = start_char;                             // 发送起始字符
  tx_data[5] = code[tx_id];                            // 发送通道 ID
  tx_data[6] = code[tx_data_length>>4];                // 发送两字节数据长度
  tx_data[7] = code[(tx_data_length<<4)>>4];
  // 发送的数据内容
  tx_pkt_byte = 8;
  tx_data_byte = 0;
  while(tx_data_byte < tx_data_length)
  {
    tx_data[tx_pkt_byte] = code[in_data[tx_data_byte]>>4];
    tx_data[(char)(tx_pkt_byte + 1)] = code[(in_data[tx_data_byte]<<4)>>4];
    tx_pkt_byte = tx_pkt_byte + 2;
```

```
    tx_data_byte++;
  }
  tx_data[tx_pkt_length-1] = end_char;                    // 发送结束字符
}
// * * * * * * * * * * * * * * * 发送数据函数 * * * * * * * * * * * * * * * //
void tx_me(char tx_data[], int length, int id)
{
  if(tx_ing == 0)
  {
    txrx_i = 0;
    while(txrx_i < length)                                // 数据未发送完?
    {
      in_data[txrx_i] = tx_data[txrx_i];
      txrx_i++;
    }
    tx_id = id;
    tx_data_length = length;
    tx_pkt_length = length * 2 + 9;
    encode();
    tx_byte = 0;
    tx_ing = 1;                                           // 正在发送标志置1
  }
}
```

8.6 系统测试

系统测试是系统设计的一个重要环节。由于 ATmega32 单片机具有在系统编程,这样完全可以在焊接好硬件电路后进行系统的仿真调试。ATmega32 的仿真调试见前面章节。

无线遥控机器人的系统测试分为 4 部分:ATmega32 主机电路测试、触摸屏电路测试、电机驱动电路测试和无线收发电路测试。对各部分的测试应该编写相应的测试程序。

对于单片机 ATmega32 的测试,读者可以参考前面相关章节编写简单的测试程序,如跑马灯,以测试单片机最小系统的可用性,确保在线仿真、程序下载等基本功能的实现。

在主程序中给出了直流电机和伺服电机控制的程序,读者可以参考这一部分的内容编写测试程序,比如控制小车前进、后退和转向等,来测试机器人运动控制部分基本功能是否实现。

对于触摸屏电路的测试,主要是测试能否准确读取用户输入路径的坐标点。触摸屏电路的测试需要结合控制器的 A/D 转换器编写测试程序,测试整个触摸屏电路的功能。

程序中给出了无线收发电路的驱动程序,读者可以参考这一部分的代码编写测试程序,来测试无线收发电路数据传输是否正常。

8.7 进一步的分析

带触摸屏的无线遥控机器人的基本功能目前都已完成,可以满足基本需要,控制精度在预想范围之内,设备工作可靠。

带触摸屏的无线遥控机器人实现了无线数据的传输,但数据传输的速率比较低,这也限制了小车控制精度的提高,很难实现小车严格按照用户输入路径行进。要解决这个问题,读者可以考虑采用其他数据传输速率比较快的无线通信协议,比如 ZigBee 就是一个不错的解决方案,它是短距离无线通信比较好的选择。

考虑到人机交互的友好性,读者可以在小车侧增加人机显示界面,如 LCD 等,显示小车行进的速度、方向等参数,这样也便于开发阶段的调试。

带触摸屏的无线遥控机器人以电池作为主要供电设备,对功耗要求比较严格,所以在系统设计阶段必须考虑低功耗设计,尽可能地降低系统的功耗。目前,这方面考虑得还不是很周全,有待进一步的完善。

8.8 本章小结

本章以带触摸屏的无线遥控机器人为例,从系统需求出发,对控制系统的组成结构、系统设备选型进行了分析。在硬件设计一节给出了详细的硬件电路设计图,并对各功能部件与单片机 ATmeg32 的连接进行了分析说明。在软件设计一节给出了控制系统的主程序流程图,同时对部分子程序进行了分析说明。最后给出了进一步的分析,以供读者思考。

带触摸屏的无线遥控机器人系统从设计的角度来讲,硬件主要完成以下两部分的设计:

遥控端电路设计,包括触摸屏电路设计、无线发送电路设计;受控端电路设计,包括无线接收电路设计、直流电机驱动电路设计和伺服电机控制电路设计等。整个系统的硬件电路构成比较简单,在系统设计过程应该注意的是供电电压的分配。

机器人技术是一门综合了计算机、控制论、信息传感技术、人工智能、图形图像、仿生学等多技术的新型学科,它融合了机械、电子、传感器、计算机软硬件、人工智能等许多学科的知识,涉及当今许多前沿技术。随着电子技术的飞速发展,智能机器人在越来越多的领域发挥着人类无法代替的作用,给人们的生产和生活带来了巨大的变化。

本章介绍的带触摸屏的无线遥控机器人实现了机器人按用户指定路径行走,通过控制电机实现了机器人的前进、后退、转向等功能。系统软件设计中应该考虑低功耗设计、模块化设计,以便使整个系统的模块化程度更高,设备更节能。

第 9 章

多路无线报警系统

本章系统介绍了一种多路无线报警系统的结构、原理以及组成,并对各个部分的结构及工作原理进行了准确的阐述。该系统融合了无线通信技术、单片机技术和信号检测技术等。本系统可广泛应用于单位、公共场所及家庭等。系统以 Atmel 公司单片机 ATmega32 为控制核心,由传感器模块、无线收发模块等功能模块组成多路无线报警系统。

9.1 项目概述

本节详细介绍了多路无线报警系统的工作原理及其软、硬件设计和实现,并系统阐述了红外热释传感器的工作原理。文中概略介绍了当前报警系统的相关技术现状及发展,以及系统的整体构思和功能,详细介绍了硬件开发所用的数据采集、数据编码、无线收发、单片控制、信号检测等理论及应用,详细介绍了系统软件开发及其改进设想。本系统研究的主要内容是通过热释电传感器探测是否有报警信号,如果有报警信号,则启动无线发射模块将编码之后的报警信号传输到系统主控制器,即无线接收模块上。当无线接收模块接收到报警信息之后,将接收到的编码数据输入到解码器上;如果地址相符,则编码器输出端驱动单片机产生外部中断,单片机将解码器的输出数据采集到单片机内部,判断报警号,并以声光报警。

9.1.1 项目背景

近年来由于电子学和微型计算机技术的迅速发展和广泛应用,给现代家庭管理及报警系统的选择带来了新的变革,出现了新的面貌。目前正在广泛应用闭路的监视器来实现远程监视与报警功能。在日常生活中,远程监视有许多应用实例,常见的是交通部门对城市路况的实时监视等。但这种监视系统是基于专用通信线路实现的,如光缆等。在许多场合下铺设专用通信线路是不现实的,一是费用高,二是国家法律不允许乱铺乱设。于是人们的眼光很自然地转到了电话线上来,这是现成的公用通信网络,它普及率高,成本低,可以充分利用。随着计算机多媒体技术特别是数字图像压缩技术的不断发展,利用电话线进行远程监视与报警的可能性越来越大。通过电话网络自动完成对外求助是一种极为方便、有效的手段,相关的应用设计正逐步推出。此类设计涉及通信、计算机、数码语音等多方面的应用技术及规程。

无线通信作为通信系统的一部分,其基本模型和其他的通信系统一样由以下几个基本部分组成,即信息源和收信者、发送设备、传输介质、接收设备。对于无线数字通信系统来说,发送设备常可以分为信源编码与信道编码两部分。信源编码是将连续信号转换为数字信号;而信道编码则是使数字信号与传输媒介匹配,提高传输的可靠性和有效性。无线通信的传输媒介自然就是空气。无线数字通信系统的接收设备完成发送设备反变换的功能,即进行解调、译码、解密等,其任务是从带有干扰的信号中正确恢复出原始信息;对于多路复用信号,还包括解除多路复用,实现正确分路。

基于无线通信技术的报警系统采用近几年来成熟的各项无线电通信技术、微控制器技术,以及功能化、模块化、结构化技术来构造基本的系统功能,使该系统易于维护和改进调整。

系统方案在通信应用方面主要有两种构想。其一是主机和分机联系的无线电通信,采用单工通信。由于系统所需要的报警数据信号采用多路信号输入,免除了布线困难和不易于调整的构造,故使用无线电通信可以达到系统扩展的目的。基于小型化系统的应用,采用单工通信可以降低成本,电路简化适用,易于维护。其二是无线电通信采用双工通信。双工通信的优势在于能够使主机和分机保持通信联系,分机能够得到主机的控制信号并采取相应措施完成既定功能。当然双工通信必然导致成本上升和电路复杂化等,但作为稍大规模的报警等设施,这个代价是值得付出的。

作为报警信号的采集者——传感器部分,为了适用多种传感器的信号输入,采用公共接口作为传感器信号的输出接口。无论传感器的输出信号如何,都采用一个集成开关,当传感器信号达到其预先设定值就打开集成开关,使编码发射模块得电工作,对该报警采集点的信息进行编码调制发射。

9.1.2 需求分析

该系统目前具有的主要功能有:
① 接收 15 路无线报警探测点的报警信号输入;
② 无线收发模块发送无线编码信号至主机,传输距离大于 60 m;
③ 报警模式(蜂鸣、光显示)。

该系统包含传感器模块、编码发射模块、解码接收模块、主机控制模块、声光报警模块和 LCD 显示模块等。

9.2 系统方案设计

系统主要由两大功能模块构成:分机完成信号检测和无线发射功能;主机完成无线接收和报警信号处理功能。

1. 无线发射报警分机

当有人进入警戒区时，人体发出的红外线经菲涅尔透镜作用后，在传感器上形成低频率的红外脉冲，传感器即输出一微弱的电信号，经低频放大器内部低通滤波后进入比较器，然后再通过锁存、控制等电路耦合至激励电路。它分别驱动发光二极管点亮，作为触发工作状态指示及驱动继电器吸合，接通后级电路的工作电源。当继电器吸合后，编码发射部分就得电做低频放大器输出的低电平信号，触发编码电路输出串行编码脉冲，由编码电路输出信号来控制振荡器是否振荡。然后经输出缓冲器，把已调制的信号送回编码发射电路。再经过内部处理，最后由功放电路放大，由天线向空中发射。

2. 无线接收报警主机

当无线接收模块接收到报警信号后经调频接收电路处理后输出音频信号，该信号送入锁相译码器。该锁相译码器的内部压控振荡器中心频率为 $f_0 = 1.1\ \text{kHz}$。当输入信号电压大于 25 mV 且频率与 f_0 相同时，输出低电平；输出信号经晶体管反相后，送入解码电路的数据输入脚，若解码电路连续三次收到与本地址码相同的编码，则认为接收有效，且输出一个正脉冲，同时发射分机发出的数据码就从解码电路的相应数据端输出，并一直保持到下次发送。该数据输入单片机之后，单片机根据该数据确定报警分机的序号，并驱动声光报警电路得电工作。每台接收总机可设置 15 台分机。

无线发射报警分机由传感器模块和编码发射模块构成，完成报警信号探测和无线发射功能。其框图如图 9.1 所示。

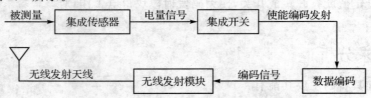

图 9.1 无线发射报警分机功能框图

无线接收报警主机由解码接收模块、单片控制模块、语音信号处理模块、模拟拨号及信号音检测模块和 LED 显示模块等组成。其功能是完成接警并能够按照用户设定的要求进行信号处理。其功能框图如图 9.2 所示。

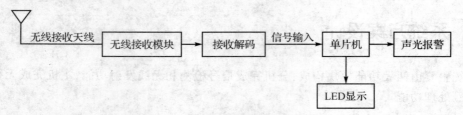

图 9.2 无线接收报警主机功能框图

9.3 硬件设计

系统硬件部分是以 ATmega32 单片机为控制中心，其外围部件功能可划分为无线收发模块、信号检测模块、声光报警模块、显示模块几部分。

9.3.1 发射机电路

1. 热释电红外传感器

在自然界，任何高于绝对温度的物体都将产生红外光谱，不同温度的物体，其释放的红外能量的波长是不一样的，因此红外波长与温度的高低是相关的。

2. 热释电红外传感器结构

热释电晶体一般是 PZT 或其他材料，在晶体上下表面分别设置电极，在上表面再加一层黑色氧化膜以提高其转换效率。在管内附有 FET 放大器及厚膜电阻，以达到阻抗变换的目的。在管壳顶端装有滤光镜片及窗口，用以选择接收不同的波长。在窗口上装滤光镜的目的是使不需要的红外线不能进入传感器。一般热释电红外传感器在光谱范围内的灵敏度是相当平坦的(并且不受可见光的影响)。一般常用硅质聚乙烯材料的滤光镜，它能以非接触形式检测出物体放射出来的红外线能量变化，并将其转换成电信号输出。传感器探头前部装有菲涅尔透镜。菲涅尔透镜是一种由塑料制成的特殊设计的光学透镜，它用来配合热释电红外传感器，以达到提高接收灵敏度的目的。用菲涅尔透镜配合放大电路将信号放大 60～70 dB，就可以检测 10～20 m 处人的活动。

由于人的活动频率范围在 0.1～10 Hz，因此需要对人体活动频率加以增频，而菲涅尔透镜是一种多面反(折)射镜，比较理想。当人体进入菲涅尔透镜的一个视场时，在热释电红外传感器上产生一个交变红外辐射信号，就会使传感器电路产生一个微弱的电压信号。

3. 热释电红外传感器基本原理

热释电红外传感器通过接收移动人体辐射出的特定波长的红外线，可以将其转化为与人体运动速度、距离、方向等有关的低频电信号。因为传感器的电压响应度与入射光辐射变化的频率成反比，因此，当恒定的红外辐射照射在探测器上时，探测器没有电信号输出，所以恒定的红外辐射不能被检测到；而物体移动速度越快，同样的入射功率下，输出电压就会越小，只有达到报警阈值电平时，探测器才会有电压信号输出。根据该特性，热释电红外传感器适用于盗情信号的检测。

4. 系统热释电红外处理电路

系统中选用的热释电红外传感器的型号为 RE200B，处理电路选择集成热释电红外处理芯片 BISS0001。

(1) RE200B 简介

① 灵敏元面积:2.0 mm×1.0 mm;

② 工作波长:7～14 μm;

③ 平均透过率:>75%;

④ 输出信号:>2.5 V(420 K 黑体,1 Hz 调制频率,0.3～3.0 Hz 带宽,72.5 dB 增益);

⑤ 噪声:<200 mV(峰-峰值)(25 ℃);

⑥ 平衡度:<20%;

⑦ 工作电压:2.2～15 V;

⑧ 工作电流:8.5～24 μA(V_D=10 V,R_s=47 kΩ,25 ℃);

⑨ 源极电压:0.4～1.1 V(V_D=10 V,R_s=47 kΩ,25 ℃);

⑩ 工作温度:-20～+70 ℃。

(2) BISS0001 简介

BISS0001 是一款具有较高性能的传感信号处理集成电路。它配以热释电红外传感器和少量外接元器件构成被动式的热释电红外开关。它能自动快速开启各类白炽灯、荧光灯、蜂鸣器、自动门、电风扇、烘干机和自动洗手池等装置,特别适用于企业、宾馆、商场、库房及家庭的过道、走廊等敏感区域,或用于安全区域的自动灯光、照明和报警系统。

(3) BISS0001 特点

① CMOS 工艺;

② 数/模混合;

③ 具有独立的高输入阻抗运算放大器;

④ 内部的双向鉴幅器可有效抑制干扰;

⑤ 内设延迟时间定时器和封锁时间定时器;

⑥ 采用 16 脚 DIP 封装。

(4) BISS0001 的工作原理

BISS0001 是由运算放大器、电压比较器、状态控制器、延迟时间定时器以及封锁时间定时器等构成的数/模混合专用集成电路。

BISS0001 的引脚图如图 9.3 所示,各引脚功能如表 9.1 所列。内部结构如图 9.4 所示。

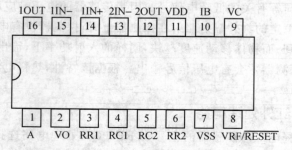

图 9.3 BISS0001 的引脚图

表 9.1 BISS0001 的引脚功能表

引脚	名称	I/O	功能说明
1	A	I	可重复触发和不可重复触发选择端。当 A 为"1"时,允许重复触发;反之,不可重复触发
2	VO	O	控制信号输出端。由 V_S 的上跳变沿触发,使 V_O 输出从低电平跳变到高电平时视为有效触发。在输出延迟时间 T_x 之外和无 V_S 的上跳变时,V_O 保持低电平状态
3	RR1	—	输出延迟时间 T_x 的调节端
4	RC1	—	输出延迟时间 T_x 的调节端
5	RC2	—	触发封锁时间 T_i 的调节端
6	RR2	—	触发封锁时间 T_i 的调节端
7	VSS	—	工作电源负端
8	VRF	I	参考电压及复位输入端。通常接 V_{DD},当接"0"时可使定时器复位
9	VC	I	触发禁止端。当 $V_C<V_R$ 时禁止触发;当 $V_C>V_R$ 时允许触发($V_R\approx 0.2V_{DD}$)
10	IB	—	运算放大器偏置电流设置端
11	VDD	—	工作电源正端
12	2OUT	O	第二级运算放大器的输出端
13	2IN−	I	第二级运算放大器的反相输入端
14	1IN+	I	第一级运算放大器的同相输入端
15	1IN−	I	第一级运算放大器的反相输入端
16	1OUT	O	第一级运算放大器的输出端

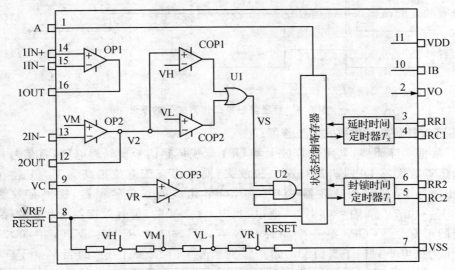

图 9.4 BISS0001 的内部结构

BISS0001 可以工作在不可重复触发工作方式和可重复触发工作方式,其工作波形图如

图 9.5、图 9.6 所示。

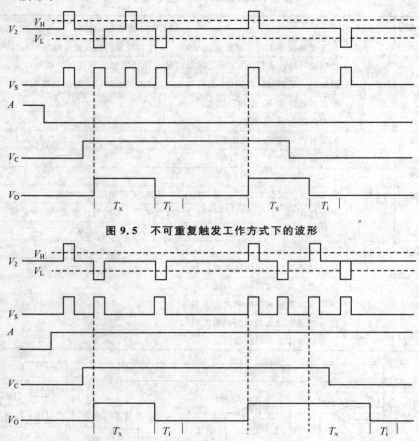

图 9.5 不可重复触发工作方式下的波形

图 9.6 可重复触发工作方式下的波形

1) 不可重复触发工作方式的工作原理

首先,根据实际需要,利用运算放大器 OP1 组成传感信号预处理电路,将信号放大。然后耦合给运算放大器 OP2,再进行第二级放大,同时将直流电位抬高为 V_M($V_M \approx 0.5 V_{DD}$)后,将输出信号 V_2 送到由比较器 COP1 和 COP2 组成的双向鉴幅器,检出有效触发信号 V_S。由于 $V_H \approx 0.7 V_{DD}$、$V_L \approx 0.3 V_{DD}$,所以,当 $V_{DD} = 5\ V$ 时,可有效抑制 ±1 V 的噪声干扰,提高系统的可靠性。COP3 是一个条件比较器。当输入电压 $V_C < V_R$($V_R \approx 0.2 V_{DD}$)时,COP3 输出为低电平封住了与门 U2,禁止触发信号 V_S 向下级传递;而当 $V_C > V_R$ 时,COP3 输出为高电平,进入延时周期。当 A 端接"0"电平时,在 T_x 时间内任何 V_2 的变化都被忽略,直至 T_x 时间结束,即所谓不可重复触发工作方式。当 T_x 时间结束时,V_O 下跳回低电平,同时启动封锁。

时间定时器进入封锁周期 T_i。在 T_i 时间内,任何 V_2 的变化都不能使 V_O 跳变为有效状态(高电平),可有效抑制负载切换过程中产生的各种干扰。

2) 可重复触发工作方式的工作原理

可重复触发工作方式下的波形在 V_C="0"、A="0"期间,信号 V_S 不能触发 V_O 为有效状态。在 V_C="1"、A="1"时,V_S 可重复触发 V_O 为有效状态,并可促使 V_O 在 T_x 周期内一直保持有效状态。在 T_x 时间内,只要 V_S 发生上跳变,则 V_O 将从 V_S 上跳变时刻起继续延长一个 T_x 周期;若 V_S 保持为"1"状态,则 V_O 一直保持有效状态;若 V_S 保持为"0"状态,则在 T_x 周期结束后,V_O 恢复为无效状态,并且同样在封锁时间 T_i 时间内,任何 V_S 的变化都不能触发 V_O 为有效状态。

5. 无线发射模块

BAYM-T03A 为自带编码无线遥控发射模块,发射距离开阔地 3 000 m,采用声表谐振稳频,功耗低,不发射信号时无工作电流,可广泛用于工业自动控制、遥控开关、安防系统、数据无线传送和灯光等远距离的无线遥控控制,具有体积小、安装方便、使用安全可靠等特点,外形图如图 9.7 所示。

技术指标如下:

① 工作电压:3~9 V;
② 工作电流:240 mA(9VDC);
③ 谐振方式:声表谐振;
④ 工作频率:315 MHz;
⑤ 外形尺寸:30 mm×48 mm;
⑥ 编码方式:2 262;
⑦ 传输速率:≤10 Kbps;
⑧ 发射功率:150 mW。

图 9.7 BAYM-T03A 外形图

6. 信源编码设计实现

本系统的信源编码包括地址位和数据位的信息,进行等长编码。采用 BAYM-T03A 发射模块所带的 PT2262 进行编码。

编码、解码芯片 PT2262 原理简介:

PT2262 是台湾普城公司生产的一种用 CMOS 工艺制造的低功耗、低价位通用编码解码电路,PT2262 最多可有 12 位(A0~A11)三态地址端引脚(悬空、接高电平、接低电平),任意组合可提供 531 441 地址码,PT2262 最多可有 6 位(D0~D5)数据端引脚,设定的地址码和数据码从 17 脚串行输出,可用于无线遥控发射电路。

编码芯片 PT2262 发出的编码信号由地址码、数据码、同步码组成一个完整的码字。

7. 系统电路实现

无线发射报警分机电路如图 9.8 所示。其中,K1 为 1 kΩ 的上拉电阻排,JDQ 为电磁继电器，S1 为拨码开关，BAYM-T03A 为无线发射模块。

BISS0001 内部的运算放大器 OP1 作为热释电红外传感器 RE200B 的输出信号第一级放大，然后由 C_2 耦合给运算放大器 OP2 进行第二级放大，再经电压比较器 COP1 和 COP2 构成的双向鉴幅器处理后，检出有效触发信号 V_S 去启动延迟时间定时器，输出信号 OUT 经晶体管 Q1 放大驱动继电器去接通负载。

当 OUT 输出高电平时，晶体管 Q1 导通，继电器 JDQ 触点吸合，无线发射模块 BAYM-T03A 电源接通，将 D0、D1、D2、D3 数据以及相应的地址码和同步码发射出去。

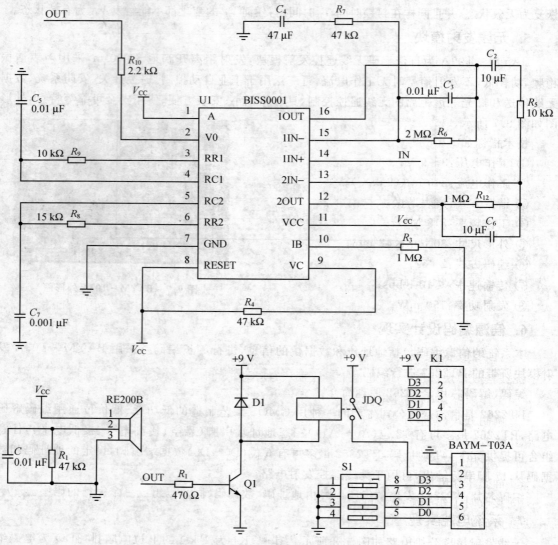

图 9.8 无线发射报警分机电路

系统通过拨码开关 S1 设置报警点的报警序号,其状态以及意义如表 9.2 所列。

表 9.2 报警序号设置

位 1	位 2	位 3	位 4	报警序号
OFF	OFF	OFF	OFF	15
OFF	OFF	OFF	ON	14
OFF	OFF	ON	OFF	13
OFF	OFF	ON	ON	12
OFF	ON	OFF	OFF	11
OFF	ON	OFF	ON	10
OFF	ON	ON	OFF	9
OFF	ON	ON	ON	8
ON	OFF	OFF	OFF	7
ON	OFF	OFF	ON	6
ON	OFF	ON	OFF	5
ON	OFF	ON	ON	4
ON	ON	OFF	OFF	3
ON	ON	OFF	ON	2
ON	ON	ON	OFF	1

9.3.2 接收机电路

无线报警接收主机由无线接收模块、解码器 PT2272、ATmega32 单片机、LCD 显示器和声光报警电路等组成。

1. 无线接收模块

无线接收模块选用 9915 超再生接收模块,外形图如图 9.9 所示,其特点如下。

① 工作频率:315 MHz;
② 调制方式:调幅方式接收;
③ 接收距离:80~120 m;
④ 工作电压:4.85~5.50 V;
⑤ 静态工作电流:2.2 mA;
⑥ 接收时工作电流:2.2 mA 左右;
⑦ 解码芯片:PT2272(或兼容型号);
⑧ 外接天线:30 cm 多芯或单芯普通导线。

其中 D0、D1、D2、D3、VT 分别为 PT2272 的 17、13、12、11、10 引脚。

图 9.9　9915 超再生接收模块

2. 解码器

解码器使用的是 9915 超再生接收模块自带的 PT2272。PT2272 的特点是：CMOS 工艺制造，低功耗，外部元器件少，RC 振荡电路，工作电压范围宽，为 2.6～15 V，数据最多可达 6 位，地址码最多可达 531 441 种。

解码芯片 PT2272 接收到信号后，其地址码经过两次比较核对后，VT 脚才输出高电平，与此同时相应的数据脚也输出接收到的数据。

在本系统中解码电路由 PT2272 构成，PT2272 的地址与编码器 PT2262 的地址必须相同，系统中全部接地。

3. LCD 显示电路

显示器有 LCD 和 LED 显示器，系统中选用 LCD 显示器 12232F。

(1) 12232F 的特点

12232F 汉字图形点阵液晶显示模块，可显示汉字及图形，内置 8 192 个中文汉字(16×16 点阵)，128 个字符(8×16 点阵)及 64×256 点阵显示 RAM。12232F 有内置电压，无需负压。它还配置 LED 背光，与 MCU 的接口是并行或串行，系统中选用并行接口。

① 文本显示 RAM 可以显示 CGROM、HCGROM 与 CGRAM 的 3 种字形。

② ST7920A 提供硬件游标及闪烁控制电路，由地址计数器(address counter)的值来指定 DDRAM 中的游标或闪烁位置。

(2) 12232F 的引脚及电气特性

1) 引脚说明

12232F 液晶模块引脚说明如表 9.3 所列。

表 9.3　12232F 的引脚说明

引脚号	引脚名称	方　向	功能说明
1	VSS	—	模块的电源地
2	VCC	—	模块的电源正端
3	VO	—	对比度调整
4	RS(CS)	H/L	并行的指令/数据选择信号；串行的片选信号
5	R/W(SID)	H/L	并行的读/写选择信号；串行的数据口
6	E(CLK)	H/L	并行的使能信号；串行的同步时钟
7	DB0	H/L	数据 0
8	DB1	H/L	数据 1
9	DB2	H/L	数据 2
10	DB3	H/L	数据 3
11	DB4	H/L	数据 4
12	DB5	H/L	数据 5
13	DB6	H/L	数据 6
14	DB7	H/L	数据 7
15	BL+	VDD	背光电源正
16	BL−	VSS	背光电源负

2）工作时序

12232F 液晶模块有并行和串行两种连接方法。8 位并行连接，MCU 写资料到模块时序图如图 9.10 所示；8 位并行连接，MCU 从模块读出资料时序图如图 9.11 所示。

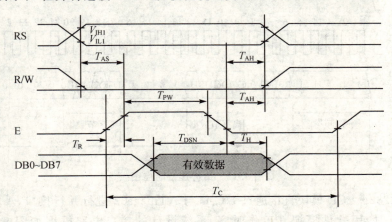

图 9.10　MCU 写资料到模块时序图

串行连接时序图如图 9.12 所示。串行数据传送共分 3 字节完成。

第 1 字节：串口控制，格式 11111ABC。

A 为数据传送方向控制：H 表示数据从 LCD 到 MCU，L 表示数据从 MCU 到 LCD。B 为数据类型选择：H 表示数据是显示数据，L 表示数据是控制指令 C 固定为 0。

第 2 字节：(并行)8 位数据的高 4 位，格式 DDDD0000。

第 3 字节：(并行)8 位数据的低 4 位，格式 0000DDDD。

LCD 模块与 MCU 的通信接口设计可以采用直接或间接的访问方式。前者使用 MCU 的读/写和地址信号综合生成时序控制信号；后者使用软件模拟 LCD 模块时序控制多根数字 I/O 端口输出的方法控制信号。

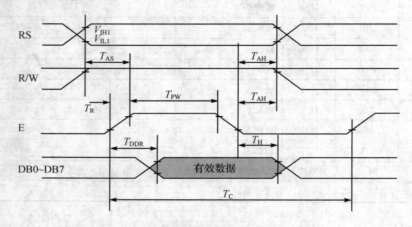

图 9.11　MCU 从模块读出资料时序图

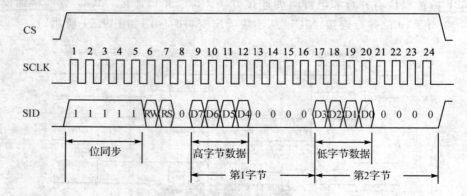

图 9.12　串行连接时序图

系统中 12232F LCD 模块直接通过 I/O 口与 ATmega32 进行并行接口，ATmega32 工作频率在 8 MHz 时，用软件模拟其工作时序，系统设计的接口电路框图如图 9.13 所示。在

图 9.13 中,12232F LCD 模块的 8 位数据线直接与 ATmega32 的 8 位 I/O 口连接,使能信号 E 和读/写信号 R/W 由 ATmega32 的 I/O 口直接控制。12232F LCD 显示器分为两行,初始化时,第一行显示"采集数据:单次",第二行显示"控制命令:等待"。当下位机进行单次数据采集时,第一行用于显示单次采集的数据;当下位机进行连续数据采集时,LCD 显示器上显示采集的数据;第二行显示上位机发出的控制命令。当上位机没有发送控制命令时,显示"等待";当上位机发送命令后,显示"命令"。

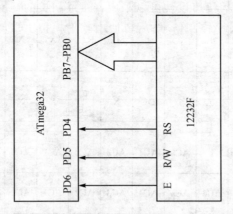

图 9.13　12232F 与 ATmega32 并行接口框图

3) 指令表 1(RE=0:基本指令集)

12232F 基本指令如表 9.4 所列。

表 9.4　基本指令表

指令	指令码									说明
	RS	RW	DB7	DB6	DB5	DB4	DB3	DB2	DB1	DB0	
清除显示	0	0	0	0	0	0	0	0	0	1	将 DDRAM 填满"20H",并且设定 DDRAM 的地址计数器(AC)到"00H"
地址归位	0	0	0	0	0	0	0	0	1	X	设定 DDRAM 的地址计数器(AC)到"00H",并且将游标移到开头原点位置;这个指令并不改变 DDRAM 的内容
进入点设定	0	0	0	0	0	0	0	1	I/D	S	指定在资料的读取与写入时,设定游标移动方向及指定显示的移位

续表 9.4

指令	指令码										说明
	RS	RW	DB7	DB6	DB5	DB4	DB3	DB2	DB1	DB0	
显示状态开/关	0	0	0	0	0	0	1	D	C	B	D=1:整体显示 ON C=1:游标 ON B=1:游标位置 ON
游标或显示移位控制	0	0	0	0	0	1	S/C	R/L	X	X	设定游标的移动与显示的移位控制位元；这个指令并不改变 DDRAM 的内容
功能设定	0	0	0	0	1	DL	X	0 RE	X	X	DL=1(必须设为1) RE=1:扩充指令集动作 RE=0:基本指令集动作
设定 CGRAM 地址	0	0	0	1	AC5	AC4	AC3	AC2	AC1	AC0	设定 CGRAM 地址到地址计数器（AC）
设定 DDRAM 地址	0	0	1	AC6	AC5	AC4	AC3	AC2	AC1	AC0	设定 DDRAM 地址到地址计数器（AC）
读取忙碌标志（BF）和地址	0	1	BF	AC6	AC5	AC4	AC3	AC2	AC1	AC0	读取忙碌标志（BF）可以确认内部动作是否完成，同时可以读出地址计数器（AC）的值
写资料到 RAM	1	0	D7	D6	D5	D4	D3	D2	D1	D0	写入资料到内部的 RAM（DDRAM/CGRAM/IRAM/GDRAM）
读出 RAM 的值	1	1	D7	D6	D5	D4	D3	D2	D1	D0	从内部 RAM 读取资料（DDRAM/CGRAM/IRAM/GDRAM）

4. 声光报警电路

当接收系统检测到有报警信号时，定时器 T0 启动，产生周期性中断，控制单片机的 PORTA.4 和 PORTA.5 口发出周期是 1 s 的脉冲信号，使得蜂鸣器发出蜂鸣，并且发光管闪烁。

5. 电路实现

无线接收报警主机系统实现电路如图 9.14 所示。当接收模块接收报警信号时，PT2272 的解码输出引脚 VT 输出高电平，经过非门之后转换为低电平，此时触发 ATmega32 外部中断，在中断服务程序之中读取报警序号并置中断标志位，同时在 LCD 显示器上显示，蜂鸣器发声,发光管发光并闪烁。若报警信号多于两个,LCD 显示器会轮流显示各个报警点的"报警序号"。当按下复位键之后,系统复位,报警解除。

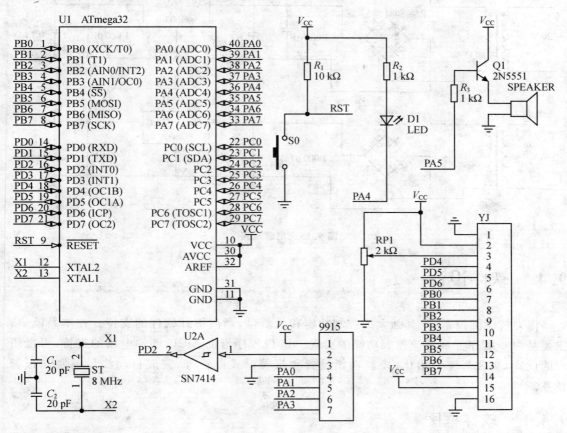

图 9.14　无线接收报警主机电路原理图

9.3.3　电源电路

　　电源电路由变压器、整流电路、滤波电路和稳压电路组成。变压器用于将 220 V 交流电压转换为 7.5 V 和 9 V 的低压交流电;整流电路用于将低压交流电整流为脉动电压,该脉动电压与滤波电容 C_1、C_2 和 C_5、C_6 相连,形成较平滑的直流电压。将直流电压送入三端稳压器 7805 和 7809 的输入端 Vin 后,在输出端形成 +5 V(V_{CC})和 +9 V 的直流稳压电压,供接收系统和发射系统使用。电容 C_1、C_2、C_3、C_4、C_5、C_6、C_7、C_8 起到滤波的作用。电源电路如图 9.15 所示。

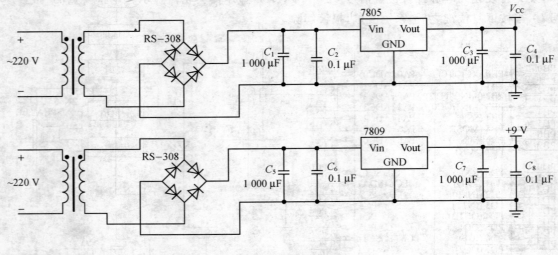

图 9.15 电源电路

9.4 软件设计

作为智能测控系统,其强大的控制功能和灵活性,都离不开软件的支持。在本系统中,主要是由 C 程序完成系统控制功能的实现。该 C 程序借助 MCU 硬件电路的支持,根据用户的设置,实现系统初始化、控制功能设置和报警模式设置等,完成自动测量控制和报警任务。

9.4.1 软件框图

1. LCD 显示程序设计

系统上电之后,首先初始化液晶,然后在液晶上按照一定的格式显示信息,程序根据不同接收信息修改相应的显示缓存区,以此来修改显示信息。ATmega32 对 12232F 的写命令/数据程序流程图如图 9.16 所示。ATmega32 首先对系统进行初始化,设置 I/O 口的输入/输出状态,之后初始化液晶,对液晶的显示功能进行设置,通过写命令字控制写入数据地址。

无线接收系统根据接收到的报警数据,将报警点序号实时显示在 LCD 显示屏上;如果有多个报警点数据,则需要循环显示报警点序号,这就需要动态更新 LCD 上现实的数据,其流程图如图 9.17 所示。

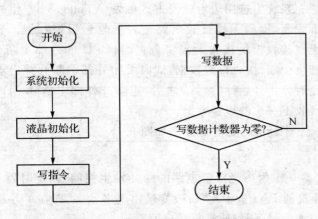
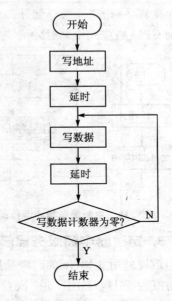

图9.16　12232F的控制程序流程图　　图9.17　动态修改显示程序流程图

2. 外部中断服务程序设计

中断是指CPU对系统中或系统外发生的某个事件的一种响应过程，即CPU暂时停止现行程序的执行，而自动转去执行预先安排好的处理该事件的服务子程序；当处理结束后，再返回到被暂停程序的断点处，继续执行原来的程序。实现这种中断功能的硬件系统和软件系统统称为中断系统。中断系统是为使CPU具有对单片机外部或内部随机发生的事件的实时处理而设置的，ATmega32片内的中断系统能大大提高ATmega32单片机处理外部或内部事件的能力。

外部中断有两种触发方式：电平触发方式和边沿触发方式。

(1) 电平触发方式

若外部中断定义为电平触发方式，外部中断申请触发器的状态随着CPU在每个机器周期采样到的外部中断输入线的电平变化而变化，这能提高CPU对外部中断请求的响应速度；当外部中断源被设定为电平触发方式时，在中断服务程序返回之前，外部中断请求输入必须无效（即变为高电平），否则CPU返回主程序后会再次响应中断。所以电平触发方式适合于外部中断以低电平输入而且中断服务程序能清除外部中断请求源的情况。

(2) 边沿触发方式

外部中断若定义为边沿触发方式，则外部中断申请触发器能锁存外部中断输入线上的负跳变。即便是CPU暂时不能响应，中断申请标志也不会丢失。在这种方式里，如果相继连续两次采样,一个周期采样到外部中断输入为高,下个周期采样为低,则置"1"中断申请触发器,直到 CPU 响应此中断时才清零。这样不会丢失中断,但输入的负脉冲宽度至少保持 12 个时钟周期,才能被 CPU 采样到。外部中断的边沿触发方式适合于以负脉冲形式输入的外部中断请求。

系统中选用边沿触发方式触发 ATmega32 产生外部中断,检测无线接收电路是否接收到报警数据。当无线接收模块接收到报警数据时,CPU 的外部中断 0 产生中断,接收报警数据,同时关闭外部中断 0 并启动定时器 1 开始计时,2 s 之后,重新开外部中断 0,用以接收下一次的报警数据。

中断服务程序流程图如图 9.18 所示。

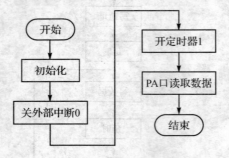

图 9.18 中断服务程序流程图

3. 定时器中断服务程序设计

系统采用 8 MHz 的时钟晶振,定时器 0 作为声光报警电路的脉冲发生控制器,定时器 0 的初值为 06H,每中断 500 次,控制单片机的 PA4 和 PA5 口改变输出电平状态,即在单片机的 PA4 和 PA5 口上发出周期为 1 s 的方波信号,用以驱动报警电路。

定时器 1 作为外部中断响应报警信号的时间间隔计数器,避免一次报警数据使单片机产生多次中断。定时器 1 的初值为 3CAFH,中断 5 次之后,即延迟 2 s 之后,重新开外部中断。定时器 0 和定时器 1 的中断服务程序如图 9.19(a) 和 (b) 所示。

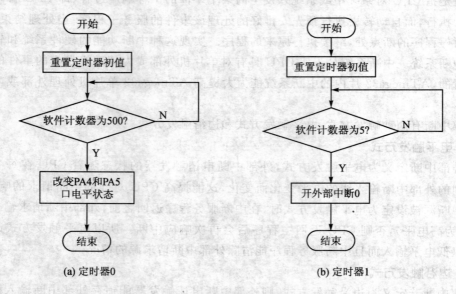

(a) 定时器0 (b) 定时器1

图 9.19 定时器中断服务程序流程图

4. 系统总体程序设计

系统程序主要由主程序和各种功能模块子程序组成。主程序和子程序的构成方式使得程序具有结构化的设计优势。通过结构化的程序设计使得程序结构清晰,易于调整改进。

在主程序中主要完成主流程的控制操作并经此进入各个功能模块程序,子程序是完成相应功能的模块程序。本系统程序的子程序包括定时、延时等子程序模块。

在整个测控过程中,热释电传感器检测到报警信号时,控制无线编码发射模块工作,对该地址信息和数据信息进行编码调制发射。当接收机接收到无线信号时,就对信号进行解调并将解调后的信号输入到解码集成电路,如果地址信号能完全符合,则解码出数据信息。单片机根据该数据信息显示报警号和启动声光报警电路工作。接收系统的主程序流程图如图 9.20 所示。

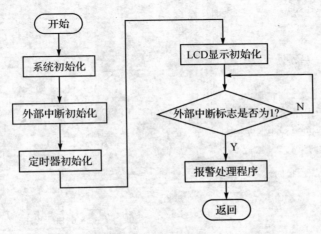

图 9.20 无线接收报警主机主程序流程图

9.4.2 代码详解

1. 液晶 12232F 控制子程序

```c
#include <mega32.h>              // ATmega32 单片机头文件,可以由编译器自动生成
void show(unsigned char adr,char * data);
// 液晶控制引脚定义
#define    E     6
#define    RW    5
#define    RS    4
char * inidata_1 = "无线报警系统";
char * inidata_2 = "报警序号:00";
```

```c
char * number = "0123456789";
char buffer[] = {0,0};                          // 报警序号显示缓存区
unsigned int valuetimer0 = 0;                   // 定时器 0 的软件计数器
unsigned int flagtimer0 = 0;                    // 定时器 0 的 1 s 中断标志位
unsigned int valuetimer1 = 0;                   // 定时器 1 的软件计数器
unsigned char flag = 0;                         // 外部中断 0 的中断标志位
unsigned char alarmflag = 0;                    // 声光报警标志位
unsigned char alarmnum = 0;                     // 报警点个数
unsigned char alarmseq = 0;                     // 循环显示报警序号标量
unsigned char recdata[] = {0,0,0,0,0,0,0,0,0,0,0,0,0,0,0,0};
                                                // 报警数据暂存变量
// 延时子程序
void delay(unsigned xc)
{
 unsigned i;
 for(i = 0;i<xc;i++)
    ;
}
// 液晶写指令代子程序
void wcommand(unsigned char command)
{
  delay(40);
  PORTD.RS = 0;
  PORTD.RW = 1;
  PORTD.E = 0;                                  // RS = 0,RW = 1,E = 0
  delay(40);
  PORTD.RW = 0;
  PORTB = command;
  PORTD.E = 1;                                  // RS = 0,RW = 0,E = 1
  delay(40);
  PORTD.E = 0;
}
// 液晶写显示数据子程序
void wdata(char * data)
{
  delay(40);
  PORTD.RS = 1;
  PORTD.E = 0;
  PORTD.RW = 1;                                 // RS = 1,RW = 1,E = 0
```

```c
    delay(40);
    PORTD.RW = 0;
    PORTB = *data;
    PORTD.E = 1;                        // RS = 1,E = 1,RW = 0
    PORTD.RW = 0;
    delay(40);
    PORTD.E = 0;                        // RW = 0,E = 0,RS = 1
}
// 液晶功能设置子程序
void  function(void)
{
    wcommand(0x30);                     // 功能设置 8 位数据,基本指令
    delay(20);
    wcommand(0x0c);                     // 显示状态 on,游标 off 反白 off
    delay(20);
    wcommand(0x01);                     // 清除显示
    delay(20);
    wcommand(0x02);                     // 地址归位
    delay(20);
    wcommand(0x80);                     // 地址归位
    delay(20);
}
// 液晶显示初始化子程序
void display(void)
{
    unsigned char i;
    wcommand(0x80);                     // 设置 DDRAM 地址
    for(i = 0;i<12;i++)
    {
    wdata(inidata_1 + i);
    delay(20);
    }
    wcommand(0x90);                     // 设置 DDRAM 地址
    for(i = 0;i<13;i++)
    {
    wdata(inidata_2 + i);
    delay(20);
    }
}
```

```c
// 液晶动态显示数据子程序
void show(unsigned char adr,char * data)
{
  int i;
  wcommand(adr);                          // 设置 DDRAM 地址
  delay(30);
  for(i = 0;i<2;i++)
  {
    wdata(data + buffer[i]);
    delay(30);
  }
}
```

2. 外部中断 0 服务程序

```c
interrupt [EXT_INT0] void ext_int0_isr(void)
{
    flag = 1;                             // 中断标志位置 1
    GICR& = 0xbf;                         // 关闭外部中断 0
    alarmnum++;                           // 报警点个数增加 1 个
                                          // 读取报警序号
    recdata[alarmnum - 1] = PINA&0x0f;
    TCCR1B = 0x03;                        // 启动定时器 1 工作,预分频因子为 64
}
```

3. 定时器 0 中断服务程序

```c
interrupt [TIM0_OVF] void timer0_ovf_isr(void)
{
  TCNT0 = 0x05;
  valuetimer0++;                          // 软件计数器加 1
  if(valuetimer0 == 500)
     {
       valuetimer0 = 0;
       flagtimer0 = 1;                    // 定时器 0 的 1 s 中断标志置 1
     }
}
```

4. 定时器 1 中断服务程序

```c
interrupt [TIM1_OVF] void timer1_ovf_isr(void)
{
  TCNT1H = 0x3C;
  TCNT1L = 0xAF;
```

```c
   valuetimer1 ++ ;                      // 软件计数器加 1
     if(valuetimer1 = = 5)
     {
     valuetimer1 = 0;
     TCCR1B = 0x00;                      // 关闭定时器 1
     GICR| = 0x40;                       // 重新打开外部中断 0
     }
}
```

5. 主程序

```c
void main(void)
{
// 输入/输出端口初始化
PORTA = 0xDF;
DDRA = 0xF0;

PORTB = 0xFF;
DDRB = 0xFF;

PORTC = 0xFF;
DDRC = 0xFF;

PORTD = 0xFF;
DDRD = 0xFB;

// 定时器 0 初始化程序
// 时钟源:系统时钟
// 时钟值:125.000 kHz
// 模式:正常 top = FFh
// OC0 输出:不连接
TCCR0 = 0x00;                            // 关闭定时器 0
TCNT0 = 0x05;
OCR0 = 0x00;

// 定时器 1 初始化程序
// 时钟源:系统时钟
// 时钟值:125.000 kHz
// 模式:正常 top = FFFFh
// OC1A 输出:不连接
// OC1B 输出:不连接
// 定时器 1 一处中断:使能
TCCR1A = 0x00;
```

```c
    TCCR1B = 0x00;                          // 关闭定时器 1
    TCNT1H = 0x3C;
    TCNT1L = 0xAF;                          // 定时器 1 处置为 0x3CAF
    ICR1H = 0x00;
    ICR1L = 0x00;
    OCR1AH = 0x00;
    OCR1AL = 0x00;
    OCR1BH = 0x00;
    OCR1BL = 0x00;
    // 定时器 2 初始化程序
    // 时钟源:系统时钟
    // 时钟值:1 停止
    ASSR = 0x00;
    TCCR2 = 0x00;
    TCNT2 = 0x00;
    OCR2 = 0x00;
    // 外部中断 0 初始化程序
    // 外部中断 0:使能
    // 终端模式:下降沿
    // 外部中断 1:关闭
    // 外部中断 2:关闭
    GICR| = 0x40;                           // 外部中断 0 使能
    MCUCR = 0x02;
    MCUCSR = 0x00;
    GIFR = 0x40;
    // 定时器全局控制寄存器初始化
    TIMSK = 0x05;
    // 模拟比较器初始化
    // 模拟比较器:关闭
    ACSR = 0x80;
    SFIOR = 0x00;
    function();
    display();
    #asm("sei")                             // 开全局中断
    while (1)
        {
            if(flag == 1)                   // 报警序号处理程序
            {
```

```
    flag = 0;
   // 启动声光报警
   TCCR0 = 0x03;                                        // 启动定时器 0
}
// 循环显示报警序号处理程序
if(flagtimer0 == 1)
{
  flagtimer0 = 0;
  // 声光报警,即在 PORTA.4 和 PORTA.5 引脚上输出方波程序
  if(alarmflag == 0)
  {
    alarmflag = 1;
    PORTA.4 = 1;
    PORTA.5 = 1;
  }
  else
   {
    alarmflag = 0;
    PORTA.4 = 0;
    PORTA.5 = 0;
   }
  if(alarmseq<alarmnum)
  {
   buffer[0] = recdata[alarmseq]/10;
   buffer[1] = recdata[alarmseq]%10;
   show(0x95,number);
   alarmseq++;
  }
  else
   alarmseq = 0;
}
};
```

9.5 进一步的分析

本章完成了多路无线报警系统的硬件和软件开发。在已经完成的系统中,能够完成 15 路报警点的报警信息,并且使用了 LCD 循环显示报警序号,通过蜂鸣器和发光二极管进行声光

AVR 单片机系统开发实用案例精选

报警,达到预期的目标。当然系统还存在需要完善的地方,为了扩大其适用范围以及增强系统的探测范围,可以对系统进行如下改进:

① 在报警分机中,为减少电磁干扰,D1、Q1 和 JDQ 可以用一个三极管代替;

② 在系统设计过程中,为减小单片机本身对无线接收模块感测信号的电磁干扰,尽量应用单片机的片内晶振;

③ 为增加系统的遥控布防/撤防功能,在报警分机的电路之中,应用单片机和无线接收模块,通过遥控控制报警分机的布防/撤防;

④ 为实现远程报警功能,无线接收报警主机通过 RS 485 总线或者通过 MODEM 与控制中心计算机连接。

9.6 本章小结

本章详细介绍了多路无线报警系统的工作原理及其软、硬件设计和实现,并系统阐述了红外热释电传感器的工作原理。概略介绍了当前报警系统的相关技术现状及发展,以及系统的整体构思和功能,详细介绍了硬件开发所用的数据采集、数据编码、无线收发、单片机控制、信号检测等理论及应用,并详细介绍了系统软件开发及其改进设想。本章以设计过程为线索,将设计理论、方法和具体实现相结合,详细地阐述了系统的实现过程。

第 10 章

MP3 播放系统

随着计算机技术、微电子技术和数字信号处理技术的迅速发展，各类消费电子产品发生了革命性的变化，引发新技术、新产品层出不穷。特别是随着网络多媒体技术的普及、数字音视频技术的快速发展，MP3 已经取代了传统的卡带音乐，并且开始逐步替代 CD 音乐。

本章将介绍如何利用 AVR 来实现一个 MP3 播放系统的设计，本播放系统采用 VS1003 作为解码芯片，通过 AVR 读取 SD 卡的音频数据，再送入 VS1003 解码，实现 MP3 等音乐格式的播放。

本 MP3 播放系统利用红外遥控器来控制，能够实现 MP3/WMA/WAV/MIDI 等音频格式的播放，并具有电子书、收音机、游戏等功能。

本章将重点介绍该系统的设计思路和硬件设计，软件设计部分将对部分软件代码进行详细解析说明。下面逐一介绍，希望通过本章的学习能让读者学会 MP3 播放器的设计，打造自己心仪的 MP3。

10.1 项目概述

本节将针对本 MP3 播放系统的项目背景和需求分析两方面进行介绍，让读者对将要进行的设计有一个整体认识，了解设计的关键点。

10.1.1 项目背景

这几年 MP3 播放器的发展非常迅速，如今 MP3 的价格早已经是在百元以内了，而且功能也相当强大，它们往往都拥有音乐播放、电子书和收音机等功能。但是这并不意味着自己动手做 MP3 就失去了意义，虽然自己做一个 MP3 的价格往往要上百元，但我们注重的是从制作的过程中学到知识，这是买不到的。虽然自己做的 MP3 在某些方面可能无法与买来的 MP3 相比，但是，通过发挥你的想象力，也可以做出许多买来的 MP3 所不具备的功能，而且是独一无二的。

几年前，就有网友开始制作 MP3 了，到现在网络上自制的 MP3 作品随处可见，实现的方法也是多种多样，不论是主控芯片还是解码芯片，几乎只要能找到的都有网友尝试过。但是网友制作的 MP3 一般功能比较单一，本章介绍的 MP3 播放系统实现的功能除 MP3 播放外，还带有游戏、电子书和收音机等功能。

本章介绍的 MP3 播放系统具有的功能包括：
- 播放 MP3/WMA/MIDI/WAV；
- 支持上一曲下一曲选择、快进、目录循环和单曲循环；
- 支持 SD 卡、FAT32 文件系统浏览；
- 播放进度条显示、倒计时显示以及 MP3 位速显示；
- 歌词显示；
- 全数字音量调节（独立的音色控制芯片）；
- 电子书；
- 收音机(76～108 MHz)；
- 自动搜台及存储；
- VS1003 设置，包括高低音调节和主音量调节；
- 游戏功能，支持俄罗斯方块游戏和贪吃蛇游戏；
- 红外遥控。

下面就针对以上功能进行系统需求分析。

10.1.2 需求分析

本章介绍的 MP3 播放系统具有的功能比较多，针对这些功能，要选择合适的控制芯片及外部芯片来实现。本节将针对这部分进行介绍。

1. MP3 解码

本系统利用 AVR 来实现 MP3 播放系统，但 AVR 本身不能解码 MP3（资源和速度都跟不上），所以只能利用外部解码芯片来实现 MP3 的播放。

MP3 解码芯片常见的有 VS100X 系列和 STA01X 系列，VS 系列自带 DAC 输出，而且能解码的格式也比较多；而 STA 系列要外加 DAC，用起来麻烦，且只能解码 MP3 格式。

经过对比，我们选择 VS1003 作为解码芯片，该芯片支持 MP3、WMA、WAV、MIDI 等格式的解码，自带 DAC 输出；同时，还可以调节音量、高低音等，更重要的是它还具有 MIC 功能，如有需要，还可以实现录音功能。这点可以作为以后扩展功能的一部分。

2. FM 收音

本系统的收音机功能只针对 FM 收音，采用 TEA5767 芯片实现。TEA5767 是飞利浦公司生产的一款低功耗、电调谐、调频立体声收音机芯片，其内部集成了中频选频和解调网络，可以做到完全免调，因此只需要很少量的小体积外围元件。TEA5767 可以应用在欧洲、美国和日本不同的 FM 波段环境。该芯片通过 I^2C 总线控制，就可以实现调频接收，频率覆盖范围从

76～108 MHz,而且是立体声接收,带信号强度指示。TEA5767在市场上占有率很高,一般的MP3、手机的收音机功能都是用这块芯片实现的。

但是由于芯片体积很小,焊接难度比较大,故直接采用模块。TEA5767模块的体积小,价格低,而且使用方便,使用它不但可以节省时间和成本,而且效果也是相当好的。

3. 音效处理

虽然VS1003已经自带了音效处理,但是其效果不是很好,而且无法对外部音源进行音效处理,这样收音机的音源就得不到处理,所以,本系统通过一块外部数字音效处理芯片来进行音效处理。

系统有两个音源:MP3音源和收音机音源。所以音效处理芯片最好有多个音源选择功能,否则又需要外扩音源选择芯片。这里选择CD3314作为音效处理芯片。

CD3314是一个具有四组立体声输入的双声道数字音质处理器,CD3314将音量、音调(bass and treble)、声道平衡(left/right)、响度等处理及输入增益选择内建于单一芯片中。这些功能令CD3314仅需要少数外部组件即可实现高效能的音质处理系统。所有功能均由I^2C总线来控制。

在这里我们只用了它的两路输入,还有两路输入可以用来处理其他音源,这样对以后的扩展很有帮助,不需要加任何芯片就可以对系统功能进行扩展了。

4. 人机交互

人机交互采用遥控加LCD显示的方式实现。

输入采用遥控方式实现,不但能节省I/O口,也能使使用更加方便。这里,利用一个HS0038的专用红外接收头实现。遥控器选用一款18个按键的红外遥控器,该遥控器非常小巧,手感也不错;更重要的是上面的按键标注基本能符合系统的要求,如图10.1所示。

输出采用普通的单色LCD实现,这里考虑到系统要执行游戏、电子书等功能,同时兼顾成本,故选择价格便宜的131×64的点阵LCD。该LCD本身不带字库,所以,系统需要有外部字库文件,来实现汉字的显示。

5. 存储媒介

作为MP3播放器,肯定需要很大的存储器来存放歌曲,可供选择的方案有:Flash芯片存储、SD卡、U盘等。如果选择Flash,则整个系统要求较多的I/O口来读取,更重要的一点是,这样做的后果就是整个系统的容量就被固定了,扩容存在困难。而U盘和SD卡都是不错的选择,但是SD卡相对于U盘,读取容易,而且相同容量的U盘和SD卡相比,SD卡的价格较低。所以系统选择SD卡作为存储媒介。

图10.1 系统遥控器图

SD卡一般支持SPI模式读/写，这也是选择SD卡作为存储媒介的一个重要原因。AVR自带SPI，所以读/写SD卡也就比较方便了。

6．主控芯片

通过以上的需求分析，主控芯片的选择在资源上必须能达到以上所有要求，这样才能保证所有功能能够正常实现。

① 对SRAM的要求。读/写SD卡，是以扇区为基本单位的，而扇区大小一般为512字节，所以，主控芯片的SRAM必须大于512字节。加上游戏、歌词显示等方面对SRAM的要求，主控芯片的SRAM则必须在1 KB以上。

② 对I/O口的要求。根据以上分析，VS1003与主控芯片的通信需要至少7个I/O口线（包括SPI部分），SD卡的读/写虽然也是通过SPI，但是必须与VS1003的片选信号分开，实现SPI口的分时复用，这就需要额外的一个I/O口。所以，这两部分总共需要的I/O口为8个。LCD部分需要6个I/O口线来控制，加上CD3314和收音机模块各2根，则又需要10个I/O口。最后红外输入还要1个I/O口。所以本系统最少需要19个I/O口。

③ 对EEPROM的要求。作为一个播放系统，不可避免地需要保存用户数据，这就需要EEPROM来实现了，对于本系统主要用来存储音效和游戏信息等数据。AVR一般都自带EEPROM，所以基本都能满足要求。

④ 对成本的要求。在满足所有功能的前提下，当然成本越低越好。所以本系统也对成本有考虑，在实现系统功能的前提下，尽量选择成本低的方案。

控制芯片主要是对以上几方面的考虑。通过以上分析，选择MEGA32作为系统的主控芯片，该芯片拥有2 KB的SRAM和1 KB的EEPROM，能满足系统的要求，并有一定余度，为以后的功能扩展提供了条件。同时，32个I/O口，只用了其中的19个，以后扩展其他功能也是相当方便的。32 KB的程序存储空间，对该系统来说也是足够的，而且对以后的功能扩展也有一定的余度。

10.2　系统方案设计

通过上一节的系统需求分析，我们对系统所用到的主要芯片有了一个大概的了解。本节将介绍如何连接这些芯片实现整个系统功能。系统框图如图10.2所示。

由图10.2可知，本MP3播放系统以ATmega32为核心，通过SPI控制SD卡和VS1003，通过I^2C控制收音机模块。对于其他的芯片则是通过普通I/O口连接。该框图是本系统的主要硬件连接框图，具体的I/O分配和连接方式在下一节将会有详细介绍。

本系统采用的LCD可以显示4行12×12的汉字，所以为了方便使用，把系统的主要功能分为4大部分：音乐、电子书、收音机、其他。

① 音乐功能。该部分主要负责音乐播放，但是考虑到听音乐过程中会经常调节音效，所

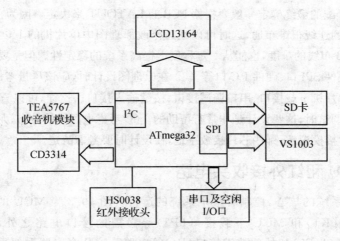

图 10.2 系统框图

以在这部分还要控制音效处理芯片 CD3314,对音效进行调节。作为本系统最主要的功能,涉及的主要内容包括:歌词控制、FAT32 文件系统管理、字符和汉字显示等。

② 电子书功能。该功能即实现对 TXT 文件的阅读。这个功能在实现了音乐功能之后则比较容易实现了,因为在音乐功能里面用到歌词显示。这里对 TXT 文件的阅读其实和歌词显示十分相似,甚至比歌词显示更简单,因为 TXT 阅读还不需要时间控制,完全是在用户的控制下实现翻页的。关键的是在换屏的时候要控制好。

③ 收音机功能。该功能主要通过对 TEA5767 收音模块的控制实现,重点是自动搜台功能。通过 ATmega32 的硬件 I^2C 接口,可以很方便地控制 TEA5767 模块。因为 TEA5767 有信号强度指示功能,利用这点就可以实现自动收音功能。

④ 其他功能。考虑到屏幕大小的问题,把部分不常用的功能放到该目录下,可以使整个系统结构紧凑。以后如果需要增加其他功能,也可以加入到这个目录下,这样也为以后的升级留下空间。

以上就是本 MP3 播放器实现的主要功能,整个实现将不使用系统,每个功能只能单独运行。实现以上这些功能有几个关键部分:① FAT 文件系统的管理;② 汉字的显示;③ UNICODE 和 GBK 码的转换。具体的实现过程在 10.4 小节中将会详细介绍。

10.3 硬件设计

上一节介绍了 MP3 播放系统的硬件系统框图。这一节,将对整个系统的硬件设计进行详细介绍。

在原理图设计时要考虑几个问题。① 对于单片机 I/O 口的分配,不是一开始设计好就可以了,单片机 I/O 口分配的最终确定一般要根据 PCB 的 LAYOUT 来决定。因为在 PCB 布线时,往往会发现一开始设计的连线很难布通,这时可以通过修改原理图中单片机的 I/O 口连接来简化 PCB 布线,从而降低 PCB 布线的难度,也能从一定程度上提高系统的稳定性。但是要注意有些 I/O 口必须固定连接,比如硬件 SPI 口、硬件 I^2C 口等。② 在原理图设计时,应该尽量考虑以后调试的需要。比如加入指示灯、单片机下载接口、串口调试接口、按键输入接口。这样,可以直接就在板上下载和调试代码。在系统调试时,这些设计是非常有帮助的。③ 考虑电源线的分布,尤其是存在模拟地和数字地时,哪些芯片接模拟地,哪些芯片接数字地,在设计时要考虑清楚。

10.3.1 MCU 和红外接收头电路

MCU 为整个系统的核心,控制着整个系统的运行。图 10.3 为 MCU 的原理图,图中除包括 MCU 复位开关(K1)和 MCU 下载接口(P3)等必需的接口电路之外,还加入了指示灯(DS2)、串口调试接口(P5)和外部按键接口(P4)等电路。这几个电路看似很简单,但它们在整个系统调试过程中却有着非常重要的作用,具体作用在后面的系统调试中会有详细介绍。

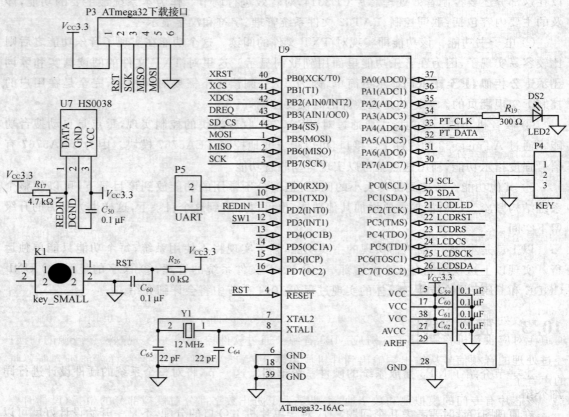

图 10.3 MCU 和红外接收头电路

对于多余 I/O 口的安排，这里没有把空闲的 I/O 口引出来，主要考虑布线简洁。读者可以根据自己的需要决定是否该把 I/O 口引出来。图 10.3 中 I/O 口的连接都是经过 PCB 设计修改之后得到的，是考虑了布线难度和系统稳定性后的最终连接方式。

图 10.3 中选择 MCU 的晶振为 12 MHz，主要考虑速度和稳定性，我们选择的器件是 ATmega32L，最高工作频率为 16 MHz。如需进一步提高运行速度，还可对 AVR 进行超频。实际上，AVR 的超频能力是很不错的，有人把它超频到了 30 MHz，还能正常工作。笔者试过把 L 型 AVR 超频到 24 MHz，是可以正常工作的。在工程中，频率太高会影响系统的功耗与稳定性。此处选择 12 MHz 的工作频率，就是兼顾了运行速度与稳定性的要求。MCU 的工作电压为 3.3 V，也是考虑了外部的要求。因为 VS1003 的 I/O 口电压为 3.3 V，为了使 MCU 和 VS1003 匹配，所以选择 3.3 V 作为 MCU 的工作电压。

图中 HS0038 红外接收头的电路比较简单，该接收头在 3.3～5 V 的电压范围内可以稳定地工作。这里使用的是官方提供的典型接法来连接的。由于 MCU 和 VS1003 的 I/O 口电压都是 3.3 V，这里让 HS0038 也工作在 3.3 V，免去了电平匹配的问题。红外接收头的数据输出接到单片机的中断 INT0 上，按键响应方式通过中断响应，这样做有两点考虑：第一，红外解码必须通过单片机实现，所以必须有快速的响应来保证按键解码的正确性；第二，按键通过中断响应，有利于系统的控制。

10.3.2　MP3 解码电路

作为本系统至关重要的一部分，MP3 解码电路的好坏直接影响着 MP3 播放系统能否实现。MP3 解码芯片选择的是 VS1003。

VS1003 能解码 MP3、WMA、MIDI 和 WAV 格式的音频文件，同时还支持录音功能，本系统中暂未用到这个功能，为了简化布线，这部分功能电路并没有画出来。读者可以根据自己的需要把这部分电路加进去。

对于 VS1003，由于其既有模拟电源又有数字电源，且对音质有直接影响，所以，这部分电路中使用了大量滤波和去耦电容，并针对性地采用了 LC 滤波，同时对模拟地和数字地进行了分开处理，为 VS1003 工作提供了稳定的外部条件。

10.3.3　音效处理电路

音效处理芯片选择的是 CD3314。CD3314 支持最多四个输入通道，这里用了其中两个，通道 4 对应收音机音源，通道 3 对应 MP3 音源。通过软件控制，可以实现这两个音源的切换。经过处理的音频信号从输出端输出到耳机放大器 TPA152，再驱动耳机，这样就能听到所要听的声音了。

该芯片有专门的模拟地和数字地，主要是为了防止数字部分对模拟部分的干扰，设计时要注意这里，最好分开走线。

MP3 解码电路如图 10.4 所示。

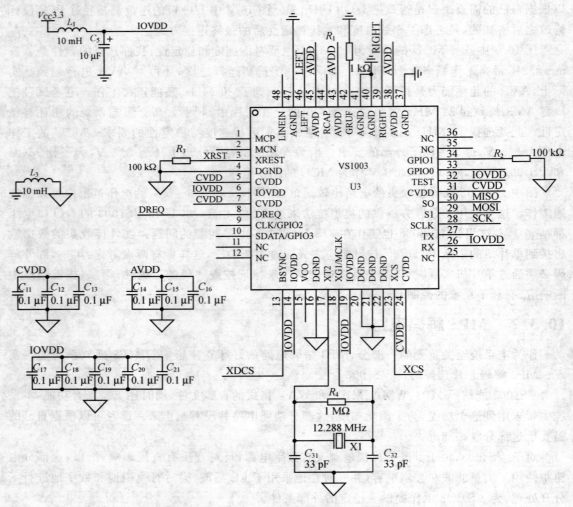

图 10.4　MP3 解码电路

10.3.4　耳机放大电路

　　输出信号要驱动耳机,这里有必要选择一款立体声耳机放大作为 CD3314 的输出缓冲。可供选择的有:TPA152、TDA2822 等,但是前者对比后者有很多优势,TDA2822 的音质失真较大,THD 为 10% 左右;而 TPA152 在 32 Ω 负载的情况下,THD 只有 2%,在 10 kΩ 负载的时候就只有不到 0.01% 了。而且 TPA152 的输出功率比 TDA2822 也大,达到了 1.5 W 的总输出。因此,这里选择音质较好的 TPA152 芯片,作为耳机驱动。基于 TPA152 的耳机放大电路采用官方推荐的电路结构,对从 CD3314 送来的音频信号进行缓冲输出,推动耳机工作。

CD3314 音效处理电路如图 10.5 所示。

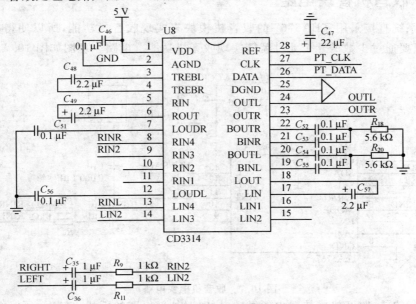

图 10.5　CD3314 音效处理电路

图 10.5 中 OUTL 和 OUTR 是 TPA152 的输入信号,经过 CD3314 处理的音频信号被送到这两个输入端。由图可知放大器的放大倍数为 1,只是用该芯片来实现一个缓冲输出的作用,驱动负载。

由于 TPA152 也是音频信号输出的一部分,对于这个芯片的供电,也是采用了 LC 滤波的形式,以减少电源噪声对音质的影响。TPA152 耳机放大电路如图 10.6 所示。

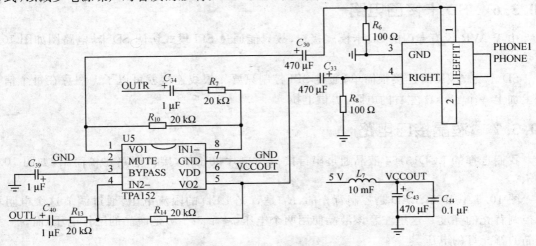

图 10.6　TPA152 耳机放大电路

10.3.5 收音机模块电路

由于本系统直接采用 TEA5767 的收音机模块来实现收音机功能,所以使得其外部电路大大简化,只要通过少数的几个元件就能实现收音机功能。电路原理图如图 10.7 所示。

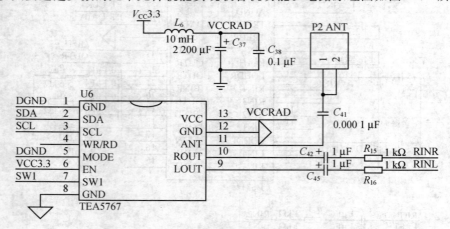

图 10.7 收音机模块电路

需要注意的是,收音机模块对电源敏感,同时对外部电路的干扰也较大,所以在这里,对模块电源的处理采用了 LC 滤波加大电容的方式,能有效地降低收音机模块对外部电源的干扰,也能保证收音机模块电源的稳定。图 10.7 中 ANT 为天线接口,通过外接天线,可以提高收音机的灵敏度。

该模块支持三线通信和 I^2C 通信模式,通过 MODE 引脚控制,该引脚接地则是 I^2C 模式,如果接 V_{CC} 则是三线通信模式。这里使用的是 I^2C 模式,所以该引脚接地。

10.3.6 SD 卡接口电路

由于 AVR 没有专门的 SD 卡模式接口,故只能通过 SPI 模式访问 SD 卡,电路图如图 10.8 所示。

SD 卡与 AVR 的连接很简单,通过 SPI 控制只要 4 根线连接就可以了。注意在每个信号线上加上一个 47 kΩ 左右的电阻,提供上拉。

10.3.7 液晶接口电路

我们选择的 LCD13164 液晶通过串行接口与单片机通信,接口电路比较简单,如图 10.9 所示。

图 10.9 中 LCD、LED 是控制背光的,R_5 是背光 LED 的限流电阻,通过调节这个电阻可以控制背光的亮度。这里注意该液晶使用两个电压,一个 3.3 V 是液晶的工作电压,而 5 V 是液晶的背光灯的电压。

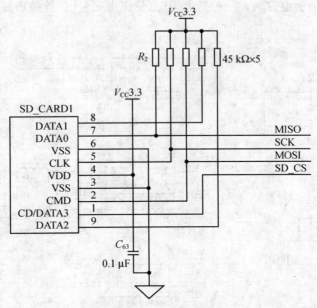

图 10.8 SD 卡接口电路

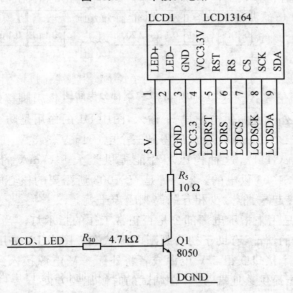

图 10.9 液晶接口电路

10.3.8 电源部分电路

电源是整个电路的基础,良好的供电是系统正常运行的保障,也是系统稳定的先决条件。

对于本系统,采用两种供电方式。一种是 USB 直接供电,另外一种是通过外部电源提供供电,电路图如图 10.10 所示。

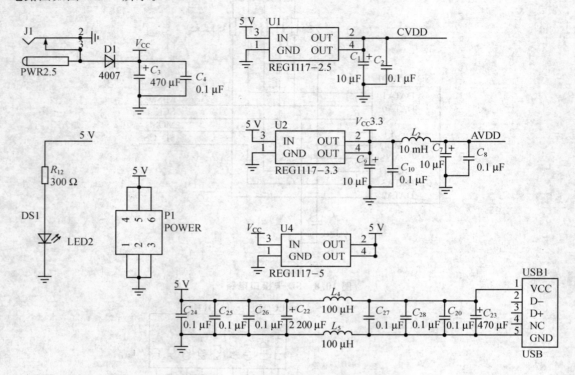

图 10.10 系统电源部分电路图

如图 10.10 所示,外部电源供电通过 J1 输入,图中 D1 的作用是防止外部电源反向时烧坏电路。输入电压经过三个稳压芯片稳压后得到三个电压:5 V、3.3 V 和 2.5 V(CVDD)。稳压芯片这里统一选择 REG1117,这种稳压芯片能提供最大 800 mA 的输出电流,足够用了。CVDD、AVDD 是给 VS1003 供电的。2.5 V 是 VS1003 所需要的核心电压。AVDD 与 3.3 V 电源通过一个电感连接起来,能减少相互的高频噪声干扰。

图 10.10 中 DS1 是用来指示电源部分是否正常工作的指示灯。当电源有问题时,该灯可能出现不亮,或是很暗的情况,有助于初步判断电源状态。图中 P1 是用来和外部进行电源互接的,外部可以通过这个接口获得 5 V 电源或者将外部 5 V 电源接入到这里给系统供电。同时还有一个作用就是能提供共地端,这样在调试的时候比较方便。

图中 USB 供电部分比较复杂,主要由差模滤波器和滤波电路构成。因为从计算机接入的电源,一般含有很丰富的高频成分,对于系统的影响比较大,所以通过加入滤波器得到比较纯净的电压。注意图中 L_4 和 L_5 的选择应考虑内阻大小,如果这两个电感内阻大,则可能导致系统供电不足,影响使用。

10.3.9 硬件 PCB 设计

经过上面原理图的设计，系统整个硬件连接就完成了。接下来要做的是对原理图进行 PCB 的布线。针对这个系统，PCB 的布线要注意几个问题：

- 对于走线，严禁走锐角，直角也最好少走，最佳的走线是弧形的。因为锐角和直角的走线会在尖端产生 EMI，尤其在高频信号的时候。
- 对于去耦电容，离芯片越近越好。
- 对于信号线，不要长距离地平行走线，这样可以有效防止信号的相互耦合。
- 对于高频部分，走线越短越好，如电路中的晶振，尽量把其安排在离芯片最近的地方，越近越好。这样可以有效减少干扰。
- 对于数字地、模拟地，必须严格区分，在其连接处通过磁珠、电感或者电阻连接，可以减少数字部分对模拟部分的干扰。
- 对于空白的区域，可以适当地覆铜并连接到地线来提高系统的抗干扰性，但是严禁构成回路，因为这样很容易使其他干扰耦合到上面。

根据以上几个布线原则，设计了本系统的 PCB，如图 10.11 所示。

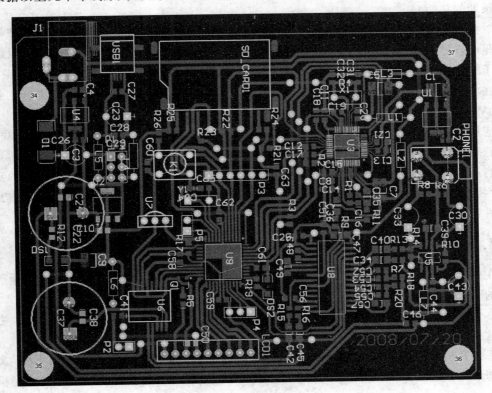

图 10.11 系统 PCB 图

这里应注意几个问题：① 对于SPI连线（SD卡和VS1003）最好就近走线，因为SPI属于高频信号线。② 对于音频线，最好集中布线，不要分开太远，这样很容易引入噪声，影响音质。③ 对于芯片地线的处理。有些芯片有很多地线，在连接的时候不一定所有地线都要连接到地。很多地线是在芯片内部连接了的。为了方便布线，在这些地线之中，只要连接一根即可。有时候这样可以大大简化布线的难度。但是要记住一点：必须确定芯片这几个脚是内部连接到一起的。如果不是，还得重新布线，那就得不偿失了。

10.4 软件设计

经过上一节的设计，MP3播放系统的的硬件已经设计完成了，但是没有软件的支持，硬件就不能正常工作，形同虚设。软件是硬件的灵魂，控制着整个硬件系统的运行。所以软件对整个系统的重要性从某种意义上说比硬件更加重要。

整个MP3的软件涉及的方面比较多，是一个比较复杂的系统，不可能一次把所有的代码都写出来。这里对软件代码的编写采用模块化的设计思想，将整个软件系统逐步划分为子系统，再将子系统细化为若干单一功能的模块来实现，最后再将所有的模块整合成一个大系统，实现预期的功能。

对整个系统来说，按其与硬件是否直接相关，可以把软件分为两大部分：① 与硬件相关的底层驱动软件子系统；② 与硬件无关的应用软件子系统。这两个子系统的软件又可以细化为若干子模块。

底层驱动软件子系统包括如下模块程序：LCD驱动模块、红外遥控解码模块、SD卡驱动模块、VS1003驱动模块、CD3314驱动模块、TEA5767驱动模块。

应用软件子系统包括如下模块程序：FAT文件系统管理模块、音乐播放模块、游戏模块、设置管理模块、电子书模块、收音机模块。

当进行模块化程序设计时，首先要明确模块的功能作用，将其划分为一个个独立的功能模块，封装为函数，供给其他模块调用。底层驱动主要实现一些基本的底层功能，如硬件初始化、与硬件密切相关的时序函数等。应用层实现整个软件系统的应用功能函数。

10.4.1 系统软件框图

在介绍各部分模块程序实现之前，先给出整个系统的软件框图，使读者对本系统运行有个大概的了解，然后再分析各个模块的软件实现。

本系统的主控制程序通过调用各个模块的相关函数，实现整个系统的各个功能。主控程序的软件框图如图10.12所示。

系统开机之后，第一步进行的是对系统各个硬件模块的初始化；第二步是对FAT文件系统的初始化，这里要判断是否初始化成功，如果不成功，则系统会一直检索SD卡，直到检测到能被系统识别的卡和文件系统为止；第三步是查找系统文件，本系统启动，需要 font12.fon 和 unitogb.BIN 两个系统文件，第一个是系统的字库；第二个是 UNICODE 码转 GB 码的转换码表。系统只有在找到这两个文件之后才能启动。在查找系统文件成功之后，系统会加载启动界面，完成系统启动。启动之后，系统等待用户输入，在用户按下遥控之后，系统就根据用户的选择执行相应的功能。在功能完成之后又会加载系统主界面，回到启动时的界面，再次等待用户输入。

在介绍完系统软件框图后，相信读者对整个系统的运行有了大致的了解。下面将一步步向读者介绍各部分模块软件的设计与实现。

10.4.2 LCD 模块驱动程序设计

LCD 显示是本系统人机交互界面的核心部分，本系统绝大部分的信息都是通过 LCD 来实现与用户交互的，而且在系统调试的时候，LCD 显示的实现也能给系统调试带来很大的方便。这一小节将介绍 LCD 显示的程序框图和驱动模块程序设计。

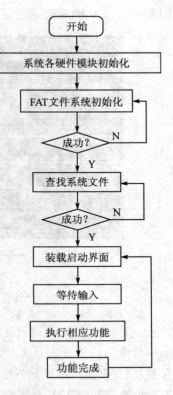

图 10.12　系统软件框图

1. LCD 显示程序框图

图 10.13 是 LCD 显示程序部分的程序框图。在系统开机之后，会将 LCD 模块初始化，在初始化之后，LCD 模块的各种高层应用函数就都可以调用了。通过外部程序调用这些高层应用函数，就输出所要显示的各种信息了。

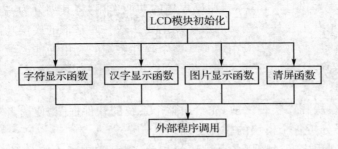

图 10.13　LCD 显示框图

2. LCD 模块驱动程序设计

本系统用到的 LCD 是通过串行方式传输数据的。该 LCD 通过 5 根线与单片机通信，控制简单。LCD 的显示原理如图 10.14 所示。

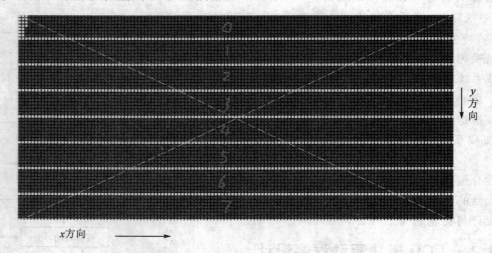

图 10.14　LCD 显示原理

如图 10.14 所示，该 LCD 大小为 131×64。y 方向上总共有 64 点，在内部被分为 8 行；而 x 方向未进行划分，总共有 131 列。每行每列 8 个像素，刚好用一个 CHAR 型结构存储。在每一行内的扫描方式为从上到下，从左到右。在进行写数据 GRAM 时，先要设置要写入的行和列，设置好之后就开始发送 GRAM 数据，LCD 会自动进行列地址的增加。但是要注意控制列地址不要超过 131（超出部分无效）。

根据图 10.13 所示的框图，第一步要实现的就是对 LCD 模块的初始化，否则其他高层应用函数都无法实现。LCD 模块初始化代码如下：

```
void LCD_init()
{
    DDRC| = 0XFC;              // PORTC.2～7 输出
    LCD_SDA = 0;               // 初始化为 0
    LCD_SCK = 0;
    LCD_RS = 0;
    LCD_RST = 1;
    LCD_CS = 1;
    LCD_LED = 0;               // 关闭背光
    LCD_RST = 0;               // 硬复位
    delay_ms(10);
    LCD_RST = 1;
    Write_comd(0xae);          // 0B10101110,最后一位为 0 关闭显示
```

```
    Write_comd(0xa1);              // ADC select,remap 131 - ->0,设定行对应起始位置
    Write_comd(0xc8);              // com select,remap 63 - ->0,设定列对应起始位置
    Write_comd(0xa2);              // lcd bias select 1/9 BIAS,设置偏压,不用管,默认 1/9
    Write_comd(0x2f);              // power control(VB,VR,VF = 1,1,1),电压控制,不用管
    Write_comd(0x22);              // Set Regulator rsistor ratio,粗调对比度 0~7,作用不大
    Write_comd(0x81);              // Contrast Control Register,细调对比度
    Write_comd(0x18);              // 对比度值:0~63,总共 64 级,值越小,越暗
    delay_ms(7);                   // 延时
    Write_comd(0xaf);              // 0B10101111,最后一位为 1 开启显示
    Cleardisplay(4);               // 清屏
    // Write_comd(0xad);           // TURN ON THE STATIC INDICATOR MODE
    // Write_comd(0x02);           // 是否要发送第二级命令
}
```

从上面的程序可以看出:第一步,先对 LCD 与单片机相连的 I/O 口进行初始化,把这些 I/O 口全部设置成输出(因为该 LCD 不支持 GRAM 的读操作);第二步,对 LCD 进行硬件复位(拉低 RST 线),在硬复位之后,开始对 LCD 模块内部的寄存器进行操作,完成 LCD 的一系列初始化过程;第三步,开启 LCD 的显示,然后执行清屏操作(清除错误的显示数据)。这样就完成了对 LCD 模块的初始化。

在完成 LCD 模块初始化之后,关于 LCD 的各种高层应用函数就都可以操作了,图 10.13 中列出了最常用的四个高层应用函数。下面针对字符显示函数进行详细介绍,其他显示函数,读者可以以此类推来实现。

设计思路:函数先设置字符显示的目标地址,然后写入点阵数据,从而实现字符的显示。asc2 为 ASCII 字符的点阵数据存储数组。该数组被定义在 font.h 中。参数 chr 要减去 32 是因为 32 是第一个 ASCII 字符"空格"的 ASCII 编码,对输入的字符必须减去这个偏移量,得到在 asc2 数组中的绝对地址,从而取得所需要的点阵数据。在取得点阵数据之后,就把这些数据按顺序写入 LCD 的 GRAM 中,从而实现字符的显示。

字符显示函数的实现代码如下:

```
void Show_char(unsigned char x,unsigned char y,unsigned char chr)
{
    unsigned char t;
    Set_page(2 * x);                    // 定位行(0~7)
    Set_column(y);                      // 定位列(0~131)
    for(t = 0;t<12;t ++ )
    {
        if(t = = 6)                     // 显示下一半
        {
```

```
                Set_page(2 * x + 1);
                Set_column(y);
        }
        Write_data(asc2[chr - 32][t]);
    }
}
```

上面的函数实现了一个大小为 6×12 的 ASCII 字符显示。输入参数:x 为行坐标,范围为 0～3(因为显示的汉字大小为 12×12,所以要把 LCD 内部的两行整合为显示时的 1 行来显示,这样得到每行的高度为 16,以下行数均为 0～3)。y 为列坐标,范围为 0～131。但是这里要注意一点,如果显示字符时设置到 131 列开始显示,则实际上是看不到要显示的字符的。因为要显示整个字符需要 6 列。这就使得显示偏移到 136 了,故看不到要显示的字符。所以对于 6×12 的字符,列地址最大只能设置为 125,才能使我们看到完整的字符。chr 为要显示的字符。

外部程序可以很方便地调用这些 LCD 显示高层应用函数,从而实现系统信息的输出,实现人机交互。

10.4.3 红外遥控解码模块驱动程序设计

红外遥控是本系统的唯一输入方式,所以其重要性不言而喻。这一小节将介绍红外遥控解码程序的框图和原理。

1. 红外解码程序框图

红外解码程序的框图如图 10.15 所示。在系统刚启动时,会对红外接收模块进行初始化,随后就等待外部遥控器的操作了。系统采用中断(INT0)来处理红外遥控的解码,实现红外信号数据的记录。而最终的解码和键值获取是通过普通函数 uchar key_process(void) 实现的。下面分别介绍这几个函数。

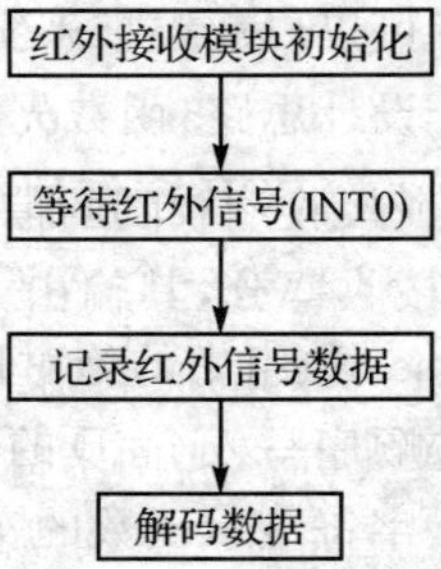

2. 红外遥控解码模块驱动程序设计

① 对红外接收模块进行初始化,这是通过函数 red_init 实现的,代码如下:

图 10.15 红外解码程序框图

```
void red_init(void)
{
        // 外部中断 0 ,任意电平触发
        GICR| = 0x40;
        MCUCR = 0x01;
        MCUCSR = 0x00;
```

```
        GIFR = 0x40;
        DDRD.2 = 0;
}
```

该函数其实就是完成对外部中断 0(INT0)的配置,使其工作方式为任意电平触发,来捕捉红外信号。

② 当红外遥控器按键按下时,接收模块会收到来自遥控器的信号,从而触发中断,此时要对遥控信号进行记录。这里先介绍与本系统配套的红外遥控器编码方式,以便读者了解解码。

这里遥控器中使用的是 NEC Protocol 的 PWM 脉宽调制,其特征是:① 8 位地址、8 位指令长度;② 地址和命令的两次传输(确保可靠性);③ PWM 脉冲位置调制,以发射红外载波的占空比代表"0"和"1";④ 载波频率为 38 kHz;

一个典型的 NEC 遥控指令构成如图 10.16 所示,每条指令数据部分由同步码头、地址码、地址反码、控制码、控制反码构成。同步码包括一个 9 ms 高电平和一个 4.5 ms 的低电平,地址码、地址反码、控制码和控制反码均是 8 位数据格式,按照低位在前、高位在后的顺序发送(图中地址码为 59,控制码为 16)。采用反码是为了增加传输可靠性(用于接收端校验),可以忽略反码值,也可以发送 16 位数据。

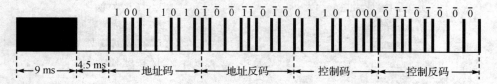

图 10.16 NEC 编码数据格式

在接收端收到的信号,与发送端不一样,红外接收模块得到的是解调后的信号。故在本系统的接收部分,其输出方式如下:当有红外按键按下时,红外接收头先拉低数据线 9 ms,接着是一个 4.5 ms 的高脉冲,通知器件开始传送数据了。接着开始传输二进制码,该遥控器使用高电平的持续时间来标记 1 和 0,如果持续时间为 1.5 ms,则表示 1;持续时间为 0.5 ms,则表示 0。遥控器会连续发送 4 个 8 位二进制码,第一、二个是遥控器识别码(16),相当于器件地址。第一个为正码(16),第二个为反码(239);接着两个数据是键值,第一个为正码,第二个为反码。发送完后 40 ms,遥控器再发送一个 9 ms 低、2 ms 高的脉冲,表示按键的次数,出现一次,则证明只按下了一次;如果出现多次,则可以认为是持续按下该键。

在红外信号触发中断(INT0)之后,要记录红外信号的数据,以便后面进行解码。根据上面的编码和红外接收端的数据格式,设计思路如下:

先通过 check 函数获得高电平信号的宽度,然后再进行有效性判断,并复制整个遥控编码到 32 bit 寄存器 order 内,以便解码。通过该函数可以获得红外遥控器发过来的信息,在解码时根据本遥控的编码规则,可以很容易实现解码。该函数支持按键的连按(通过 times 实现),

并对 LCD 背光进行处理,使只要有遥控按键按下,背光会马上打开,并将背光计时器 lasttime 清空。实现代码如下:

```c
interrupt [EXT_INT0] void ext_int0_isr(void)
{
    uchar res = 0;
    bit OK = 0;
    bit RODATA = 0;
    while(1)
    {
        if(RDATA)                                       // 有高脉冲出现
        {
            res = check();                              // 获得此次高脉冲宽度
            if(res == 250)break;                        // 非有用信号
            if(res >= 200&&res<250)OK = 1;              // 获得前导位(4.5 ms)
            else if(res >= 85&&res<200)                 // 按键次数加一(2 ms)
            {
                En_backlight = 1;                       // 打开背光
                lasttime = 0;                           // 背光持续时间计数器清空
                READY = 1;                              // 接收到数据
                times ++ ;                              // 按键次数增加
                break;
            }
            else if(res >= 50&&res<85)RODATA = 1;       // 1.5 ms
            else if(res >= 10&&res<50)RODATA = 0;       // 500 μs
            if(OK)
            {
                order<< = 1;
                order + = RODATA;
                times = 0;                              // 按键次数清零
            }
        }
    }
}
```

最后,在得到红外信号数据之后,要做的就是对数据进行解码(由函数 key_process 实现),得到最终的键值。这部分实现代码如下:

```c
// 处理红外键盘
// 返回相应的键值
uchar key_process(void)
{
    uchar t1,t2;
    t1 = order>>24;                        // 得到地址码
    t2 = (order>>16)&0xff;                 // 得到地址码反码
    READY = 0;                             // 清除标记
    if(t1 == ~t2&&t1 == 16)                // 遥控识别码 16(00010000)
    {
        t1 = order>>8;                     // 得到控制码
        t2 = order;                        // 控制码反码
        if(t1 == ~t2)                      // 处理键值(有效性判断)
        {
            ……；                           // 按键识别及操作
            return t1;
        }
    }
    return 0;                              // 获得按键失败
}
```

从上面的代码可以看出，key_process 先在遥控编码寄存器 order 中获得地址码和反码，第一次判断命令是否有效。然后在地址码验证正确之后，再从 order 中获得控制码及其反码，再进行第二次判断，最终在两次判断都通过之后才对键值进行相应的操作，实现一次按键操作。任何一个校验错误都将导致按键操作失败，返回 0。

10.4.4　SD 卡模块驱动程序设计

SD 卡存储了系统文件等非常重要的信息，如果 SD 卡驱动出现问题，将直接导致系统崩溃（无法开机），所以 SD 卡的驱动对系统来说是至关重要的，只要 SD 卡成功地初始化了，后面的处理就相对简单，所以关键在于初始化。这一小节重点介绍 SD 卡的初始化过程。

SD 卡有两个可选的通信协议：SD 模式和 SPI 模式。SD 模式是 SD 卡标准的读/写方式，选择 SPI 模式读取 SD 卡。因为 SD 卡在上电初期自动进入 SD 总线模式，在此模式下向 SD 卡发送复位命令 CMD0。如果 SD 卡在接收复位命令过程中 CS 低电平有效，则进入 SPI 模式，否则工作在 SD 总线模式。

SD 卡初始化过程如图 10.17 所示，这里只对 SD 卡进行最简单的初始化，要想使其支持更多的 SD 卡类型，必须还要有其他操

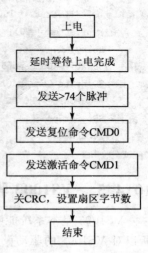

图 10.17　SD 卡初始化过程

作。这里不介绍,有兴趣的读者可以自己尝试一下。在 SD 卡初始化时注意 SPI 时钟频率一定不要超过 400 kHz,在初始化完成之后则可以提高到 25 MHz。

具体的 SD 卡初始化函数如下:

```c
uchar SD_Init(void)
{
    uchar retry,temp;
    uchar i;
    MMC_PORT& = ~MMC_CS_PIN;                    // SD 卡使能
    SPI_SetSpeed(0);                            // 设置到低速模式(Fspi = 187.5 kHz)
    delay_us(250);                              // 等待 MMC/SD 卡准备
    for (i = 0;i<0x0f;i++) Write_Byte_SPI(0xff); // 发送至少 74 个脉冲
    retry = 0;
    do// 发送 CMD0
    {
        temp = SD_Write_Command(0,0);           // 尝试 100 次
        retry++;
        if(retry == 100)return 0xff;            // CMD0 写入错误
    } while(temp!= 1);
    retry = 0;
    do// 发送 CMD1,激活 SD 卡
    {
        temp = SD_Write_Command(1,0);           // 尝试 100 次
        retry++;
        if(retry == 100);
    }while(temp!= 0);
    retry = 0;
    SD_Write_Command(59, 0);                    // 关 crc CMD59
    SD_Write_Command(16,512);                   // 设置一次读/写 BLOCK 的长度为 512 字节 CMD16
    MMC_PORT| = MMC_CS_PIN;                     // MMC_CS_PIN = 1;
    SPI_SetSpeed(1);                            // 设置到高速模式(Fspi = 6 000 kHz)
    return(0);                                  // 初始化完成了
}
```

10.4.5 VS1003 驱动模块程序设计

VS1003 是本系统能够实现音乐播放的核心器件,该芯片负责 MP3、WMA 等音频文件,所以对 VS1003 的驱动设计,也不能马虎。这一小节,将介绍 VS1003 的驱动框图以及驱动程序设计。

1. VS1003 驱动框图

VS1003 驱动框图如图 10.18 所示。在开始播放音乐之前,先要对 VS1003 进行一系列的初始化,完成对 VS1003 的基本设置,然后才能正确播放音频文件。在系统启动时会对 VS1003 进行初始化。第一步初始化 MCU 与 VS1003 相连接的 I/O 口,接着对 VS1003 进行硬复位和软复位,之后初始化 VS1003 的内部寄存器(配置其工作模式和音频输出等一些设置)使其准备好解码音频文件。接下来就可以向 VS1003 写数据,开始播放音乐了。

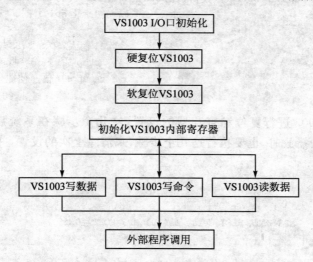

图 10.18 VS1003 驱动框图

2. VS1003 驱动程序设计

图 10.18 所示的框图讲述了 VS1003 驱动的步骤,接下来介绍如何用程序实现以上过程,最终实现音频文件的播放。

VS1003 与单片机的数据通信也是通过 SPI 实现的,与 SD 卡共用一个 SPI 接口,通过不同的片选信号,分时复用。VS1003 通过 7 根线与单片机通信,即 XRST、XDCS、XCS、DREQ、SCK、MOSI、MISO。

VS1003 与 MCU 的通信都是通过 SPI 总线来完成的,在默认情况下,数据将在 SCLK 的上升沿有效(被读入 VS1003),一次需要在 SCLK 的下降沿更新数据,并且字节发送以 MSB 在先。注意 VS1003 的最大写入和读出时钟分别是 CLKI/4 和 CLKI/6(CLKI 为 VS1003 内部时钟)。

第一步,I/O 口初始化,这部分初始化 MCU 与 VS1003 相连接的 I/O 口,并初始化 AVR 的 SPI 模块,实现代码如下:

```
void mp3_port_init()
{
    spi_init();// 初始化
    MP3_DDR| = MP3_DATA_CS |MP3_CMD_CS|MP3_DATA_REST;
    MP3_DDR& = ~MP3_DATA_REQ;                              // REQ 脚作为输入
    MP3_PORT| = MP3_DATA_CS|MP3_CMD_CS|MP3_DATA_REST|MP3_DATA_REQ;  // 置位上拉
}
```

以上程序调用了 spi_init(),该函数初始化 AVR 的硬件 SPI,代码如下:

```
void spi_init(void)                        // 初始化 spi
{
    DDRB = 0xBF;                           // SI 输入,SO、SCK、SS 输出
    SPCR = 0x53;                           // setup SPI Fspi = Fosc/64 = 187.5 kHz
    SPSR = 0x01;                           // setup SPI 倍速使能
}
```

第二步,对 VS1003 进行复位和寄存器的设置,这几个步骤在系统启动的时候会执行一遍。在每首音乐开始播放时,也要执行这几个步骤,来清除上次的设置,并初始化相关寄存器。具体代码如下:

```
// VS1003 硬复位:
#define
Mp3Reset(){MP3_PORT& = ~MP3_DATA_REST;delay_ms(10);MP3_PORT = 0xff;}
// MP3_DATA_REST = 0
```

硬复位很简单,只要把 VS1003 的 RST 引脚拉低一定时间(1.35 ms,12.288 MHz),然后再置高电平就实现了硬复位。这里采用宏定义的形式来实现。

```
// VS1003 软复位:
void vs1003_Reset()
{
    while(1)
    {
        if(PINB&MP3_DATA_REQ)                    // 等待空闲
        {
            vs1003_data_write(0x00);
            break;
        }
    }
    ResetDecodeTime();
    vs1003_cmd_write(0x00,0x0804);
    delay_us(1500);                              // delay 1.5 ms
}
```

软复位先等待 VS1003 空闲，然后设置 SCI_MODE(0x00)寄存器的 bit2 为 1，实现 VS1003 的软复位。这里在软复位之前，还对 VS1003 的解码时间进行了清空操作，以确保上次解码时间被清除掉。

```
// VS1003 寄存器初始化：
void vs1003_init(void)
{
    uchar t;
    if(vs1003epm[0]>15)for(t=0;t<5;t++)vs1003epm[t] = vs1003ram[t];
                                                        // EEPROM 未初始化则初始化
    for(t=0;t<5;t++)vs1003ram[t] = vs1003epm[t];        // 初始化赋值
    vs1003_cmd_write(0x00,0x0800);                      // NEW MODE
    set1003();                                          // 设置音效和音量
    vs1003_cmd_write(0x03,0x6000);                      // CLOCK F
}
```

在硬复位和软复位之后，就开始对 VS1003 的内部寄存器进行设置：包括对模式(0X00)、音量(0X0B)、音调(0X02)和时钟(0X03)等的设置。此函数中的 vs1003epm 和 vs1003ram 数组是保存音效的寄存器数组。前者保存在 eeprom，使得用户设置的音效在掉电后可以保存；后者保存在 ram 中，使得用户可以反复操作，两者之间是相互映射的。音效和音量的设置通过函数 set1003 来实现。

以上介绍了 VS1003 的初始化过程，在完成以上操作之后，就可以向 VS1003 中直接放入音频数据，然后 VS1003 就会开始解码，播放音乐了。

10.4.6 CD3314 驱动模块程序设计

CD3314 是一块四声道音效处理芯片，它有四个音源输入通道(本系统用了通道 2 和 3)，自带增益控制器，能实现包括音量、高音、低音、声道平衡、超重低音、增益和通道选择等的全部数字控制。该芯片采用 I²C 总线和单片机通信，I²C 总线应用很多，这里就不再介绍，这里使用的是模拟 I²C。本小节将介绍 CD3314 驱动模块程序的框图和实现代码。

1. CD3314 驱动程序框图

CD3314 的驱动框图如图 10.19 所示。第一步对模拟 I²C 总线进行初始化，包括 I/O 口的配置等；第二步就初始化 CD3314 的相关寄存器，设置音量音调等，使其能正常工作。在完成这两

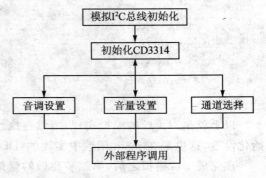

图 10.19 CD3314 驱动程序框图

步之后,就可以正常使用 CD3314 了。外部程序可以通过调用相关的函数来实现对 CD3314 的动态设置。

2. CD3314 驱动程序设计

根据图 10.19 所示的驱动框图,第一步要做的是对模拟 I^2C 总线初始化。模拟 I^2C 总线的编写通过参考标准 I^2C 总线程序实现,这里省略了对 ACK 信号的处理,且由于不需要从 CD3314 读数据,故也省略了对读操作的编写。具体代码如下:

```
void send_byte(uchar num)
{
    uchar t;
    CLK = 0;                          // 拉低时钟开始数据传输
    for(t = 0;t<8;t++)
    {
        DATA = (num&0x80)>>7;
        num<< = 1;
        CLK = 1;CLK = 0;
    }
    DATA = 1;                         // 上拉
    CLK = 1;                          // 跳过处理应答
}
void start3314(void)                  // 启动数据传输
{
    DATA = 1;CLK = 1;
    DATA = 0;CLK = 0;                 // 当 CLK 为 1,DATA 由 1 变 0 的跳变标志着启动 I²C 传输
    send_byte(0x88);                  // 发送器件地址:10001000
}
void stop3314(void)                   // 终止数据传输
{
    DATA = 1;CLK = 1;                 // 等待 ACK
    delay_us(2);                      // 忽略第九位数据
    CLK = 0;DATA = 0;                 // 当 CLK 为 1,DATA 由 0 变 1 的跳变标志着结束 I²C 传输
    CLK = 1;DATA = 1;
}
```

以上就是对 I^2C 的模拟实现,当然在执行这些操作之前,必须对模拟 I^2C 的 I/O 口进行初始化设置,这里是在 main 函数中实现的(DDRA=0XFF)。

在完成 I^2C 模拟之后,第二步要做的就是设置 CD3315 的相关寄存器,即初始化 CD3314,使其能够正常工作。CD3314 的控制寄存器如表 10.1 所列。

表 10.1 CD3314 控制寄存器

MSB							LSB	功　能
0	0	B2	B1	B0	A2	A1	A0	音量控制
1	1	0	B1	B0	A2	A1	A0	扬声器左声道衰减
1	1	1	B1	B0	A2	A1	A0	扬声器右声道衰减
0	1	0	G1	G0	S2	S1	S0	输入切换/响度/增益控制
0	1	1	0	C3	C2	C1	C0	低音控制
0	1	1	1	C3	C2	C1	C0	高音控制

注：Ax=1.25 dB/阶；Bx=10 dB/阶；Cx=2 dB/阶；Gx=3.75 dB/阶。

单片机通过模拟 I²C 总线写入相关的数据,就可以对音量等音效进行设置了。高 2~4 位用来表示此次操作是对具体哪个功能进行操作。CD3314 的器件地址为 0X88,在执行 CD3314 的操作时,需要注意。CD3314 的初始化代码如下：

```
void init_cd3314(uchar channal)
{
    if(MUTE)volume(63);                      // 静音
    else volume(63 - voltemp[0]);
    BassTreble(0,voltemp[1]);
    BassTreble(1,voltemp[2]);
    balance(1,0);                            // 右通道音量最大,不再改变
    balance(0,0);                            // 左通道音量最大,不再改变
    choosech(channal,0,voltemp[3]);          // 通道 channal+1,增益 0,超重开
}
```

CD3314 的初始化其实就是 init_cd3314 函数通过调用音量设置函数(volume)、音调设置函数(BassTreble)、通道平衡函数(balance)和通道选择函数(choosech)等几个函数来实现的。通过这些设置就可以使 CD3314 正常输出某个通道(channal)的声音了。

最后,外部程序可以调用这些设置函数实现对 CD3314 的动态设置,用户便可以设置自己喜欢的音效了。

10.4.7 TEA5767 驱动模块程序设计

收音机是本系统的一大功能,主要能实现手动调台、手动调频、手动搜台、全自动搜台等功能,使用户可以方便地收听 FM 电台。TEA5767 收音机模块支持 I²C 和三线模式,这里使用 I²C 来控制。TEA5767 的器件地址是 0XC0,对 TEA5767 的读操作通过写入 0XC1 来执行。这一小节将介绍 TEA5767 驱动模块程序的框图以及实现代码。

1. TEA5767 驱动程序框图

TEA5767 模块的驱动程序框图如图 10.20 所示。因为这里使用的是 AVR 的硬件 I^2C 总线和 TEA5767 模块通信的,所以,第一步要做的是对硬件 I^2C 总线的初始化。在完成 I^2C 初始化之后,再对 TEA5767 的相关寄存器(包括锁相环、频段、搜索模式、静音等)进行设置。完成这步之后,TEA5767 就开始正常工作了。外部程序通过调用模块提供的几个高层应用函数,实现对 TEA5767 模块的控制。

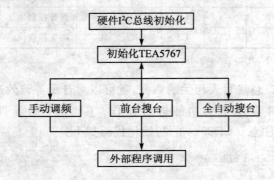

图 10.20　TEA5767 驱动程序框图

2. TEA5767 驱动程序设计

根据如图 10.20 所示的框图,把硬件 I^2C 的初始化和 TEA5767 的初始化合在一起,通过函数 radio_init 实现。代码如下:

```
void radio_init(void)
{
    DDRC& = 0Xfc;
    PORTC| = 0X03;                              // 内部上拉
    TEA5767_INTI();
    read5767();
if(Ch_Value[sCh_Cho]> = 76000&&Ch_Value[sCh_Cho]<10800)set_frequency(Ch_Value[sCh_Cho]);
// 初始化
    else
    {
        set_freq = Ch_Value[sCh_Cho];
        set_frequency(set_freq);                // 初始化到退出时的频率
    }
}
```

radio_init 函数先对 I/O 口初始化,接着调用 TEA5767_INTI 函数,实现硬件 I²C 的初始化和对 TEA5767 寄存器的设置。代码如下:

```c
unsigned char TEA5767_INTI(void)
{
    TWBR = 0x5C;                    // 分频系数 SCL frequency = CPU Clock frequency/(16 + 2 * (TWBR) * 4)
                                    // 约 70 kHz 的时钟频率

    TWCR = (1<<TWEN);               // SEND STOP SIGNAL
    senddata[0] = 0x29;             // load 88.3 MHz BIT6 用于选择是否搜台模式 1
                                    // 是/0 否 0x29bit6 1 搜索模式
                                    // BIT7 MUTE1/NO MUTE0      PLL13...8
    senddata[1] = 0xFF;             // PLL7...0      F1
    senddata[2] = 0x60;             // bit7 0 用于选择向上 1/向下搜台 0
                                    // bit3 MS:1 单声道 0:立体声

    // bit 6&5ADC 选择 0x20 ADC 5
    // 0x40 ADC 7
    // 0x60 ADC 10
    // 初始化 EEPROM
    if(Adc_Level>4)Adc_Level = 0;   // Adc_Level 初始化
    if(Ch_Num>30)Ch_Num = 0;
    if(Ch_Cho>30)Ch_Cho = 0;
    sCh_Num = Ch_Num;
    sCh_Cho = Ch_Cho;
    if(JPUS!= JPS&&JPUS!= USA)JPUS = USA;   // 初始化 eeprom
    senddata[3] = JPUS;             // bit5 用于选择日本 1/欧洲模式 0
    senddata[4] = 0x00;             // 不用改
    return (set5767());
}
```

TEA5767_INTI 实现了对 TEA5767 模块的最初设置,senddata 数组用来保存电台频率、频段 PLL 等的设置参数(readdata 用来保存从 TEA5767 读到的参数)。在该函数中调用了 set5767 函数,这个函数主要就是将数据按照 TEA5767 规定的格式送入,使对 TEA5767 的配置生效。

接下来重点介绍 3 个高层应用程序:手动调频程序(frequency_UP_DOWN)、前后搜台程序(search_station)和全自动搜台程序。

(1) 手动调频程序

设计思路：已经有 set_frequency 函数能实现把 TEA5767 设置到任何指定频率（在规定范围内），这里通过一个变量（mode）来指示向前还是向后调节频率，每次在原有基础（set_freq）上改变固定的频率（±100 kHz），并加入适当的频率范围限制处理，从而实现手动调频。其实现代码如下：

```c
void frequency_UP_DOWN(unsigned char mode)          // 步进 0.1 MHz
{
    if(mode)set_freq + = 100;                       // 向上 0.1 MHz
        else set_freq - = 100;                      // 向下 0.1 MHz
    if(senddata[3]&0x20)                            // 日本频带
    {
     if(set_freq<LowestFM_JA)                       // 到达最低频率
        set_freq = HighestFM_JA;
        else if(set_freq>HighestFM_JA)              // 到达最高频率
        set_freq = LowestFM_JA;
    }else                                           // 美国频带
    {
        if(set_freq<LowestFM_US)                    // 到达最低频率
        set_freq = HighestFM_US;
        else if(set_freq>HighestFM_US)              // 到达最高频率
        set_freq = LowestFM_US;
    }
    set_frequency(set_freq);
    read5767();                                     // 更新频率,频段,ADC 等参数
}
```

(2) 前后搜台程序

设计思路：TEA5767 能给出当前电台的信号强度 SIGNAL_ADC（通过 read5767 读取和 change_frequency 获得）。据此，设计自动搜台就很方便了。先读取当前 TEA5767 的状态，得到电台的信号强度，然后对当前频率偏移 0.2 MHz（方向由 UP_DOWN 确定），在此基础上进行 0.05 MHz 的步进搜索，记录信号最强时的频率，直到搜索到满足条件（电台信号先强后弱）的电台或者频率溢出，返回此次搜索的结果。实现代码如下：

```c
uchar search_station(unsigned char UP_DOWN)                    // 自动搜台程序
{
    bit mark = 0;                                              // 标志位
    uchar tempadc = 0;                                         // 暂存 adc 值
    uchar times = 0;                                           // 偏移限制
    ulong best_freq = 0;                                       // 保存最好的频率
    read5767();                                                // 先读状态
    if(UP_DOWN)set_freq + = 200;                               // 预偏移
    else set_freq - = 200;
    while(1)
    {
        if(READY&&key_process() = = QUIT)return;               // 中断搜索
        if(UP_DOWN)set_freq + = 50;
        else set_freq - = 50;
        ……// 省略部分是对频率范围判断,防止 set_freq 溢出
        set_frequency(set_freq);// 该函数会执行 TEA5767 读操作,并更新 SIGNAL_ADC
        Radio_msg();                                           // 显示电台信息
        if(SIGNAL_ADC> = (Adc_Level + 10)&&SIGNAL_ADC> = tempadc)  // 得到强信号
        {
            tempadc = SIGNAL_ADC;                              // 记录最大值
            best_freq = set_freq;                              // 记录此次最好的频率
            mark = 1;
        }
        if(mark)times + +;                                     // 统计次数增加
        if(times>4&&SIGNAL_ADC< = (Adc_Level + 10))            // 有记录了,并且信号下降
        {
            set_frequency(best_freq);
            set_freq = best_freq;
            return 2;// 搜索到一个台
        }
    }
}
```

函数的输入参数 UP_DOWN,用来标记向上还是向下搜台。一开始偏移 0.2 MHz 是为了避开当前电台,因为如果当前的电台信号很强,可能在中心频率附近还能搜索到该电台,会导致同一个电台出现多次被搜索到的情况。偏移 0.2 MHz 就是为了避免这个问题。后面偏移 0.05 MHz 是兼顾了搜索时间和搜索精度两个条件,如果太小,虽然精度高,但是费时间;如果过大(不超过 0.1 MHz),则搜索精度不够。

(3) 全自动搜台程序

设计思路：有了前面的前后搜台程序，实现全自动搜台就很容易了。先把频率设置到最低点，然后通过不停地调用前后搜台程序（向上搜），每搜索到一个满足条件的电台就保存，然后继续搜索，直至频率的最高点才退出。这样就实现了一次全自动搜台。实现代码如下：

```c
void get_ch(void)
{
    uchar ts;
    if(senddata[3]&0x20)set_freq = LowestFM_JA;     // 设置到日本频段的最低端
    else set_freq = LowestFM_US;                    // 设置到美国频段的最低端
    change_frequency();                             // 更新信息
    Ch_Num = 0;                                     // 搜索到的频道清空
    while(1)                                        // 一旦执行,不可中断
    {
        ts = search_station(1);
        if(ts == 2)                                 // 搜索到一个电台
        {
            Ch_Value[Ch_Num] = set_freq;            // 保存电台
            if(Ch_Num<30)Ch_Num++;                  // 频道上升
            sCh_Cho = Ch_Num;
        }
        else if(ts == 1)                            // 搜索结束
        {
            Ch_Cho = 0;
            Ch_Num--;                               // 最后一次并没有加进去
            set_frequency(Ch_Value[Ch_Cho]);        // 保存电台
            sCh_Cho = Ch_Cho;                       // 把 EEPROM 的值赋值给 SRAM
            sCh_Num = Ch_Num;
            return;                                 // 搜索结束
        }
        Radio_msg();                                // 显示信息
    }
}
```

有了以上几个高层应用程序，外部程序可以很方便地调用这几个程序来实现各种功能。

10.4.8　FAT 文件系统管理模块程序设计

本系统使用 SD 卡来存储音频文件，不可避免地要管理文件系统，所以，对文件系统的解析是本系统的重点。这一小节，将重点介绍 FAT32 文件系统，并对文件系统的实现框图和代

码进行介绍。

1. FAT32 文件系统介绍

(1) DBR(DOS BOOT RECORD 操作系统引导记录区)

DBR 是 FAT32 的首道防线。其实 DBR 中的 BPB（BIOS Parameter Block）部分才是这一区域的核心部分（第 12~90 字节为 BPB），只有深入详实地理解了 BPB 的意义，才能够更好地实现和操控 FAT32。关于 DBR 在 FAT32 中的地位就不多说了。DBR 区各字节的意义如表 10.2 所列。

表 10.2 DBR 区各字节意义

FAT32 分区上 DBR 中各部分的位置划分		
字节位移	字段长度/字节	字段名
0x00	3	跳转指令
0x03	8	厂商标志和 os 版本号
0x0B	53	BPB
0x40	26	扩展 BPB
0x5A	420	引导程序代码
0x01FE	2	有效结束标志

DBR 区内，对有用的数据只不过 90 字节（即 BPB 字段）。仅仅是这 90 字节就可以告诉我们关于磁盘的很多信息，比如每扇区字节数、每簇扇区数、磁道扇区数等。对于这些信息的读取，只要遵循 DBR 中的字段定义即可。BPB 部分数据字节的意义如表 10.3 所列。

表 10.3 BPB 部分字段意义

字段名称	长度	含义	偏移量
JmpBoot	3	跳转指令	0
OEMName	8	这是一个字符串，标识了格式化该分区的操作系统的名称和版本号	3
BytesPerSec	2	每扇区字节数	11
SecPerClus	1	每簇扇区数	13
RsvdSecCnt	2	保留扇区数目	14
NumFATs	1	此卷中 FAT 表数	16
RootEntCnt	2	FAT32 为 0	17
TotSec16	2	FAT32 为 0	19
Media	1	存储介质	21
FATSz16	2	FAT32 为 0	22

续表 10.3

字段名称	长度	含义	偏移量
Media	1	存储介质	21
FATSz16	2	FAT32 为 0	22
SecPerTrk	2	磁道扇区数	24
NumHeads	2	磁头数	26
HiddSec	4	FAT 区前隐扇区数	28
HotSec32	4	该卷总扇区数	32
FATSz32	4	FAT 表扇区数	36
ExtFlags	2	FAT32 特有	40
FSVer	2	FAT32 特有	42
RootClus	4	根目录簇号	44
FSInfo	2	文件系统信息	48
BkBoorSec	2	通常为 6	50
Reserved	12	扩展用	52
DrvNum	1	—	64
Reserved1	1	—	65
BootSig	1	—	66
VolID	4	—	67
FilSysType	11	—	71
FilSysType1	8	—	82

  通过对 BPB 字段的读取,可以得到 FAT32 文件系统的很多重要信息:每扇区字节数、每簇扇区数、根目录簇号、该卷总扇区数、FAT 表 1 所在的扇区数(保留扇区数+该分区内的第一扇区地址)等。

(2) FAT 表

  FAT 表是 FAT32 文件系统中用于磁盘数据(文件)索引和定位引进的一种链式结构。可以说 FAT 表是 FAT32 文件系统最有特色的一部分,它的链式存储机制也是 FAT32 的精华所在。也正因为有了它,才使得数据的存储可以不连续,使磁盘的功能发挥得更为出色。FAT 表到底在什么地方？它到底是什么样的呢？从第一步由 BPB 中提取参数中的 First-FATSector 就可以知道 FAT 表所在的扇区号。其实每一个 FAT 表都有另一个与它一模一样的 FAT 存在,并且这两个 FAT 表是同步的;也就是说,对一个 FAT 表的操作,同样地,也应该在另一个 FAT 表进行相同的操作,时刻保证它们内容的一致。这样是为了安全起见,当一个 FAT 因为一些原因而遭到破坏时，可以从另一个 FAT 表进行恢复。一个 FAT 表的内容如图 10.21 所示。

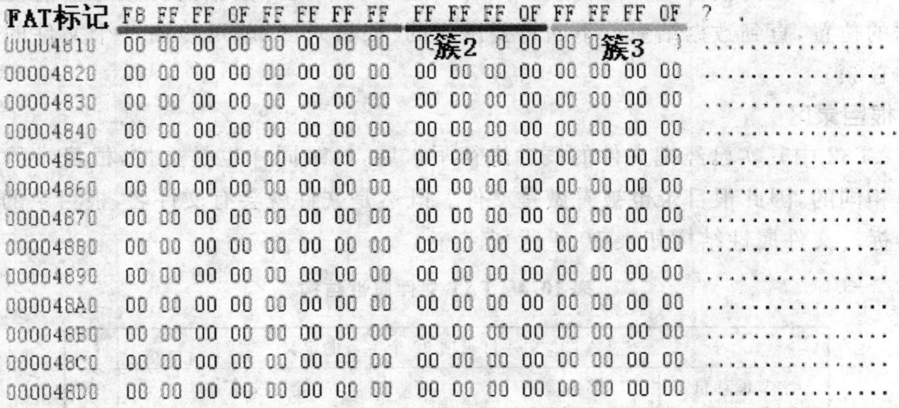

```
FAT标记   F8 FF FF 0F FF FF FF FF  FF FF FF 0F FF FF FF 0F   ?
0000481D  00 00 00 00 00 00 00 00  00 00 00 00 00 00 00 00   ................
                                    簇2           簇3
00004820  00 00 00 00 00 00 00 00  00 00 00 00 00 00 00 00   ................
00004830  00 00 00 00 00 00 00 00  00 00 00 00 00 00 00 00   ................
00004840  00 00 00 00 00 00 00 00  00 00 00 00 00 00 00 00   ................
00004850  00 00 00 00 00 00 00 00  00 00 00 00 00 00 00 00   ................
00004860  00 00 00 00 00 00 00 00  00 00 00 00 00 00 00 00   ................
00004870  00 00 00 00 00 00 00 00  00 00 00 00 00 00 00 00   ................
00004880  00 00 00 00 00 00 00 00  00 00 00 00 00 00 00 00   ................
00004890  00 00 00 00 00 00 00 00  00 00 00 00 00 00 00 00   ................
000048A0  00 00 00 00 00 00 00 00  00 00 00 00 00 00 00 00   ................
000048B0  00 00 00 00 00 00 00 00  00 00 00 00 00 00 00 00   ................
000048C0  00 00 00 00 00 00 00 00  00 00 00 00 00 00 00 00   ................
000048D0  00 00 00 00 00 00 00 00  00 00 00 00 00 00 00 00   ................
```

图 10.21　FAT 表

前 8 节"F8 FF FF 0F FF FF FF FF"为 FAT32 的 FAT 表头标记，用以表示此处是 FAT 表的开始。后面的数据每 4 字节为一个簇项（从第 2 簇开始），用以标记此簇的下一个簇号。

如果某个文件的开始簇为第 2 簇，那么就到 FAT 表中来查找，看文件是否有下一个簇（如果文件大小大于一个簇的容量，必须会有数据存储到下一个簇，但下一个簇与上一个簇不一定是连续的），可以看到"簇 2"的内容为"FF FF FF 0F"，这样的标记就说明这个文件到第 2 簇就已经结束了（另"00 00 00 00"表示未分配的簇，"FF FF FF F7"表示坏簇），没有后继的簇，即此文件的大小是小于一个簇的容量的。

在获取簇数或者其他信息时，要注意 CPU 是大端模式还是小端模式的，SD 卡用的是大端模式，即高位在后，低位在前。读取时要注意。

这里有必要说明一下簇和扇区的概念：磁盘上最小的可寻址存储单元称为扇区，通常每个扇区为 512 字节。由于多数文件比扇区大得多，因此如果对一个文件分配最小的存储空间，将使存储器能存储更多的数据，这个最小存储空间即称为簇。根据存储设备（磁盘、闪卡和硬盘）的容量，簇的大小可以不同，以使存储空间得到最有效的应用。在早期的 360 KB 磁盘上，簇大小为 2 个扇区（1 024 字节）；第一批的 10 MB 硬盘的簇大小增加到 8 个扇区（4 096 字节）；现在的小型闪存设备上的典型簇大小是 8 KB 或 16 KB。2 GB 以上的硬盘驱动器有 32 KB 的簇。如果对于容量大的存储定义了比较小的簇，就会使 FAT 表的体积很大，从而造成数据的冗余和效率的下降。

需要指出的是，簇作为 FAT32 进行数据存储的最小单位，内部扇区是不能进一步细分的，即使一个文件的数据写到一个簇中后，簇中还有容量的剩余（内部扇区没有写满），哪怕这个簇只写了一个字节,其他文件的数据也是不能接在后面继续写的,而只能另外找没有被占用的簇。

接下来,介绍如何获取文件的首簇。只有知道了一个文件数据的首簇号才能继续查找下一簇数据的位置,直到数据结束。下面将要讲到的"根目录区"就可以由一个文件的文件名来查到它的首簇。

(3) 根目录区

在 FAT32 中其实已经把文件的概念进行了扩展,目录同样也是文件,根目录的地位与其他目录是相同的,因此根目录也被看做是文件。既然是文件就会有文件名,根目录的名称就是磁盘的卷标。文件属性结构如表 10.4 所列。

表 10.4　FAT 文件属性结构

字节偏移量	字数量	定　义	
FAT32 文件目录项 32 个字节的定义			
0~7	8	文件名	
8~10	3	扩展名	
11	1	属性字节	0x00 (读/写)
			0x01 (只读)
			0x02 (隐藏)
			0x04 (系统)
			0x08 (卷标)
			0x10 (子目录)
			0x20 (归档)
12	1	系统保留	
13	1	创建时间的 10 ms 位	
14~15	2	文件创建时间	
16~17	2	文件创建时期	
18~19	2	文件最后访问日期	
20~21	2	文件起始簇号的高 16 位	
22~23	2	文件的最近修改时间	
24~25	2	文件的最近修改日期	
26~27	2	文件起始簇号的低 16 位	
28~31	4	表示文件的长度	

根目录的簇号在 BPB 信息段已经说明了。找到根目录簇号之后,就可以得到其他任何文

件的起始簇号了。例如某 SD 卡的根目录簇如图 10.22 所示。

```
000F4000  5A 4E 4D 43 55 20 20 20  20 20 20 08 00 00 00 00   ZNMCU    .....
000F4010  00 00 00 00 00 00 D8 B3  95 38 00 00 00 00 00 00   ......Ø³.8......
000F4020  E5 B0 65 FA 5E 20 00 87  65 2C 67 0F 00 D2 87 65   å°eú^ ..e,g..Ò.e
000F4030  63 68 2E 00 74 00 78 00  74 00 00 00 00 00 FF FF   ch.t.x.t......ÿÿ
000F4040  E5 C2 BD A8 CE C4 7E 31  54 58 54 20 00 C6 39 B5   åÂ½¨ÎÄ~1TXT .Æ9µ
000F4050  95 38 95 38 00 00 3A B5  95 38 95 38 00 00 00 00   .8.8..:µ.8.8....
000F4060  54 45 53 54 20 20 20 20  54 58 54 20 00 C6 39 B5   TEST    TXT .Æ9µ
000F4070  95 38 96 38 00 00 4E B5  95 38 03 00 14 00 00 00   .8.8..Nµ.8......
000F4080  E5 6F 00 63 00 00 00 FF  FF FF 00 00 00 74 FF FF   åo.c...ÿÿÿ...tÿÿ
000F4090  FF FF FF FF FF FF FF FF  FF FF 00 00 FF FF FF FF   ÿÿÿÿÿÿÿÿÿÿ..ÿÿÿÿ
000F40A0  E5 36 52 CA 53 76 51 28  57 55 53 0F 00 74 47 72   å6RÊSvQ(WUS..tGr
000F40B0  3A 67 0A 4E 84 76 9E 5B  B0 73 00 00 2E 00 64 00   :g.N.v.[°s....d.
000F40C0  E5 46 00 41 00 54 00 33  00 32 00 00 00 74 87 65   åF.A.T.3.2...t.e
000F40D0  F6 4E FB 7C DF 7E 84 76  58 5B 00 00 A8 50 3A 67   öNû|ß~.vX[..¨P:g
000F40E0  E5 41 54 33 32 7E 31 20  44 4F 43 20 00 65 32 57   åAT32~1 DOC .e2W
000F40F0  96 38 96 38 00 00 D9 04  96 38 04 00 10 02 00 00   .8.8..Ù..8......
000F4100  E5 B0 65 FA 5E 87 65 F6  4E 39 59 00 75 00 00 00   å°eú^.eöN9Y.u...
000F4110  FF FF FF FF FF FF FF FF  FF FF 00 00 FF FF FF FF   ÿÿÿÿÿÿÿÿÿÿ..ÿÿÿÿ
000F4120  E5 C2 BD A8 CE C4 7E 31  20 20 20 10 00 41 19 AC   åÂ½¨ÎÄ~1   ..A.¬
000F4130  96 38 96 38 00 00 1A AC  96 38 00 00 00 08 00 00   .8.8...¬.8......
000F4140  41 42 00 49 00 47 00 00  00 54 00 00 D7 45 00 00   AB.I.G...T..×E..
000F4150  53 00 54 00 2E 00 54 00  58 00 00 00 54 00 00 00   S.T...T.X...T...
000F4160  42 49 47 54 45 53 7E 31  54 58 54 20 00 00 22 AC   BIGTES~1TXT ..".¬
000F4170  96 38 96 38 00 00 81 AC  96 38 04 00 20 00 00 00   .8.8...¬.8.. ...
000F4180  E5 53 42 30 30 31 20 20  20 20 20 00 00 27 33 AC   åSB001     ..'3¬
000F4190  96 38 96 38 00 00 34 AC  96 38 00 00 00 00 00 00   .8.8..4¬.8......
```

图 10.22　根目录信息

图 10.22 中的记录 1 描述根目录，前 8 个字节为文件名"ZNMCU"（长度小于 8 的部分用空格符补齐），下面的 3 个字节为扩展名"　　"（长度小于 3 的部分用空格符补齐）。08 表示此文件为卷标，开始簇高字节为 00 00，低字节为 00 00；开始簇为 0，文件长度为 0。记录 2 描述 TEST.TXT 文件，文件名为"TEST"，扩展名为"TXT"，20 表示此文件为归档，开始簇为 3（"00 00 00 03"），长度为 20。记录 3 描述 BIGTEST.TXT 文件，文件名为"BIGTES~1"，扩展名为"TXT"。可以看到，FAT32 中的文件名都用大写字母表示，长度不足的部分用空格符补齐，所以要读取的文件 TEST.TXT 就变成了"TEST .TXT"，这将有助于文件名的匹配，不用去处理不等长文件名所带来的麻烦。另外，还会发现长度过长的部分会被"～1"所替换，如果替换后有文件与之重名，则"～"后面的数字将增加为 2。

这样，在获得文件的起始簇之后，就可以从起始簇开始读取文件的内容了，如果超过一个簇，就去 FAT 表找下一个簇号，直到文件结束，从而实现了文件的读取功能。下面介绍文件系统的实现框图和代码。

2. FAT 文件系统实现框图

具体到文件系统的实现,因为是以只读方式访问的,所以相对简单。FAT 文件系统的实现框图如图 10.23 所示。

这里最重要的就是对文件系统的初始化。在这步实现中,要获得簇大小、文件系统类型、扇区大小、首簇地址和 FAT 表所在扇区等重要信息。在完成这步之后,就可以使用高层接口函数了,通过外部程序调用,实现对 FAT 文件系统的操作。

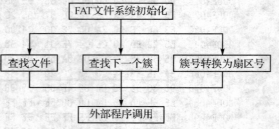

图 10.23　FAT 文件系统实现框图

3. FAT 文件系统实现程序设计

根据如图 10.23 所示的文件系统实现框图,第一步也是最重要的一步是对 FAT 文件系统进行初始化。根据前面对 FAT 文件系统的分析,有如下设计思路。

设计思路:读扇区 0 得到该分区内第一个扇区地址(prStartLBA),通过 prStartLBA 再得到 DBR 区,再从该区中提取 BPB 部分,得到根目录簇号(FirstDirSector)、数据区开始扇(FirstDataSector)、每簇扇区数(SectorsPerCluster)、每扇区的字节数(BytesPerSector)、FAT 表 1 所在扇区(FirstFATSector)等对后续操作非常重要的信息。通过 fatInit 函数来实现上述操作。具体代码如下:

```
unsigned char fatInit()
{
    struct bpb710 * bpb;
    // 启动型盘读取 MBR 区
    // 读引导区信息(MASTER BOOT RECODER) MBR 区
    ReadBlock(0);// 读 MBR 结构,前 446 个都是 0,从 447 开始为分区信息 (64 个字节)
    PartInfo = * ((struct partrecord * )((struct partsector * )BUFFER)->psPart);// 得到分区表信息 DPT 部分
    // 读操作系统引导记录区(DOS BOOT RECODER) DBR 信息
    // 启动扇区号在 PartInfo.prStartLBA 中
    if(PartInfo.prStartLBA>1000)PartInfo.prStartLBA = 0;// 非启动型盘
    ReadBlock(PartInfo.prStartLBA);// 读取启动扇区信息 DBR
    bpb = (struct bpb710 * )((struct bootsector710 * ) BUFFER)->bsBPB;// 得到 BPB 信息
    FirstDataSector = PartInfo.prStartLBA;// 第一个数据开始区(DBR 所在区域)
    // 得到 FAT 根目录所在扇区
    if(bpb->bpbFATsecs)// bpbFATsecs 非 0,为 FAT16,FAT 表所占的扇区数在 bpbFATsecs 中
    {
        RootDir.Sector = FirstDataSector;
```

```c
        RootDirEnts = bpb->bpbRootDirEnts;
        FatType = FAT16;
        FirstDataSector += bpb->bpbResSectors+(long)bpb->bpbFATs*bpb->bpbFATsecs;
        FirstDirSector = CLUST_FIRST;// 第一个目录扇区号为 2
        // FirstDataSector += (bpb->bpbRootDirEnts)/DIRENTRIES_PER_SECTOR;
        Fat32Enabled = 0;
    }else// bpbFATsecs 是 0,为 FAT32,FAT 表所占的扇区数在 bpbBigFATsecs 中
    {
        RootDir.Clust = bpb->bpbRootClust;
        FatType = FAT32;
        FirstDataSector += bpb->bpbResSectors + bpb->bpbFATs * bpb->bpbBigFATsecs;
        FirstDirSector = bpb->bpbRootClust;// 得到根目录的扇区号
        Fat32Enabled = 1;
    }
    SectorsPerCluster = bpb->bpbSecPerClust;// 每簇扇区数
    BytesPerSector = bpb->bpbBytesPerSec;// 每扇区的字节数
    FirstFATSector = bpb->bpbResSectors + PartInfo.prStartLBA;// 得到 FAT 表所在的扇区
    card_size = bpb->bpbHugeSectors>>11;// SD 卡容量
    return 0;
}
```

以上函数只是对文件系统初始化,得到很多必要的参数,并完成对 SD 卡上文件系统类型的判断。接下来再介绍 3 个非常重要的函数:fatNextCluster、fatClustToSect 和 SerarchFile。

(1) 函数 fatNextCluster

该函数用来查找一个簇的后续簇,一般一个音频文件大小都超过了一个簇,所以,需要从 FAT 表查找下一个簇号,来得到这个文件的后续信息。这是通过函数 fatNextCluster 来实现的。该函数的实现代码如下:

```c
unsigned long fatNextCluster(unsigned long cluster)
{
    unsigned long nextCluster;
    unsigned long fatMask;
    unsigned long fatOffset;
    unsigned long sector;
    unsigned int offset;
    if(Fat32Enabled)                                // 一个表项为 4 字节(32 bit)
    {// fat32 的 FAT 表每 4 字节为一个簇项
        fatOffset = cluster << 2;                   // 设置 FAT32 bit mask
        fatMask = FAT32_MASK;
```

```
    }else// 一个表项为 2 字节(16 bit)
    {
        fatOffset = cluster << 1;                    // 设置 FAT16 bit mask
        fatMask = FAT16_MASK;
    }
    // 计算 FAT 扇区号
    sector = FirstFATSector + (fatOffset / BytesPerSector);
                                                     // 如果 fatoffset 大于 512,则扇区表跨扇区
    // 计算 FAT 扇区号中表项的偏移地址
    offset = fatOffset % BytesPerSector;             // 偏移不大于 512
    ReadBlock(sector);                               // 读取 FAT 表
    // 读取下一个簇号
    nextCluster = ( * ((unsigned long * ) &((char * )BUFFER)[offset])) & fatMask;
    // 是否为文件的结束簇
    if (nextCluster == (CLUST_EOFE & fatMask))nextCluster = 0;
    return nextCluster;
}
```

该函数的参数 cluster 是当前簇号,返回值为 cluster 簇的下一个簇号。

(2) 函数 fatClustToSect

该函数用来将簇号转换为对应的扇区号,因为对 SD 卡的操作最基本的单位是扇区,而不是簇,而每次得到的文件地址都是簇号,故要把对应的簇号转换为相应的扇区号才能进行实际的数据读/写操作。该函数的实现代码如下:

```
unsigned long fatClustToSect(unsigned long clust)
{
        return ((clust - 2) * SectorsPerCluster) + FirstDataSector;
}
```

该函数非常简单,因为 FAT 文件系统规定簇号的标志从第二簇开始,所以利用当前簇号减 2,就得到实际簇数,然后加上数据开始区的偏移地址,就是该簇号对应的扇区地址了。参数 clust 是要转换为扇区号的簇号,返回值为对应的扇区号。

(3) 函数 SerarchFile

该函数用来实现在指定文件夹(或目录)下,从指定索引地址开始,查找指定类型的文件。实现代码如下:

```
// * * * * * * * * * * * * * * * * * * * * * * * * * * * * * * * * * * * * * * *
// 记录第 INDEX 的后四项文件或目录内容:内容首簇号,文件的名称(长文件名)
// 对于中文,只要有一个中文在里面就是长文件名了
// dircluster:目录文件夹所在簇
```

```c
// type:要找的类型 0,mp3/wma/wav/midi 4,LRC.5,txt.6,document
// index:开始查找的索引地址
// line:从第几个文件开始找(0~3)
// 返回值:此次找到的文件数目
// 注意:对于根目录的文件查找有小技巧,具体用用就知道了    !!!!
// * * * * * * * * * * * * * * * * * * * * * * * * * * * * * * * * * *
uchar SerarchFile(unsigned long dircluster,uchar type,uint index,uchar line)
{
    FIND_FILE_INFO    fp;
    winentry * we;
    unsigned char   LONGNAME_BUFFER_ADDR[52];             // 保存 39 个字符
unsigned char * LongNameBuffer = (unsigned char * ) LONGNAME_BUFFER_ADDR;
    unsigned char hasBuffer = 0;
    unsigned int b;
    char * p;
    direntry * de = 0;
    unsigned char i = 0;
    uchar realtype = 0;                                    // 真正的文件类型
    uint fileNo = 0;                                       // 记录当前文件的索引
    if(type = = 1)type = 5;                                // 查找 txt 文件模式
    InitSetPath(&fp,dircluster);
    ReadBlock(fp.Sector);                                  // 读取目录表
    do
    {
        if(! ReadNextDirEntry(&fp))break;
        de = (direntry * )BUFFER;
        de + = fp.Index;
        if( * de - >deName! = 0xe5&& * de - >deName! = 0x00)   // 找到非删除文件
        {
            realtype = type_teller(de - >deExtension);     // 找到的文件的类型
    if((de - >deAttributes&ATTR_LONG_FILENAME) = = ATTR_LONG_FILENAME)
                                                           // 找到一个长文件名文件
            {
                we = (direntry * ) de;
                if((we - >weCnt&0x0f)<3)                   // 只取长文件名的前 39 个字符
                {
                    b = (uint)26 * ((we - >weCnt - 1)&0x0f);  // index into string
                    p = &LongNameBuffer[b];
                    if(we - >weCnt&0x40) * p = 0;          // 文件名长度是 13 的倍数
```

```c
            for(i=0;i<10;i++){*p++ = we->wePart1[i];}      // 第一部分
            for(i=0;i<12;i++){*p++ = we->wePart2[i];}      // 第二部分
            for(i=0;i<4;i++) {*p++ = we->wePart3[i];}      // 第三部分
            if((we->weCnt&0x0f)==1)hasBuffer = 1;           // 标记找到了长文件名
        }
    }else
    {
        if(type!=0&&realtype!=type)hasBuffer = 0;           // 其他文件
        else if(type==0&&realtype>3)hasBuffer = 0;          // 音乐文件
    }
    if(realtype==6)fileNo++;                                // 文件夹文件,无偿增加
    if(MenuOper==Music_Mode){if(realtype<4)fileNo++;}       // 音乐查找
    else if(realtype==5)fileNo++;                           // 非音乐模式下查找 txt
    if(type!=0||realtype>3)realtype = type;                 // 音乐模式下判断是否为所需音乐类型
    if(type_teller(de->deExtension)==realtype)              // 看扩展名和属性是否符合
    {
        if(hasBuffer)                                       // 找到一个长文件名文件
        {
            hasBuffer = 0;                                  // clear buffer
            if(line==4)return 4;                            // 文件找够了
            if(fileNo>=index)                               // 找指定位置之后的
            {
                UniToGB(LongNameBuffer);                    // zhua
                ReadBlock(fp.Sector);                       // 重新找回数据
                for(i=0;i<52;i++)
                {
                    if(LongNameBuffer[i]=='\0')break;
                    m_c[line].LongName[i] = LongNameBuffer[i];
                }
                m_c[line].LongName[i] = '\0';
                for(i=0;i<11;i++)m_c[line].ShortName[i] = de->deName[i];
                m_c[line].ShortName[i] = '\0';
                m_c[line].FileIndex = fileNo;
                m_c[line].Type = realtype;
                m_c[line].Clust = ((unsigned long)de->deHighClust<<16) + de->deStartCluster;
                m_c[line++].FileLen = de->deFileSize;       // 得到文件长度
            }
        }else                                               // 短文件名
```

```c
                    {
                        if(! IsCurDir(de->deName))
                        {
                            if(line == 4)return 4;                          // 文件找够了
                            if(fileNo >= index)                             // 找指定位置之后的
                            {
                                for(i = 0;i<11;i++)
                                {
                                    m_c[line].ShortName[i] = de->deName[i];
                                    m_c[line].LongName[i] = de->deName[i];
                                }
                                m_c[line].ShortName[i] = '\0';
                                m_c[line].LongName[i] = '\0';
                                m_c[line].FileIndex = fileNo;
                                m_c[line].Type = realtype;
                                m_c[line].Clust = ((unsigned long)de->deHighClust<<16) + de->deStartCluster;
                                m_c[line++].FileLen = de->deFileSize; // 得到文件长度
                            }
                        }
                    }
                }
            }
            fp.Index++;
            if(de->deName[0] == 0)break;                                    // 搜索结束
            de++;
        }while(1);
        return line;// 返回此次找到的文件数目
}
```

SerarchFile 函数调用的 InitSetPath 函数用来初始化查找路径,得到指定文件夹(目录)的扇区地址。以上介绍了 3 个最基本的对文件系统的操作函数,外部程序通过调用这几个函数基本就能实现对文件系统下文件的查找和读取了。

10.4.9 音乐播放模块程序设计

作为本系统的第一大功能,本系统的 MP3 播放支持 MP3、WMA、MIDI、WAV 等格式的音频文件播放;支持歌词显示;支持歌曲当前播放进度显示;支持快进操作;支持单曲循环、全部循环两种播放模式。

本小节将介绍音乐播放程序的框图和代码设计,重点介绍文件浏览的实现和歌词显示的实现。

1. 音乐播放程序框图

音乐播放程序的框图如图 10.24 所示。先通过文件系统浏览找到所需要播放的音频文件,然后通过用户输入来确定是否播放。在播放音频文件时,用户可以设置播放模式、歌词显示、音效调节、暂停、快进和换曲等操作。在执行完这些操作之后,又回到播放状态。这就是播放程序的流程。下面讲述各部分的具体实现。

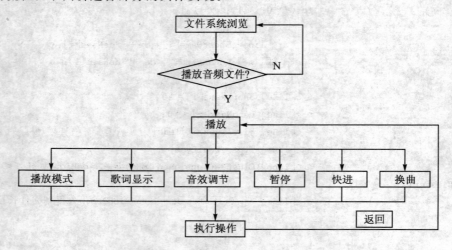

图 10.24 音乐播放程序框图

2. 音乐播放模块程序设计

(1) 文件浏览

从图 10.24 所示的框图可知,第一步要做的就是对文件系统的浏览。只有先通过浏览文件系统来找到要播放的音频格式,才能进行下面的操作。

设计思路:因为要浏览文件系统,具体到我们这个播放系统,每次浏览文件系统要查找的文件类型都是已知的。比如找音乐文件,会查找的文件类型就是音频文件,其他类型的文件可以不予理会。但是如果在这个文件夹内有其他的文件夹,也要查找出来,因为这些文件夹内可能也存在音频文件。所以,把文件夹也包括在查找范围之内。这样每次查找一个目录都需要查找至少两种类型的文件,把这两种类型的文件按照其在文件夹中的先后位置统一编号(从 0 开始),方便查找。系统提供 4 个文件的存储空间(液晶屏一次只能显示 4 个文件名)。所以,每次只要查找到 4 个有用文件即可。第一次查找时,先查找文件夹。当所有文件夹被查找完之后,再查找目标文件,这样就实现了文件的浏览。每查找到一个文件,要记录的参数很多,在文件浏览时有两个参数要用到:文件类型(Type)和文件在目录下的索引号(FileIndex)。文件类型告诉我们下次查找的是什么类型的文件,文件索引号告诉我们下次从哪个地址开始查找。

本系统的文件浏览通过 3 个函数来实现:uchar SerarchFile(unsigned long dircluster、 uchar type、uint index、uchar line)、uchar File_Search(MENU_CONECT CurFile、uchar ord)和 uchar View_File(void)。下面重点介绍这 3 个函数是如何实现上述功能的。

函数 uchar SerarchFile 在前面已有介绍，这里不再介绍。

函数 uchar File_Search(MENU_CONECT CurFile,uchar ord)在 info.h 下，该函数实现从当前文件开始向前/后查找另外一批文件。参数 CurFile 为当前选中的文件,ord 为要执行的操作(1,向前查找;2,向后查找;3,重新开始查找)。函数代码如下：

```
uchar File_Search(MENU_CONECT CurFile,uchar ord)
{
    bit FileLess = 0;                              // 第二批目录个数不符合常规要求
    uchar num = 0;
    uint curindex = 0;
    uint finalindex = 0;
    if(CurFile.FileIndex<=1)return 5;              // 已经是首部了,直接返回一个结束代码 5
    if(ord>1)                                       // 向下查找
    {
        if(ord==3)num = SerarchFile(CurDir.Clust,6,0,0);  // 第一次进入目录查找
        else
        if(CurFile.Type==6)num = SerarchFile(CurDir.Clust,6,CurFile.FileIndex+1,0);
        // 找文件
        if(num==4)return num;                       // 找足了 4 个
        if(CurFile.Type<6)num = SerarchFile(CurDir.Clust,MenuOper,CurFile.FileIndex+1,0);
        // 找音乐
        else num = SerarchFile(CurDir.Clust,MenuOper,0,num);
        if(num==0)return 5;                         // 最后的文件,直接返回一个结束代码 5
        return num;
    }
    finalindex = CurFile.FileIndex;                 // 获得当前索引
    m_c[3].FileIndex = 0;                           // 把最后一个文件的索引清掉,以免影响后面
    if(ord==1)                                      // 向上查找
    {
        if(m_c[0].FileIndex<4)FileLess = 1;         // 第二批首目录少于 4!!!
        do                                          // 找文件夹
        {
            num = SerarchFile(CurDir.Clust,6,curindex,0);  // 从 0 开始找
            curindex = m_c[3].FileIndex;
            if(num<4)break;                         // 文件夹搜索完毕
        }while(m_c[3].FileIndex<(finalindex-1));    // 首先从文件夹搜索
```

```
            if(FileLess&&num==4)return 4;                              // 目录够了
            if(m_c[3].FileIndex==(finalindex-1))return 4;
            curindex = 0;
            do // 搜索目标文件
            {
                if(num==4)num = SerarchFile(CurDir.Clust,MenuOper,curindex,0);
                else num = SerarchFile(CurDir.Clust,MenuOper,curindex,num);  // 从 0 开始找
                curindex = m_c[3].FileIndex+1;
            }while(m_c[3].FileIndex<(finalindex-1));
            return 4;
        }
}
```

该函数首先通过 ord 判断查找的方向,再通过 CurFile 的参数判断当前要开始找的文件类型和文件索引,然后通过调用 SerarchFile 函数实现文件查找。函数先查找文件夹,在文件夹查找全部结束后才执行目标文件的查找。在找够了 4 个文件或当前文件夹查找全部完成之后返回。

函数 uchar View_File(void)也在 info.h 下,该函数最终实现文件的浏览,包括对音乐文件、TXT 文件和 LRC 文件的浏览(通过 MenuOper 标记查找类型)。该函数代码如下:

```
uchar View_File(void)
{
    uchar filenum;                                          // 有效文件个数(0~3)
    uchar filepos = 0;                                      // 当前选中的文件(0~3)
    uchar temp = 0;
    keyval = 0;
    filenum = File_Search(CurDir,3);                        // 刚进入,重新找一批文件
    show_name(filenum);                                     // 显示名字
    Ico_Chg(0,filenum);                                     // 加载图标
    MaxFile = filenum;
    while(1)
    {
        if(READY)keyval = key_process();                    // 等待用户输入
        if(keyval!=0)
        {
            switch(keyval)
            {
                case PREV:                                  // 向上查找文件
                {
```

```c
                    if(filepos)filepos--;
                    else
                    {
                        temp = File_Search(m_c[0],1);              // 向前查找
                        if(temp!=5){MaxFile = filenum = temp;filepos = 3;}  // 发生了变化
                        show_name(filenum);                          // 有清屏操作
                    }
                    break;
                }
                case NEXT:                                           // 向下查找文件
                {
                    filepos++;
                    if(filepos>filenum-1)
                    {
                        if(filepos == 4)
                        {
                            temp = File_Search(m_c[3],2);            // 向下查找
                            if(temp!=5){MaxFile = filenum = temp;filepos = 0;}  // 发生了变化
                            else filepos = 3;
                        }else filepos--;                              // 退回原位
                        show_name(filenum);                          // 有清屏操作
                    }
                    break;
                }
                case PLAY:
                {
                    if(m_c[filepos].Type!=6)return filepos;          // 非文件夹,返回当前选中位置
                    else CurDir = m_c[filepos];
                    temp = File_Search(CurDir,3);
                    if(temp!=5)MaxFile = filenum = temp;             // 发生了变化
                    show_name(filenum);                              // 有清屏操作
                    filepos = 0;
                    m_c[filepos].FileIndex = 0;
                    break;
                }
                case QUIT:return 4;                                  // 跳出这个模式
            }
            Ico_Chg(filepos,filenum);                                // 显示选定的文件
        }
        keyval = 0;                                                  // 清除键值
    }
}
```

该函数刚执行时,在前文件夹下重新查找有效文件,并显示。找齐之后等待用户输入,用户可选择当前找到的文件执行相应的操作。当文件夹下面有很多文件时,该函数也能实现向前或向后的翻页,来实现整个文件夹下文件的浏览。该函数中调用的 show_name 函数用来显示此次找到文件的文件名,而 Ico_Chg 函数则显示这个文件的类型,为其加载一个文件图标,并指示当前选择的是第几个文件(取反该文件的文件图标)。

(2) 音乐播放

在通过第一步找到要播放的歌曲文件之后,接下来就是对这个音频文件进行播放。播放部分的代码实现框图如图 10.25 所示。

第一步,从找到的音乐文件获得该音频文件的首地址;第二步,复位 VS1003(包括硬复位和软复位);第三步,查找与该音频文件相对应的歌词文件,并标记;第四步,加载 MP3 播放界面;最后才开始音频文件的播放。在播放音频文件时,其实是三个步骤循环工作的:数据处理、歌词显示控制和按键处理。因为这三个处理要求实时性比较高,故应使其在一个循环中轮流进行。具体实现代码如下:

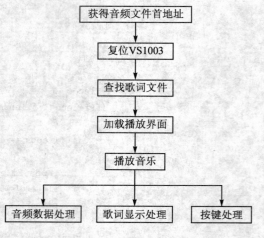

图 10.25 音乐播放代码框图

```
uchar play(uchar mnum)
{
    unsigned long bfactor = 0;
    unsigned long bcluster = 0;
    unsigned long prgpos = 0;
    uchar count = 0;
    uint i;
    uchar n;
    bit pause = 1;
    bcluster = m_c[mnum].Clust;
    PLAYING = 1;                                    // 播放模式标记
    Audio_Ch = 2;                                   // 选择 MP3 通道
    LYRIC = 0;                                      // 歌词标记清除
    bfactor = fatClustToSect(bcluster);
    vs1003_Reset();                                 // 软复位 VS1003
    FindLrcFile(CurDir.Clust,m_c[mnum].ShortName);  // 从当前目录找 LRC
    Play_GUI();                                     // 显示播放时的 GUI
    MP3_msg(pause);                                 // 显示 MP3 的基本信息
```

```c
        music_name(mnum);                               // 显示歌名
        keyval = 0;                                     // 键值清零
        while(1)
        {
            ReadBlock(bfactor);                         // 放音乐
            i = 0;
            do                                          // 主播放循环
            {
                if((PINB&MP3_DATA_REQ)&&pause)
                {
                    for(n = 0;n<32;n++) vs1003_data_write(BUFFER[i++]);
                }
                if(READY)                               // 有按键响应
                {
                    keyval = key_process();             // 得到键值
                    switch(keyval)
                    {
                        case PREV:                      // 播放上一首
                        {
                            if(times>3)
                            {
                                for(i = 0;i<20;i++)     // 向后偏移 30 个簇
                                {
                                    bcluster = fatNextCluster(bcluster); // 偏移 1 个簇
                                    if(bcluster == 0x00)                 // 读到文件簇尾
                                    {
                                        vs1003_Reset();                  // 软复位
                                        if(!SINGLE)return NEXT;          // 播放结束,播放下一首
                                        else return 0;                   // 单曲循环
                                    }
                                }
                                i = 512;                                 // 快进
                                count = 8;
                                bfactor = SectorsPerCluster;             // 大于 65 536
                                prgpos + = bfactor * 10752;              // prgpos 递增
                                prgpos - = 512;
                                break;
                            }
                        }
```

```c
            case NEXT:                                              // 播放下一首
            case QUIT:                                              // 退出
            {
                vs1003_Reset();                                     // 软复位
                PLAYING = 0;                                        // 非播放模式
                return keyval;                                      // 返回
            }
            case PLAY:pause = ! pause;break;                        // 暂停/播放
            case 168:                                               // 歌词控制
            {
                ENLRC = ! ENLRC;                                    // 歌词显示使能与否
                Cleardisplay(1);Cleardisplay(2);                    // 清除中间两行数据
                music_name(mnum);                                   // 不使能
                break;
            }
            case 106:                                               // DSP 保存
            case 242:
            case 114:
            case 176:
            case 112:
            {
                deal_dsp(keyval);
                music_name(mnum);
                break;
            }
        }
        MP3_msg(pause);                                             // 改变后的界面信息
        keyval = 0;                                                 // 清除键值
    }
}while(i<511);
LyricDisplayCtrl(mnum);                                             // 显示歌词控制
LED = ! LED;                                                        // 观看系统响应速度
prgpos + = 512;                                                     // 进度条增加
Pro_msg(prgpos,mnum);                                               // 显示进度条
count ++ ;
bfactor ++ ;                                                        // 扇区加
if(count> = SectorsPerCluster)                                      // 一个簇结束,换簇
{
    count = 0;
```

```
            bcluster = fatNextCluster(bcluster);
            if(bcluster = = 0x00)break;                    // 文件结束
            bfactor = fatClustToSect(bcluster);
        }
    }
    vs1003_Reset();                                        // 软复位
    PLAYING = 0;                                           // 非播放模式
    if(! SINGLE)return NEXT;                               // 播放结束,播放下一首
    else return 0;                                         // 单曲循环
}
```

参数 mnum 为要播放的文件序号(0~3);返回值:NEXT,播放下一曲。PREV:播放上一曲。QUIT:退出播放。

(3) 歌词显示

这部分的重点在实现汉字的显示,这里有必要介绍本系统对汉字显示的处理过程。由于 AVR 本身资源的限制,不可能把汉字库放在 Flash 中,所以本 MP3 播放系统把汉字库存在 SD 卡中。本系统汉字库存放在 font12.fon 文件中,该文件是一个按 GB 码顺序存储了汉字点阵数据的文件。由于文件系统的长文件名用的是 UNICODE 码表示的,所以必须把 UNICODE 码转换为 GB 码,然后才能显示,通过 unitogb.BIN 来实现。

字库设计思路:由于本系统所使用的汉字大小为 $12×12$,所以每一个汉字的点阵占用 24 字节,第一个汉字(中文空格符" ")GB 码从 0XA1A1 开始。所以第一个存放这个汉字的点阵,随后把所有常用汉字的点阵数据按 GB 码的顺序存放到一个文件中(font12.fon),该文件就是本系统的汉字字库,总共包含约 8 200 个汉字。在读取的时候,根据汉字 GB 码,按照其存放顺序偏移到指定位置之后读取点阵数据,就可以显示该汉字了。

通过 Get_HzMat 函数可以从字库文件中得到指定汉字的点阵信息,该函数的程序源码如下:

```
void Get_HzMat(unsigned char * code,unsigned char * mat)
{
    unsigned char qh,wh;
    unsigned char i;
    unsigned int   sector,cluster,secoff;
    unsigned long foffset;
    if( * code<0xa1)if( * code + + <0xa1)                 // 非常用汉字
    {
        code - - ;
        for(i = 0;i<24;i + +) * mat + + = 0xff;          // 填充实点
        return;                                          // 结束访问
    }
```

```c
        qh = (*code++) - 0xa1;                              // GB 高位
        wh = (*code) - 0xa1;                                // GB 低位
        foffset = ((unsigned long)94 * qh + wh) * 24;       // 得到字库中的字节偏移量
        sector = foffset/BytesPerSector;                    // 得到总的完整的扇区数
        secoff = (unsigned int) foffset % BytesPerSector;   // 扇区内的字节数偏移
        wh = (unsigned char)sector % SectorsPerCluster;
        cluster = (unsigned int)sector/SectorsPerCluster;   // 得到总的簇数
        foffset = GetSysFileSector(0,cluster);              // 取汉字库的 clusor 簇数的扇区地址
        if(BytesPerSector - secoff >= 24)                   // 确定是否跨扇区？
        {
            SD_Read_Bytes(foffset + wh,mat,secoff,24);      // 读取 24 字节
        }else
        {
            i = BytesPerSector - secoff;                    // 读取的数据已跨扇区
            SD_Read_Bytes(foffset + wh,mat,secoff,i);
            if(++wh>SectorsPerCluster)
            {
                wh = 0;
                foffset = GetSysFileSector(0,++cluster);    // 读取的数据已经跨簇
            }
            SD_Read_Bytes(foffset + wh,mat + i,0,24 - i);   // 读取剩余的数据
        }
    }
```

该函数先判断 GB 码是否符合条件（高低位均不小于 0XA1），然后计算其在汉字库中的偏移，得到该汉字的点阵数据信息（对于不符合要求的汉字，对其填充实心点），并通过指针返回给上一级函数，这样上级函数只要调用 LCD 显示函数就可以显示该汉字了。

UNICODE 与 GB 码转换设计思路：UNICODE 与 GB 的转换比较简单，把从文件找到的 UNICODE 码转换为对应的 GB 码即可。这样的转换通过制作一个 UNICODE 到 GB 码的转换表即可以方便地实现。这里把这个码表存放在 unitogb.BIN 中。码表的第一个汉字为"一"，对应 UNICODE 码的 0X4E00、GB 码为 0XD2BB。把 GB 码按 UNICODE 码的顺序存放到 unitogb.BIN 中，就可以通过 UNICODE 码查找到所对应的 GB 码了。

UNICODE 到 GB 码的转换通过 UniToGB 函数实现，输入参数 *pbuf 存放 UNICODE 码，返回时 *pbuf 存放对应的 GB 码。该函数一次对 25 个长度的汉字串进行转换，实现代码如下：

```c
void UniToGB(unsigned char *pbuf)
{
    unsigned char wh;
    unsigned int  sector,cluster,secoff;
```

```
    unsigned long foffset;
    unsigned int   code;
    unsigned char i,m = 0;
    for(i = 0;i<25;i++)
    {
        code = pbuf[i*2+1]*256 + pbuf[i*2];            // UNICODE 码高位在后,低位在前
        if((code == 0)||(code == 0xffff))break;
        if((code&0xff00) == 0)                          // 字母
        {
            if((code>= 0x20)&&(code<= 0x7e))
            {
                pbuf[m++] = (unsigned char)code;
            }else pbuf[m++] = '?';                      // 无法识别的用"?"代替
            continue;
        }
        if(code>= 0x4e00)                               // 是汉字
        {
            code = (code - 0x4e00)*2;                   // 从 0x4e00 为汉字
            sector = code/BytesPerSector;               // 得到总的完整的扇区数
            secoff = (unsigned int) code % BytesPerSector; // 扇区内的字节数偏移
            wh = (unsigned char) sector % SectorsPerCluster;
            cluster = (unsigned int) sector/SectorsPerCluster; // 得到总的簇数
            foffset = GetSysFileSector(1,cluster);      // 取得编码文件的扇区地址
            code = SD_Read_Word(foffset + wh,secoff);
            pbuf[m++] = (uchar)code;                    // GB 码保存
            pbuf[m++] = code>>8;
        }else pbuf[m++] = '?';                          // 无法识别的用"?"代替
    }
    pbuf[m] = '\0';                                     // 添加结束符号
}
```

该函数先判断是汉字还是字母,然后再执行相应的操作。对汉字,则把相应的汉字 GB 码找到并替换原来的 UNICODE 码;对字母,则直接用 ASCII 码替代。最后在字符串的末尾加入结束符,以便汉字串的实现。

以上介绍的是针对汉字的实现,接下来介绍歌词显示的实现。本系统的歌词显示只支持 TAG 结构,如[XX:XX.XX]的歌词,并且不支持多个 TAG 共用的歌词显示。

设计思路:每一句歌词都有一个 TAG,用来记录歌词播放的时间,歌词 TAG 结构为[XX:XX.XX],第一个 XX 表示分钟,第二个 XX 表示秒钟,第三个 XX 表示 10 ms。当音乐播放时间和歌词 TAG 时间相同时,就显示这句歌词,这样就能给歌曲显示歌词了。不过在解码时,

歌词的时间和音乐播放的时间必须一致，否则歌词显示就会乱。VS1003 在对音乐进行解码时，能提供准确的解码时间（以秒为单位），通过函数 GetDecodeTime() 得到。有了准确的解码秒时间，在程序内通过一个定时器产生 10 ms 信号，就得到了歌词与歌词 TAG 相似的时间，只要在合适的时间送上合适的歌词，就能显示整首歌的歌词了。

关于歌词显示的代码由于篇幅所限，这里不再给出。

到此为止，介绍了本系统最重要的几部分的程序设计以及设计思路，因为篇幅所限，对其他功能的程序设计这里不给出详细介绍，读者可以参考代码自行分析，原理都是比较简单的，并且代码的注释都比较详细。只是要注意程序设计时使用分步实现的做法，在最后才把各部分模块程序合并在一起实现整个系统。

10.5 进一步的分析

到此为止，完成了整个系统的设计，介绍了从硬件设计、软件设计到系统整合的全部过程，一步步完成了该 MP3 播放器的设计。这里针对本系统的软硬件特点谈谈对该系统以后的拓展思路。

硬件方面，本系统选择的是 ATmega32 控制器，还留有较多的 I/O 口，可以用来扩展。比如加入 DS1302 时钟芯片，就可以使本系统具有时钟的功能；可以在此基础上加入万年历和闹钟，做成一个多功能的时钟；通过软件的设计，更可以实现把 MP3 或者收音机设成铃声，这样很方便地就实现了自动开机的收音机和 MP3 了。当然如果加入 DS18B20 温度传感器，更可使系统具有温度指示的功能。

又比如说，要使该系统具有家电控制的功能，还可以根据需求设计成无线控制的或者有线控制的。有线控制比较简单，只要加入继电器，同时 I/O 口空闲较多，很容易就可以实现（若 I/O 口不够，也可以使用 595 等芯片扩展）。无线控制则需要选择无线通信的方式，比较简单的可以使用 2262、2272 等芯片来实现。当然使用 nRF 系列的无限控制芯片来实现则效果更好。这样可以用该系统来控制家电，加上系统本身有遥控功能，所以，这些家电的控制可以方便地做成遥控的。

本系统的两个 I^2C 器件可以通过总线分时复用连接到一起，这样可以给系统节省两个 I/O 口。

本系统的 CD3314 音效处理芯片有 4 个音频输入端子，而系统只用了其中 2 个，剩下的 2 个可以用来处理外部音频信号，这样可以方便地把自己的 MP3 做成遥控音量的，并且可以改善 MP3 的声音效果，对于低端的 MP3 效果更加明显。

VS1003 部分，只用了它的音乐播放功能，但是该芯片还可以有录音功能，读者只要把该芯片的录音部分加进去，就可以实现录音了。

以上几点是对该系统硬件可以改进部分的一点分析，当然还有很多其他的思路，读者可以发挥自己的想象力,打造自己心仪的 MP3。下面对系统的软件拓展思路进行简要分析。

首先,本系统只支持 FAT32 文件系统,对于 FAT16/12 系统并不能使用,所以读者可以在代码方面把这部分加进去,这样系统使用起来就方便多了。该系统只支持 FAT32 的读操作,如果能把写操作也加进去,就可以像使用电脑硬盘一样使用 SD 卡了。这样系统就可以用来记录用户所要保存的数据,并且数据是可以被电脑文件直接识别的,这可以极大地提高系统的扩展能力。

其次,本系统的音乐播放只支持快进,有兴趣的读者可以把快退的部分也加进去,并且可以加入列表编辑功能,用户可以把自己喜欢的一些歌曲编号,播放器依次播放这些歌曲,而不播放其他没有被选择的歌曲,这样更加人性化。

最后,本系统的代码还有很大的优化余地,读者也可以在这方面考虑,把代码优化,从而使系统可以扩展更多的功能,而不需要更多的程序存储空间。

以上就是对系软硬件部分改进的一点分析,希望能抛砖引玉,让读者设计出更加优秀的 MP3 播放器,并且进一步熟悉 AVR 单片机的使用。

10.6　本章小结

在这一章的学习中,用 AVR 实现了 MP3 播放器的设计。从系统需求分析开始,对 MP3 播放器的硬件和软件进行了一步步的分析和设计,并最终实现了这个设计。这也体现了项目的实施过程:一个系统性的项目,首先要做的就是要确定该项目有没有实际价值,比如有没有市场前景,能不能带来利益等。这是在项目背景中要做的。其次,要做的就是对需求的分析。该部分主要结合系统有哪些功能,以及整个系统成本等来考虑。到这里,基本上就能确定这个系统的主要功能了。接下来就是对硬件和软件部分进行设计了。硬件设计又涉及原理图设计和 PCB 设计,这两部分又是相互关联的,两者往往需要同时考虑。原理图设计要考虑 PCB 布线的难度,而 PCB 布线有时又要迁就原理图设计。完成硬件设计和软件设计之后,系统基本上就完成了,只要在最后把整个系统整合到一起即可。本章用到的模块化软件设计的方法,是一种非常好的软件设计方法。对每个模块程序进行单独编写,可以把一个复杂的系统程序分成若干个简单的模块程序,使整个设计思路清晰,还能降低系统调试的难度。在每个模块代码完成之后,通过代码整合就能把整个系统完成。

当然设计过程中的缺点也是较多的。首先,软件优化做得不好,使得代码占用空间过大。其次,硬件 PCB 设计虽然考虑了音质和干扰,但是却没有考虑布线面积,使得整个 PCB 面积很大。这些都是在产品设计时必须要考虑的问题。

通过对系统的进一步分析,给读者提供了一个思路,这将有利于读者设计出功能更强大,使用更方便的 MP3。

附录 A

ATmega32 I/O 寄存器汇总

ATmega32 单片机的 I/O 寄存器如表 A.1 所列。

表 A.1　ATmega32 单片机 I/O 寄存器列表

I/O(数据)地址	名 称	描 述
$3F($5F)	SREG	状态寄存器
$3E($5E)	SPH	堆栈指针高位
$3D($5D)	SPL	堆栈指针低位
$3C($5C)	OCR0	T/C0 比较输出寄存器
$3B($5B)	GICR	通用中断控制寄存器
$3A($5A)	GIFR	通用中断标志寄存器
$39($59)	TIMSK	T/C 中断屏蔽寄存器
$38($58)	TIFR	T/C 中断标志寄存器
$37($57)	SPMCR	保存程序存储器控制寄存器
$36($56)	TWCR	TWI 控制寄存器
$35($55)	MCUCR	MCU 控制寄存器
$34($54)	MCUCSR	MCU 状态寄存器
$33($53)	TCCR0	T/C0 控制寄存器
$32($52)	TCNT0	T/C0 数据寄存器
$31($51)	OSCCAL	振荡器校准寄存器
	OCDR	片上调试寄存器
$30($50)	SFIOR	特殊功能 I/O 寄存器
$2F($4F)	TCCR1A	T/C1 控制寄存器 A
$2E($4E)	TCCR1B	T/C1 控制寄存器 B
$2D($4D)	TCNT1H	T/C1 数据寄存器高字节
$2C($4C)	TCNT1L	T/C1 数据寄存器低字节
$2B($4B)	OCR1AH	T/C1 输出比较寄存器 A 高字节

续表 A.1

I/O(数据)地址	名 称	描 述
$2A ($4A)	OCR1AL	T/C1 输出比较寄存器 A 低字节
$29 ($49)	OCR1BH	T/C1 输出比较寄存器 B 高字节
$28 ($48)	OCR1BL	T/C1 输出比较寄存器 B 低字节
$27 ($47)	ICR1H	T/C1 输入捕获寄存器高字节
$26 ($46)	ICR1L	T/C1 输入捕获寄存器低字节
$25 ($45)	TCCR2	T/C2 控制寄存器
$24 ($44)	TCNT2	T/C2 数据寄存器
$23 ($43)	OCR2	T/C2 输出比较寄存器
$22 ($42)	ASSR	异步模式状态寄存器
$21 ($41)	WDTCR	看门狗控制寄存器
$20 ($40)	UBRRH	USART 波特率寄存器
$20 ($40)	UCSRC	USART 控制和状态寄存器 C
$1F ($3F)	EEARH	EEPROM 地址寄存器高字节
$1E ($3E)	EEARL	EEPROM 地址寄存器低字节
$1D ($3D)	EEDR	EEPROM 数据寄存器
$1C ($3C)	EECR	EEPROM 控制寄存器
$1B ($3B)	PORTA	A 口数据寄存器
$1A ($3A)	DDRA	A 口方向寄存器
$19 ($39)	PINA	A 口输入引脚寄存器
$18 ($38)	PORTB	B 口数据寄存器
$17 ($37)	DDRB	B 口方向寄存器
$16 ($36)	PINB	B 口输入引脚寄存器
$15 ($35)	PORTC	C 口数据寄存器
$14 ($34)	DDRC	C 口方向寄存器
$13 ($33)	PINC	C 口输入引脚寄存器
$12 ($32)	PORTD	D 口数据寄存器
$11 ($31)	DDRD	D 口方向寄存器
$10 ($30)	PIND	D 口输入引脚寄存器
$0F ($2F)	SPDR	SPI 数据寄存器
$0E ($2E)	SPSR	SPI 状态寄存器
$0D ($2D)	SPCR	SPI 控制寄存器

续表 A.1

I/O(数据)地址	名 称	描 述
$0C($2C)	UDR	USART 数据寄存器
$0B($2B)	UCSRA	USART 控制和状态寄存器 A
$0A($2A)	UCSRB	USART 控制和状态寄存器 B
$09($29)	UBRRL	USART 波特率寄存器低字节
$08($28)	ACSR	模拟比较器控制和状态寄存器
$07($27)	ADMUX	ADC 多路选择寄存器
$06($26)	ADCSRA	ADC 控制和状态寄存器
$05($25)	ADCH	ADC 数据寄存器高字节
$04($24)	ADCL	ADC 数据寄存器低字节
$03($23)	TWDR	TWI 数据寄存器
$02($22)	TWAR	TWI 地址寄存器
$01($21)	TWSR	TWI 状态寄存器
$00($20)	TWBR	TWI 比特率寄存器

附录 B

ATmega32 熔丝位汇总

B.1 功能熔丝

功能熔丝名称及说明如表 B.1 所列。

表 B.1 功能熔丝

熔丝名称	说 明 1	说 明 2	出厂设置
WDTON	看门狗完全由软件控制	看门狗始终工作,软件只可以调节溢出时间	1
SPIEN	禁止 ISP 串行编程	允许 ISP 串行编程	0
JTAGEN	禁止 JTAG 口	使能 JTAG 口	0
EESAVE	擦除时不保留 EEPROM 数据	擦除时保留 EEPROM 数据	1
BODEN	BOD 功能禁止	BOD 功能允许	1
BODLEVEL	BOD 门槛电平 2.7 V	BOD 门槛电平 4.0 V	1
OCDEN	禁止 JTAG 口的在线调试功能	允许 JTAG 口的在线调试功能	1

B.2 与 Bootloader 有关的熔丝

1. 上电启动地址选择(见表 B.2)

表 B.2 上电复位启动地址选择熔丝

熔丝名称	说 明 1	说 明 2	出厂设置
BOOTRST	复位后从 0 地址执行	复位后从 BOOT 区执行(参考 BOOTSZ0/1)	1

2. Bootloader 区大小设置（见表 B.3）

表 B.3　Bootloader 区大小设置熔丝

BOOTSZ1	BOOTSZ0	BOOT 区大小/字	BOOT 区起始位置	出厂设置
0	0	2 048	0x3800	00
0	1	1 024	0x3C00	00
1	0	512	0x3E00	00
1	1	256	0x3F00	00

3. 对应用程序区的保护模式设置（见表 B.4）

表 B.4　对应用程序区的保护模式设置熔丝

BLB0 模式	BLB02	BLB01	对应用程序区的保护
Mode1	1	1	允许对应用区进行 LPM、SPM 操作（出厂设置）
Mode2	1	0	禁止对应用区进行 SPM 操作
Mode3	0	0	禁止对应用区进行 LPM、SPM 操作
Mode4	0	1	禁止对应用区进行 LPM 操作

4. 对 Bootloader 区的保护模式设置（见表 B.5）

表 B.5　对 Bootloader 区的保护模式设置熔丝

BLB1 模式	BLB12	BLB11	对 Bootloader 区的保护
Mode1	1	1	允许对 Bootloader 区进行 LPM、SPM 操作（出厂设置）
Mode2	1	0	禁止对 Bootloader 区进行 SPM 操作
Mode3	0	0	禁止对 Bootloader 区进行 LPM、SPM 操作
Mode4	0	1	禁止对 Bootloader 区进行 LPM 操作

B.3　与系统时钟源选择和上电启动延时时间有关的熔丝

1. 时钟源选择（见表 B.6）

表 B.6　系统时钟选择熔丝

系统时钟源	CKSEL3..0
外部石英/陶瓷振荡器	1111～1010

续表 B.6

系统时钟源	CKSEL3..0
外部低频晶振(32.768 kHz)	1001
外部 RC 振荡器 2	1000～0101
可校准的内部 RC 振荡	0100～0001(出厂设置 0001,1 MHz)
外部时钟	0000

2. 使用外部晶体时的工作模式配置(见表 B.7)

表 B.7 使用外部晶体时的工作模式配置熔丝

熔丝位		工作频率范围/MHz	C_1、C_2 容量/pF	适用晶体
CKOPT[2]	CKSEL3..1			
1	101	0.4～0.9	—	仅适合陶瓷振荡器[1]
1	110	0.9～3.0	12～22	石英晶体
1	111	3.0～8.0	12～22	石英晶体
0	101,110,111	≥1.0	12～22	石英晶体

1) 对陶瓷振荡器所配的电容，按陶振厂家说明。

2) 当 CKOPT＝0(编程)时，振荡器的输出振幅较大，适用于干扰大的场合；反之，振荡器的输出振幅较小，可以减少功耗，对外电磁辐射也较小。CKOPT 默认值为"1"。

3. 使用外部晶体时的启动时间选择(见表 B.8)

表 B.8 使用外部晶体时的启动时间选择熔丝

熔丝位		从掉电模式开始的启动时间	从复位开始的附加延时/ms(V_{CC}=5.0 V)	推荐使用场合
CKSEL0	SUT1..0			
0	00	258 CK	4.1	陶瓷振荡器、快速上升电源
0	01	258 CK	65	陶瓷振荡器、慢速上升电源
0	10	1K CK	—	陶瓷振荡器 BOD 方式
0	11	1K CK	4.1	陶瓷振荡器、快速上升电源
1	00	1K CK	65	陶瓷振荡器、慢速上升电源
1	01	16K CK	—	石英振荡器 BOD 方式
1	10	16K CK	4.1	石英振荡器、快速上升电源
1	11	16K CK	65	石英振荡器、慢速上升电源

4. 使用外部低频晶体时的启动时间选择(见表 B.9)

表 B.9　使用外部低频晶体时的启动时间选择熔丝

熔丝位		从掉电模式开始的 启动时间	从复位开始的附加 延时/ms($V_{CC}=5.0$ V)	推荐使用场合
CKSEL3..0	SUT1..0			
1001	00	1K CK	4.1	快速上升电源或 BOD 方式[1]
1001	01	1K CK	65	慢速上升电源
1001	10	32K CK	65	要求振荡频率稳定的场合
1001	11		保留	

1) 这个选项只能用于启动时晶振频率稳定、不是很重要的应用场合。

5. 使用外部 RC 振荡器时的模式配置(见表 B.10)

表 B.10　使用外部 RC 振荡器时的模式配置熔丝

熔丝位(CKSEL3..0)	工作频率范围/MHz
0101	≤0.9
0110	0.9～3.0
0111	3.0～8.0
1000	8.0～12.0

注意：1. 频率的估算公式是：$f=1/(3RC)$。
　　　2. 电容 C 至少为 22 pF。
　　　3. 当 CKOPT＝0(编程)时，可以使用片内 XTAL1 和 GND 之间的 36 pF
　　　　 电容，此时不需要外接电容 C。

6. 使用外部 RC 振荡器时的启动时间选择(见表 B.11)

表 B.11　使用外部 RC 振荡器时的启动时间选择熔丝

熔丝位(SUT1..0)	从掉电模式开始的 启动时间	从复位开始的 附加延时/ms($V_{CC}=5.0$ V)	推荐使用场合
00	18 CK	—	BOD 方式
01	18 CK	4.1	快速上升电源
10	18 CK	65	慢速上升电源
11	6 CK	4.1	快速上升电源或 BOD 方式

7. 使用内部 RC 振荡器时的模式配置(见表 B.12)

表 B.12　使用内部 RC 振荡器时的模式配置熔丝

熔丝位(CKSEL3..0)	工作频率范围/MHz
0001	1.0(出厂设置)
0010	2.0
0011	4.0
0100	8.0

被校准的内部 RC 振荡器提供固定的 1/2/4/8 MHz 的时钟,这些工作频率是在 5 V、25 ℃下校准的。CKSEL 熔丝按表 B.12 编程可以选择内部 RC 时钟,此时将不需要外部元件,而使用这些时钟选项时,CKOPT 应当是未编程的,即 CKOPT=1。

当 MCU 完成复位后,硬件将自动地装载校准,直到 OSCCAL 寄存器中,从而完成对内部 RC 振荡器的频率校准。

8. 使用内部 RC 振荡器时的启动时间选择(见表 B.13)

表 B.13　使用内部 RC 振荡器时的启动时间选择熔丝

熔丝位(SUT1..0)	从掉电模式开始的启动时间	从复位开始的附加延时/ms(V_{CC}=5.0 V)	推荐使用场合
00	6 CK	—	BOD 方式
01	6 CK	4.1	快速上升电源
10(出厂设置)	6 CK	65	慢速上升电源
11		保留	

9. 外部时钟源

当 CKSEL 编程为 0000 时,使用外部时钟源作为系统时钟,外部时钟信号从 XTAL1 输入。如果 CKOPT=0(编程),则 XTAL1 和 GND 之间的片内 36 pF 电容被使用。

10. 使用外部时钟源时的启动时间选择(见表 B.14)

表 B.14　使用外部时钟源时的启动时间选择熔丝

熔丝位(SUT1..0)	从掉电模式开始的启动时间	从复位开始的附加延时/ms(V_{CC}=5.0 V)	推荐使用场合
00	6 CK	—	BOD 方式
01	6 CK	4.1	快速上升电源

续表 B.14

熔丝位(SUT1..0)	从掉电模式开始的启动时间	从复位开始的附加延时/ms($V_{CC}=5.0$ V)	推荐使用场合
10	6 CK	65	慢速上升电源
11		保留	

注意：为保证 MCU 稳定工作，不能突然改变外部时钟的频率，当频率突然变化超过 2% 时，将导致 MCU 工作异常。建议在 MCU 处于复位状态时，改变外部时钟的频率。

11. 系统时钟选择与启动延时配置一览表(见表 B.15)

表 B.15　系统时钟选择与启动延时配置一览表

系统时钟源	休眠模式下唤醒启动延时时间	RESET 复位启动延时时间/ms	熔丝状态配置
外部时钟	6 CK	0	CKSEL=0000 SUT=00
外部时钟	6 CK	4.1	CKSEL=0000 SUT=01
外部时钟	6 CK	65	CKSEL=0000 SUT=10
内部 RC 振荡 1 MHz	6 CK	0	CKSEL=0001 SUT=00
内部 RC 振荡 1 MHz	6 CK	4.1	CKSEL=0001 SUT=01
内部 RC 振荡 1 MHz(出厂设置)	6 CK	65	CKSEL=0001 SUT=10
内部 RC 振荡 2 MHz	6 CK	0	CKSEL=0010 SUT=00
内部 RC 振荡 2 MHz	6 CK	4.1	CKSEL=0010 SUT=01
内部 RC 振荡 2 MHz	6 CK	65	CKSEL=0010 SUT=10
内部 RC 振荡 4 MHz	6 CK	0	CKSEL=0011 SUT=00
内部 RC 振荡 4 MHz	6 CK	4.1	CKSEL=0011 SUT=01
内部 RC 振荡 4 MHz	6 CK	65	CKSEL=0011 SUT=10
内部 RC 振荡 8 MHz	6 CK	0	CKSEL=0100 SUT=00
内部 RC 振荡 8 MHz	6 CK	4.1	CKSEL=0100 SUT=01
内部 RC 振荡 8 MHz	6 CK	65	CKSEL=0100 SUT=10
外部 RC 振荡≤0.9 MHz	18 CK	0	CKSEL=0101 SUT=00
外部 RC 振荡≤0.9 MHz	18 CK	4.1	CKSEL=0101 SUT=01
外部 RC 振荡≤0.9 MHz	18 CK	65	CKSEL=0101 SUT=10
外部 RC 振荡≤0.9 MHz	6 CK	4.1	CKSEL=0101 SUT=11
外部 RC 振荡 0.9~3.0 MHz	18 CK	0	CKSEL=0110 SUT=00
外部 RC 振荡 0.9~3.0 MHz	18 CK	4.1	CKSEL=0110 SUT=01

续表 B.15

系统时钟源	休眠模式下唤醒启动延时时间	RESET 复位启动延时时间/ms	熔丝状态配置
外部 RC 振荡 0.9~3.0 MHz	18 CK	65	CKSEL=0110 SUT=10
外部 RC 振荡 0.9~3.0 MHz	6 CK	4.1	CKSEL=0110 SUT=11
外部 RC 振荡 3.0~8.0 MHz	18 CK	0	CKSEL=0111 SUT=00
外部 RC 振荡 3.0~8.0 MHz	18 CK	4.1	CKSEL=0111 SUT=01
外部 RC 振荡 3.0~8.0 MHz	18 CK	65	CKSEL=0111 SUT=10
外部 RC 振荡 3.0~8.0 MHz	6 CK	4.1	CKSEL=0111 SUT=11
外部 RC 振荡 8.0~12.0 MHz	18 CK	0	CKSEL=1000 SUT=00
外部 RC 振荡 8.0~12.0 MHz	18 CK	4.1	CKSEL=1000 SUT=01
外部 RC 振荡 8.0~12.0 MHz	18 CK	65	CKSEL=1000 SUT=10
外部 RC 振荡 8.0~12.0 MHz	6 CK	4.1	CKSEL=1000 SUT=11
低频晶振(32.768 kHz)	1K CK	4.1	CKSEL=1001 SUT=00
低频晶振(32.768 kHz)	1K CK	65	CKSEL=1001 SUT=01
低频晶振(32.768 kHz)	32K CK	65	CKSEL=1001 SUT=10
低频石英/陶瓷振荡器(0.4~0.9 MHz)	258 CK	4.1	CKSEL=1010 SUT=00
低频石英/陶瓷振荡器(0.4~0.9 MHz)	258 CK	65	CKSEL=1010 SUT=01
低频石英/陶瓷振荡器(0.4~0.9 MHz)	1K CK	0	CKSEL=1010 SUT=10
低频石英/陶瓷振荡器(0.4~0.9 MHz)	1K CK	4.1	CKSEL=1010 SUT=11
低频石英/陶瓷振荡器(0.4~0.9 MHz)	1K CK	65	CKSEL=1011 SUT=00
低频石英/陶瓷振荡器(0.4~0.9 MHz)	16K CK	0	CKSEL=1011 SUT=01
低频石英/陶瓷振荡器(0.4~0.9 MHz)	16K CK	4.1	CKSEL=1011 SUT=10
低频石英/陶瓷振荡器(0.4~0.9 MHz)	16K CK	65	CKSEL=1011 SUT=11
中频石英/陶瓷振荡器(0.9~3.0 MHz)	258 CK	4.1	CKSEL=1100 SUT=00
中频石英/陶瓷振荡器(0.9~3.0 MHz)	258 CK	65	CKSEL=1100 SUT=01
中频石英/陶瓷振荡器(0.9~3.0 MHz)	1K CK	0	CKSEL=1100 SUT=10
中频石英/陶瓷振荡器(0.9~3.0 MHz)	1K CK	4.1	CKSEL=1100 SUT=11
中频石英/陶瓷振荡器(0.9~3.0 MHz)	1K CK	65	CKSEL=1101 SUT=00
中频石英/陶瓷振荡器(0.9~3.0 MHz)	16K CK	0	CKSEL=1101 SUT=01
中频石英/陶瓷振荡器(0.9~3.0 MHz)	16K CK	4.1	CKSEL=1101 SUT=10
中频石英/陶瓷振荡器(0.9~3.0 MHz)	16K CK	65	CKSEL=1101 SUT=11
高频石英/陶瓷振荡器(3.0~8.0 MHz)	258 CK	4.1	CKSEL=1110 SUT=00

续表 B.15

系统时钟源	休眠模式下唤醒启动延时时间	RESET 复位启动延时时间/ms	熔丝状态配置
高频石英/陶瓷振荡器(3.0～8.0 MHz)	258 CK	65	CKSEL=1110 SUT=01
高频石英/陶瓷振荡器(3.0～8.0 MHz)	1K CK	0	CKSEL=1110 SUT=10
高频石英/陶瓷振荡器(3.0～8.0 MHz)	1K CK	4.1	CKSEL=1110 SUT=11
高频石英/陶瓷振荡器(3.0～8.0 MHz)	1K CK	65	CKSEL=1111 SUT=00
高频石英/陶瓷振荡器(3.0～8.0 MHz)	16K CK	0	CKSEL=1111 SUT=01
高频石英/陶瓷振荡器(3.0～8.0 MHz)	16K CK	4.1	CKSEL=1111 SUT=10
高频石英/陶瓷振荡器(3.0～8.0 MHz)	16K CK	65	CKSEL=1111 SUT=11

B.4 保密熔丝

芯片加密锁定熔丝一览表如表 B.16 所列。

表 B.16 芯片加密锁定熔丝

加密锁定方式	加密锁定位		保护类型(用于芯片加密)
	LB2	LB1	
1(出厂设置)	1	1	没有存储器保护(未加密)
2	1	0	禁止对 Flash 和 EEPROM 存储器的再编程；禁止对熔丝位的编程
3	0	0	禁止对 Flash 和 EEPROM 存储器的再编程和校验；禁止对熔丝位的编程

附录 C

ATmega32 汇编指令集

ATmega32 单片机汇编指令共有 131 条,按功能可分为算术和逻辑指令、跳转指令、数据传送指令、位操作和位测试指令及 MCU 控制指令 5 大类。

C.1 算术和逻辑指令

ATmega32 的算术指令有加法、减法、乘法、取反码、取补码、比较、增量及减量指令。逻辑运算指令有"与"、"或"和"异或"指令。算术和逻辑指令共 28 条,如表 C.1 所列。

表 C.1 算术和逻辑指令

指令	操作数	说明	操作	标志	#时钟数
ADD	Rd, Rr	无进位加法	Rd ← Rd + Rr	Z,C,N,V,H	1
ADC	Rd, Rr	带进位加法	Rd ← Rd + Rr + C	Z,C,N,V,H	1
ADIW	Rdl, K	立即数与字相加	Rdh:Rdl ← Rdh:Rdl + K	Z,C,N,V,S	2
SUB	Rd, Rr	无进位减法	Rd ← Rd − Rr	Z,C,N,V,H	1
SUBI	Rd, K	减立即数	Rd ← Rd − K	Z,C,N,V,H	1
SBC	Rd, Rr	带进位减法	Rd ← Rd − Rr − C	Z,C,N,V,H	1
SBCI	Rd, K	带进位减立即数	Rd ← Rd − K − C	Z,C,N,V,H	1
SBIW	Rdl, K	从字中减立即数	Rdh:Rdl ← Rdh:Rdl − K	Z,C,N,V,S	2
AND	Rd, Rr	逻辑与	Rd ← Rd · Rr	Z,N,V	1
ANDI	Rd, K	与立即数的逻辑与操作	Rd ← Rd · K	Z,N,V	1
OR	Rd, Rr	逻辑或	Rd ← Rd ∨ Rr	Z,N,V	1
ORI	Rd, K	与立即数的逻辑或操作	Rd ← Rd ∨ K	Z,N,V	1
EOR	Rd, Rr	异或	Rd ← Rd ⊕ Rr	Z,N,V	1
COM	Rd	1 的补码	Rd ← $FF − Rd	Z,C,N,V	1
NEG	Rd	2 的补码	Rd ← $00 − Rd	Z,C,N,V,H	1
SBR	Rd, K	设置寄存器的位	Rd ← Rd ∨ K	Z,N,V	1

续表 C.1

指令	操作数	说明	操作	标志	#时钟数
CBR	Rd,K	寄存器位清零	Rd ← Rd · ($FF − K)	Z,N,V	1
INC	Rd	加一操作	Rd ← Rd + 1	Z,N,V	1
DEC	Rd	减一操作	Rd ← Rd − 1	Z,N,V	1
TST	Rd	测试是否为零或负	Rd ← Rd · Rd	Z,N,V	1
CLR	Rd	寄存器清零	Rd ← Rd ⊕ Rd	Z,N,V	1
SER	Rd	寄存器置位	Rd ← $FF	None	1
MUL	Rd,Rr	无符号数乘法	R1:R0 ← Rd × Rr	Z,C	2
MULS	Rd,Rr	有符号数乘法	R1:R0 ← Rd × Rr	Z,C	2
MULSU	Rd,Rr	有符号数与无符号数乘法	R1:R0 ← Rd × Rr	Z,C	2
FMUL	Rd,Rr	无符号小数乘法	R1:R0 ← (Rd × Rr) ≪ 1	Z,C	2
FMULS	Rd,Rr	有符号小数乘法	R1:R0 ← (Rd × Rr) ≪ 1	Z,C	2
FMULSU	Rd,Rr	有符号小数与无符号小数乘法	R1:R0 ← (Rd × Rr) ≪ 1	Z,C	2

C.2 跳转指令

跳转指令主要包括无条件跳转指令、有条件跳转指令及子程序调用和返回指令 3 类,总共 36 条,如表 C.2 所列。

表 C.2 跳转指令

指令	操作数	说明	操作	标志	#时钟数
RJMP	k	相对跳转	PC ← PC + k + 1	None	2
IJMP		间接跳转到(Z)	PC ← Z	None	2
JMP	k	直接跳转	PC ← k	None	3
RCALL	k	相对子程序调用	PC ← PC + k + 1	None	3
ICALL		间接调用(Z)	PC ← Z	None	3
CALL	k	直接子程序调用	PC ← k	None	4
RET		子程序返回	PC ← Stack	None	4
RETI		中断返回	PC ← Stack	I	4
CPSE	Rd,Rr	比较,相等则跳过下一条指令	if (Rd = Rr) PC ← PC + 2 or 3	None	1/2/3
CP	Rd,Rr	比较	Rd − Rr	Z,N,V,C,H	1

续表 C.2

指 令	操作数	说 明	操 作	标 志	♯时钟数
CPC	Rd, Rr	带进位比较	Rd − Rr − C	Z, N, V, C, H	1
CPI	Rd, K	与立即数比较	Rd − K	Z, N, V, C, H	1
SBRC	Rr, b	寄存器位为"0"则跳过下一条指令	if (Rr(b)=0) PC ← PC + 2 or 3	None	1 / 2 / 3
SBRS	Rr, b	寄存器位为"1"则跳过下一条指令	if (Rr(b)=1) PC ← PC + 2 or 3	None	1 / 2 / 3
SBIC	P, b	I/O 寄存器位为"0"则跳过下一条指令	if (P(b)=0) PC ← PC + 2 or 3	None	1 / 2 / 3
SBIS	P, b	I/O 寄存器位为"1"则跳过下一条指令	if (P(b)=1) PC ← PC + 2 or 3	None	1 / 2 / 3
BRBS	s, k	状态寄存器位为"1"则跳过下一条指令	if (SREG(s)=1) then PC←PC+ k + 1	None	1 / 2
BRBC	s, k	状态寄存器位为"0"则跳过下一条指令	if (SREG(s)=0) then PC←PC+ k + 1	None	1 / 2
BREQ	k	相等则跳转	if (Z = 1) then PC ← PC + k + 1	None	1 / 2
BRNE	k	不相等则跳转	if (Z = 0) then PC ← PC + k + 1	None	1 / 2
BRCS	k	进位位为"1"则跳转	if (C = 1) then PC ← PC + k + 1	None	1 / 2
BRCC	k	进位位为"0"则跳转	if (C = 0) then PC ← PC + k + 1	None	1 / 2
BRSH	k	大于或等于则跳转	if (C = 0) then PC ← PC + k + 1	None	1 / 2
BRLO	k	小于则跳转	if (C = 1) then PC ← PC + k + 1	None	1 / 2
BRMI	k	负则跳转	if (N = 1) then PC ← PC + k + 1	None	1 / 2
BRPL	k	正则跳转	if (N = 0) then PC ← PC + k + 1	None	1 / 2
BRGE	k	有符号数大于或等于则跳转	if (N ⊕ V = 0) then PC ← PC + k + 1	None	1 / 2
BRLT	k	有符号数负则跳转	if (N ⊕ V = 1) then PC ← PC + k + 1	None	1 / 2
BRHS	k	半进位位为"1"则跳转	if (H = 1) then PC ← PC + k + 1	None	1 / 2
BRHC	k	半进位位为"0"则跳转	if (H = 0) then PC ← PC + k + 1	None	1 / 2
BRTS	k	T 为"1"则跳转	if (T = 1) then PC ← PC + k + 1	None	1 / 2
BRTC	k	T 为"0"则跳转	if (T = 0) then PC ← PC + k + 1	None	1 / 2
BRVS	k	溢出标志为"1"则跳转	if (V = 1) then PC ← PC + k + 1	None	1 / 2
BRVC	k	溢出标志为"0"则跳转	if (V = 0) then PC ← PC + k + 1	None	1 / 2
BRIE	k	中断使能再跳转	if (I = 1) then PC ← PC + k + 1	None	1 / 2
BRID	k	中断禁用再跳转	if (I = 0) then PC ← PC + k + 1	None	1 / 2

C.3 数据传送指令

数据传送指令包括寄存器与寄存器、寄存器与数据存储器 SRAM、寄存器与 I/O 端口之间的数据传送指令，从程序存储器取数装入寄存器指令以及进栈指令和出栈指令等。数据传送指令总共 35 条，如表 C.3 所列。

表 C.3 数据传送指令

指 令	操作数	说 明	操 作	标 志	#时钟数
MOV	Rd, Rr	寄存器间复制	Rd ← Rr	None	1
MOVW	Rd, Rr	复制寄存器字	Rd+1:Rd ← Rr+1:Rr	None	1
LDI	Rd, K	加载立即数	Rd ← K	None	1
LD	Rd, X	加载间接寻址数据	Rd ← (X)	None	2
LD	Rd, X+	加载间接寻址数据，然后地址加一	Rd ← (X), X ← X + 1	None	2
LD	Rd, −X	地址减一后加载间接寻址数据	X ← X − 1, Rd ← (X)	None	2
LD	Rd, Y	加载间接寻址数据	Rd ← (Y)	None	2
LD	Rd, Y+	加载间接寻址数据，然后地址加一	Rd ← (Y), Y ← Y + 1	None	2
LD	Rd, −Y	地址减一后加载间接寻址数据	Y ← Y − 1, Rd ← (Y)	None	2
LDD	Rd, Y+q	加载带偏移量的间接寻址数据	Rd ← (Y + q)	None	2
LD	Rd, Z	加载间接寻址数据	Rd ← (Z)	None	2
LD	Rd, Z+	加载间接寻址数据，然后地址加一	Rd ← (Z), Z ← Z+1	None	2
LD	Rd, −Z	地址减一后加载间接寻址数据	Z ← Z − 1, Rd ← (Z)	None	2
LDD	Rd, Z+q	加载带偏移量的间接寻址数据	Rd ← (Z + q)	None	2
LDS	Rd, k	从 SRAM 加载数据	Rd ← (k)	None	2
ST	X, Rr	以间接寻址方式存储数据	(X) ← Rr	None	2
ST	X+, Rr	以间接寻址方式存储数据，然后地址加一	(X) ← Rr, X ← X + 1	None	2
ST	−X, Rr	地址减一后以间接寻址方式存储数据	X ← X − 1, (X) ← Rr	None	2
ST	Y, Rr	加载间接寻址数据	(Y) ← Rr	None	2
ST	Y+, Rr	加载间接寻址数据，然后地址加一	(Y) ← Rr, Y ← Y + 1	None	2
ST	−Y, Rr	地址减一后加载间接寻址数据	Y ← Y − 1, (Y) ← Rr	None	2
STD	Y+q, Rr	加载带偏移量的间接寻址数据	(Y + q) ← Rr	None	2
ST	Z, Rr	加载间接寻址数据	(Z) ← Rr	None	2
ST	Z+, Rr	加载间接寻址数据，然后地址加一	(Z) ← Rr, Z ← Z + 1	None	2
ST	−Z, Rr	地址减一后加载间接寻址数据	Z ← Z − 1, (Z) ← Rr	None	2

续表 C.3

指令	操作数	说明	操作	标志	#时钟数
STD	Z+q,Rr	加载带偏移量的间接寻址数据	(Z + q) ← Rr	None	2
STS	k, Rr	从 SRAM 加载数据	(k) ← Rr	None	2
LPM		加载程序空间的数据	R0 ← (Z)	None	3
LPM	Rd, Z	加载程序空间的数据	Rd ← (Z)	None	3
LPM	Rd, Z+	加载程序空间的数据,然后地址加一	Rd ← (Z), Z ← Z+1	None	3
SPM		保存程序空间的数据	(Z) ← R1:R0	None	—
IN	Rd, P	从 I/O 端口读数据	Rd ← P	None	1
OUT	P, Rr	输出端口	P ← Rr	None	1
PUSH	Rr	将寄存器推入堆栈	Stack ← Rr	None	2
POP	Rd	将寄存器从堆栈中弹出	Rd ← Stack	None	2

C.4 位操作和位测试指令

位操作和位测试指令包括带进位的逻辑操作指令、位变量传送指令和位变量修改指令 3 类,共 28 条,如表 C.4 所列。

表 C.4 位操作和位测试指令

指令	操作数	说明	操作	标志	#时钟数
SBI	P,b	I/O 寄存器位置位	I/O(P,b) ← 1	None	2
CBI	P,b	I/O 寄存器位清零	I/O(P,b) ← 0	None	2
LSL	Rd	逻辑左移	Rd(n+1) ← Rd(n), Rd(0) ← 0	Z,C,N,V	1
LSR	Rd	逻辑右移	Rd(n) ← Rd(n+1), Rd(7) ← 0	Z,C,N,V	1
ROL	Rd	带进位循环左移	Rd(0)←C,Rd(n+1)← Rd(n),C←Rd(7)	Z,C,N,V	1
ROR	Rd	带进位循环右移	Rd(7)←C,Rd(n)← Rd(n+1),C←Rd(0)	Z,C,N,V	1
ASR	Rd	算术右移	Rd(n) ← Rd(n+1), n=0..6	Z,C,N,V	1
SWAP	Rd	高低半字节交换	Rd(3..0)←Rd(7..4),Rd(7..4)←Rd(3..0)	None	1
BSET	s	标志置位	SREG(s) ← 1	SREG(s)	1
BCLR	s	标志清零	SREG(s) ← 0	SREG(s)	1
BST	Rr, b	从寄存器将位赋给 T	T ← Rr(b)	T	1
BLD	Rd, b	将 T 赋给寄存器位	Rd(b) ← T	None	1

续表 C.4

指令	操作数	说明	操作	标志	♯时钟数
SEC		进位位置位	C ← 1	C	1
CLC		进位位清零	C ← 0	C	1
SEN		负标志位置位	N ← 1	N	1
CLN		负标志位清零	N ← 0	N	1
SEZ		零标志位置位	Z ← 1	Z	1
CLZ		零标志位清零	Z ← 0	Z	1
SEI		全局中断使能	I ← 1	I	1
CLI		全局中断禁用	I ← 0	I	1
SES		符号测试标志位置位	S ← 1	S	1
CLS		符号测试标志位清零	S ← 0	S	1
SEV		2 的补码溢出标志置位	V ← 1	V	1
CLV		2 的补码溢出标志清零	V ← 0	V	1
SET		SREG 的 T 置位	T ← 1	T	1
CLT		SREG 的 T 清零	T ← 0	T	1
SEH		SREG 的半进位标志置位	H ← 1	H	1
CLH		SREG 的半进位标志清零	H ← 0	H	1

C.5 MCU 控制指令

MCU 控制指令总共 4 条,如表 C.5 所列。

表 C.5 MCU 控制指令

指令	操作数	说明	操作	标志	♯时钟数
NOP		空操作		None	1
SLEEP		休眠	对休眠功能	None	1
WDR		复位看门狗	对 WDR/timer	None	1
BREAK		暂停	只针对片内调试	None	N/A

参考文献

[1] 马潮. AVR 单片机嵌入式系统原理与应用实践[M]. 北京:北京航空航天大学出版社,2007.
[2] 张军. AVR 单片机应用系统开发典型实例[M]. 北京:中国电力出版社,2005.
[3] 刘海成. AVR 单片机原理及测控工程应用[M]. 北京:北京航空航天大学出版社,2008.
[4] 周兴华. AVR 单片机 C 语言高级程序设计[M]. 北京:中国电力出版社,2008.
[5] 杨正忠,耿德根. AVR 单片机应用开发指南及实例精解[M]. 北京:中国电力出版社,2008.
[6] 李泓. AVR 单片机入门与实践[M]. 北京:北京航空航天大学出版社,2008.
[7] 周俊杰. 嵌入式 C 编程与 Atmel AVR[M]. 北京:清华大学出版社,2003.
[8] 江志红. 51 单片机技术与应用系统开发案例精选[M]. 北京:清华大学出版社,2008.
[9] ATMEL. ATmega32 Data Sheet[OL]. 2008. http://www.atmel.com.
[10] ATMEL. AVR Studio USER MANUAL[OL]. 2009. http://www.atmel.com.
[11] HP Info Tech. CodeVision AVR USER MANUAL[OL]. 2009. http://www.hpinfotech.ro.